站在巨人的肩上
Standing on the Shoulders of Giants

TURING 图灵新知

认 知

DON'T BELIEVE
EVERYTHING YOU THINK

The 6 Basic
Mistakes
We Make in Thinking

陷 阱

人们常犯的 6 个思维错误

〔美〕**托马斯·基达** ○ 著
(Thomas Kida)

慕兰　孙静波　张嘉芮 ○ 译

人民邮电出版社

北京

图书在版编目（CIP）数据

认知陷阱：人们常犯的6个思维错误 ／（美）托马斯·基达著；慕兰，孙静波，张嘉芮译. -- 北京：人民邮电出版社，2023.7
（图灵新知）
ISBN 978-7-115-61751-4

Ⅰ. ①认… Ⅱ. ①托… ②慕… ③孙… ④张… Ⅲ. ①思维形式 Ⅳ. ①B804

中国国家版本馆CIP数据核字(2023)第094789号

内 容 提 要

很多时候，我们陷入困局，是因为掉进了认知陷阱。这些陷阱形成的原因多种多样，本书对此做了总结，把我们经常遇见的6个认知陷阱总结为：偏爱故事胜于数据，寻求印证自己的想法，忽略机缘巧合的作用，错误感知世界，过度简化思维，存在错误记忆。

这些认知陷阱或认知误区经常把我们带进沟里，让我们功败垂成，要想解除它们对我们成长和成事的束缚，唯有正视和了解它们。本书用大量看似离奇却真实存在的故事，淋漓尽致地展现了这些认知陷阱的可怕之处，并剖析了其出现的原因，且指出了减轻甚至消除这些陷阱影响的具体方法。

本书适合想提升自己认知能力的人阅读。

◆ 著　　　[美] 托马斯·基达（Thomas Kida）
　　译　　　　慕 兰　孙静波　张嘉芮
　　责任编辑　王振杰
　　责任印制　胡　南

◆ 人民邮电出版社出版发行　　北京市丰台区成寿寺路11号
　　邮编 100164　电子邮件 315@ptpress.com.cn
　　网址 https://www.ptpress.com.cn
　　三河市中晟雅豪印务有限公司印刷

◆ 开本：880×1230　1/32
　　印张：9.75　　　　　　　2023年7月第1版
　　字数：206千字　　　　　2023年7月河北第1次印刷
　　著作权合同登记号　图字：01-2022-4455号

定价：69.80元
读者服务热线：(010)84084456-6009　印装质量热线：(010)81055316
反盗版热线：(010)81055315
广告经营许可证：京东市监广登字 20170147 号

前言　6个认知陷阱

你的想法决定了你是谁……天啊，太可怕了！

——莉莉·汤姆林

我撞见鬼了！那是一天半夜，我突然醒了，想去喝口水。下床前，我向右手边看了看，凯西正在熟睡，然而，在她身体上方约1英尺①的半空中，赫然悬浮着一位老妇微微发光的鬼影，她悬在凯西身体的上方，似乎想靠近凯西。那老妇死死盯着我，她看上去有90岁的样子，披着长长的白发，脸上布满深深的皱纹。可以肯定的是，这位老妇的长相酷似凯西的家人，很像凯西的曾祖母，或是其他的远房亲戚。当然，这面孔可把我吓了一大跳。我四处望望，又使劲摇了摇头，再回头看看，那位老妇居然还在那里，还在盯着我。我们的目光交汇可能只有短短一瞬间，但我却感觉有一个小时之久。她面无表情，一副冷冰冰的样子，眼神犀利。我再一次转移目光，摇了摇头，然后又回头看看，这一次，她终于消失了。我有点心烦意乱，起身喝了点水，然后又回到床上。第二天早上醒来后，我给凯西讲述了夜里发生的一切，她也记得听到我起床，然后离开了房间。所以，这一切好像并不是做梦。我的所见并非幻觉，一切历历在目，仿佛那位老妇就在我面前，

①　1英尺约等于0.3米。——编者注

触手可及。

　　事实上，直到今天我也不相信世上有鬼存在。尽管那次经历很惊悚，但我仍然认为那是大脑的幻觉和我开了个玩笑。然而，当我向别人讲述这段故事时，事情却惊奇地出现了反转。很多人立即表示，这种经历正说明鬼是存在的，他们是这样自圆其说的："除此之外，还能用什么来解释呢？事实如此啊，当时你是清醒的，凯西也听到了你起床，而且你确实看到了那位老妇，通常我们是看不到不存在的事物的。那位老妇一开始游荡着，后来又神秘地消失了。鬼不就是这样子吗？何况，那位老妇跟凯西长得很像，很可能就是凯西已故的亲戚来看望她。"显然，所有的证据都指向一个结论——我就是撞到鬼了！因为只有这样才说得通，不是吗？

　　事实证明，关于我与"鬼"的遭遇还可以有另一种平淡无奇的解释。研究显示，我们从睡梦中醒来时，会出现一种"醒前幻觉"。在这种状态下，人们会看到各种各样的幻象，包括外星人、故去的亲人，甚至是怪物。这些幻觉还伴有一种强烈的清醒意识，因为它恰恰发生在醒来之前，凯西可能确实听到了我起床的声音，因为事实上后来我确实醒了，并且离开了房间。至于老妇与凯西长相酷似的问题，据我推测，那只是我想象的凯西老年时候的模样而已。所以，我这段经历完全可以从有关人类感知及错误感知的科学研究中得到直白的解释，无须扯上超自然现象。然而，那些倾向于相信鬼神存在的人会立刻把我的故事解读为鬼神确实存在的证明，因为人们往往愿意基于蛛丝马迹构建起非同寻常的信念，并且乐此不疲。

也许你会认为撞见鬼这种事太过牵强，不值一提。然而，事实上，对于一些根本站不住脚的观念，我们不仅笃信，还会拼命去维护（即使反驳这些观念的证据已经足够多）。依你所见，包括顺势疗剂在内的一些替代药物可以治愈疾病吗？有些人确实拥有超感官知觉吗？濒死体验真的能证明来世的存在吗？在此，我郑重给你一个建议——不要相信你所认为的都是对的。原因何在？因为人们相信某种事物往往是因为愿意相信，而不是因为有证据证明那是对的。即便对自己愿意相信的东西并没有先入为主的观念，我们仍然会相信一些不真实的东西。当被问及一些问题，比如，用硅胶材料隆胸会导致重大疾病吗？自卑会导致攻击性行为吗？美国的犯罪率还在持续增长吗？很多人会说"是的"，但研究表明，这些想法并不正确。正如本书将为大家呈现的，许多错误观念的形成是因为我们常常用一种内在的倾向去评估证据，而这种倾向往往带有偏见，甚至根本就是错误的。

我们固守的信念与最终做出的决策紧密相关。事实上，人们的信念往往会影响最终的决定。例如，我的好朋友克里斯就认为他能在股市大赚一笔，他坚信只要多花点时间把市场搞清楚，精挑细选几只股票，就能得到丰厚的收益，并且得到的收益会远远高于市场的平均收益。他曾告诉我，有一个朋友买了几只股票，卖出之后就赚了3万多美元。因此克里斯推断，他也可以这样赚到钱。他甚至还浮想联翩，认为可以用未来的股票收益偿还贷款。当我问起他朋友买的其他几只股票时，克里斯却开始闪烁其词。在我的一再追问之下，他才说其他几只股票都赔了，然后他又开始滔滔不绝地聊起那几只赚钱的股票。

克里斯堪称聪明绝顶之人。与其他许多聪明人一样，他相信通过自己的努力，假以时日，自己便能横扫股市。许多所谓"投资专家"的言论也助长了他们的这种痴念，因为专家满口都是"只要你们照着书上的方法去做，就能在股市里赚得盆满钵满"。与此同时，互联网上也充斥着类似的说法。然而研究表明，要分析清楚一家公司的财务状况，并在特定的风险水平上始终选择表现优于市场大盘的股票，即使不是不可能，也绝非易事。即便是经验丰富的所谓的选股专家，也不可能保证一直跑赢大盘。事实上，哪怕你让猴子向《华尔街日报》上的股票清单随便投一支飞镖，其选股命中率跟所谓专家的命中率都可能不分伯仲！[1] 当然，你可能正好是个幸运儿，选中了一只就要大涨的股票，也可能在拉斯维加斯的赌盘上随便押了 2 万美元就赢了。但是你要知道，这是一个非常冒险的想法，因为你不可能一直都赢。

大量研究表明，比起仅仅押注几只股票，人们最好把钱投在综合指数基金上，例如标准普尔 500 指数（Standard & Poor's 500）。尽管如此，人们还是愿意相信自己能够玩转股市。抱着这样的痴念，克里斯在自己精选的几只股票上投入了大量现金，然而，即便是在整个市场大涨 25% 的时期，他也损失了 2 万多美元。由此可见，固执谬念本身就可能威胁到你的个人财富！

本书内容

人类真是神奇的生物，拥有创造性思维和解决复杂问题的能力。人类创造的技术让我们的生活更便捷、更快乐，人类制造的机器助力我们开展外层空间探索和深海探测，人类获得的医学成就也大大延长了我们的寿命，人类建立起来的文明系统也可谓先进。然而，尽管人类取得了这些成就，我们仍然会成为思维误区的牺牲品。

本书专门就人类如何形成信念以及如何做出决策展开讨论。更为重要的是，本书还探讨了可能导致信念和决策出错的多种方式。从本质上说，信念是我们认为正确的观点，我们可以用不同的方式构建自己的信念。有时候，信念来自快速的"直觉"反应；有时候，信念构建需要深思熟虑。除此之外，还有各种变量会影响我们的信念构建，如父母的偏好，兄弟姐妹的影响，同伴压力，教育、社会和文化的影响等。[2]无论我们是如何形成一种信念的，一旦我们认为这种信念是正确的，那么这种信念就会被秉持，并且对我们的决策产生重大的影响。

毋庸置疑，在每天的生活中，我们会做出很多明智的决定，否则我们便无法生存。然而，我们也会犯下很多错误，甚至常常对自己的错误一无所知。但是，这些错误会对我们的幸福产生重大的影响，导致我们花费大量的时间和财力做无用功，甚至让我们做出对健康和生命产生负面影响的决定。

如果我们相信通灵者、算命先生和占星师具备特异功能，就会花费辛辛苦苦挣来的钱跑去看哈里叔叔是否还在棺材里对我们吹胡子瞪眼，或许也会考虑就跟昨晚刚刚认识的某人结婚算了。在里根夫妇坐镇白宫的年代，南希·里根笃信占星学并特意咨询占星师来制订里根总统的日程安排。[3]如果我们相信某种替代药物的治疗方法有效，即使没有可靠的证据证明其有效性，我们也会为之一掷千金。事实上，许多规避常规医学治疗方法的人原本是可以被轻松治愈的，但事与愿违，他们往往只相信旁门左道，许多人正是因此而送命。[4]

错误的信念与决策不仅会影响个人的日常生活，还会影响重大的社会决策，这些决策进而会影响所有的人。例如，政府公务人员的工作是制定政策、通过法律，而做这些事要花纳税人的钱，但其工作中的许多决策是基于错误的信念做出的，这就可能导致政府动用数十亿美元去解决一个收效甚微的问题，却忽视了更为重要的问题，甚至激发了更加严重的问题。例如，20 世纪 90 年代，美国花费了大约 100 亿美元清除公共建筑中的石棉。虽然吸入石棉可能造成危险，但大多存留在建筑物中的石棉并不会对人们的健康造成严重的危害。事实上，清除石棉反而比让它原封不动更加危险。[5]

那么，为什么我们会成为错误思维的牺牲品呢？是我们太愚蠢吗？当然不是！在思考和决策的过程中，任何人都会犯下本书所讨论的各种错误，包括训练有素的专业人士，比如医生、律师，甚至是大型企业的首席执行官（CEO）。此外，还有两个最基本的原因。第一，我们往往会自然而然地以错误的方式去寻找和评估证据，究其原因，可能是由于进化发展，也可能纯粹是为了简化思维过程。第二，批判性思维和决策制定技能可以抑制人类犯错的天性，但通常学校都不教授这些思维和技能。我们的教育体系只要求我们学习英语、历史、数学和科学等课程，并不要求我们做批判性思维和决策能力的训练。然而，正是这样的训练才能培养我们的批判性思维和决策制定技能，并让这些思维和技能在我们的生活中发挥重大作用。

本书讨论的大多数主题与两个有趣的领域相关，其中一个领域涉及判断和决策的心理学，它向我们揭示了大量关于人们如何思考以及如何步入思维误区的知识；另一个领域则是关于科学和伪科学的差异。美国的电视和其他媒体的很多报道其实是伪科学或是垃圾科学，也就是假冒的科学，而不是真正的科学。如果你在某天晚上随便浏览一些频道，就会发现所谓的科学调查员正在报道超感官知觉、遭遇外星人、大脚怪或是亚特兰蒂斯探秘之类的"新闻"。由于媒体中充斥着泛滥的伪科学思维，我们也很容易像伪科学家一样思考——这才是我们在形成信念和制定决策时铸成大错的深层次原因。

本书许多观点的本质与如何成为一个怀疑主义者有关。怀疑主义者这个词在我们的社会中名声不佳，通常被认为是那些愤世嫉俗、吹毛求疵的人。然而，真正的怀疑主义者绝不会先入为主，而是会进行证据评估。从真正的意义上讲，在选择相信某些事情之前，一个怀疑主义者会保持开放的思想并进行严谨的调查。正是在形成信念之前进行的高质量的质疑批判才使我们成为有智慧、有思想的个体，而且越是举足轻重、不同凡响的信念，我们在相信它之前，越需要找到令人信服的证据。如果你的信念就是这样形成的，那么你就称得上是一位怀疑主义者。从本质上讲，怀疑主义者遵循"索证之州"密苏里州的格言——"证明给我看"，即如果你有主张，就给我看证据。

6 个认知陷阱

我们犯了太多不对的错误。

—— 约吉・贝拉

实际上，无论阅读什么书，随着时间的推移，人们对细节总会淡忘。非常幸运的是，我在人生的这个阶段，还能对所读书中的寥寥几个主要观点记忆犹新。因此我认为，在本书的开端就列明书中的主要观点应当是个好主意。希望读者能在后续的阅读过程中去寻找体现这些观点的有趣例证。在此，我将主要观点精炼为 6 点，即人类认知的 6 个陷阱：

- 偏爱故事胜于数据；

- 寻求印证自己的想法；

- 忽略机缘巧合的作用；

- 错误感知世界；

- 过度简化思维；

- 存在错误记忆。

偏爱故事胜于数据

毋庸置疑，人类已经进化为会讲故事的物种。从远古时代起，有关人类的历史和知识就通过人物故事代代相传。从进化的角度来看，直到最近，人类才学会以容易存取的方式记录知识。因此，我们偏爱并看重那些以故事或个人叙述的形式传递给我们的信息。[6]

故事总是精彩的。精彩的故事不仅可以增添我们生活的乐趣，还可以激发我们的想象力，更能深深地打动我们。人是社会性动物，所以我们对别人的故事特别感兴趣。然而，正如我们将在下文中看到的，仅仅依靠故事来形成信念并做出决策可能会让我们步入歧途。原因何在？因为这意味着我们会忽略其他更有用的信息，例如避开统计数据。实际上，光是统计这个词就足以让一个本来聪明的人变得目光呆滞。我们天生是讲故事的人，不是什么统计学家。但统计数据往往能给我们提供更优质、更可靠的信息，为我们的决策提供参考。然而不幸的是，在很多情况下，即便是简单的统计知识，我们也知之甚少。例如，当得知美国大约半数孩子的智商低于平均水平时，美国前总统德怀特·艾森豪威尔感到非常震惊，他认为必须针对如此糟糕的状况采取措施。但是从统计学上来看，大约一半的孩子智商低于平均水平（另外一半高于平均水平）纯属正常。[7]在其他情况下，我们会忽略统计数据，因为它们看起来抽象枯燥。因此，即使我们知道有数据可依，也还是更偏爱人物故事的感染力。

我们一起来看看下面这个情境。你正在考虑买一款新车，于是在《消费者报告》上查看了这款车的可靠性，前几年的车型数据显示这款车的表现非常可靠。带着满心欢喜，你前去参加一个聚会。在聚会上，有一个朋友告诉你他最近恰好买了这款车，只听他连连抱怨："除了麻烦还是麻烦！这车太离谱了，每隔几个月就要送去修理店。换了离合器，刹车又出了问题，而且还老是熄火。"此时此刻你作何反应呢？大多数人一旦了解到朋友踩过这样的坑，马上就会质疑自己的决定，甚至很可能就不买这款车了。不过，我们最好还是信赖《消费者报告》的汇总信息，看看这款车的返修率再做决定，这些数据是基于大量同款汽车的样本获得的，而那位朋友的经历只发生在一辆车上。任何产品都可能出现差异，任何车型也都可能在质量上参差不齐。可能你的朋友就是运气不佳，恰好买到了一辆问题车。事情的关键是，如果你听信了朋友的话，那么你的决策就建立在无关紧要、道听途说的证据上。不过，我们大多数人在做决定时，往往特别重视这种个人经历。

寻求印证自己的想法

如果你支持枪支管控，是否会更相信支持禁枪的信息？如果你喜欢某一个总统候选人，是否会更关注对他有利的信息？如果你相信通灵者可以预测未来，是否会对他们为数不多的几次正确预测记忆犹新，转而忘记那些错误的预测？事实证明，这就是我们的思维方式。我们天生偏爱使用"印证自己的想法"这一决策策略，即格外看重支持自己的信念和期望的信息，或是自己情有独钟的信息，而对那些与自己信念相左的信息不屑一顾。事实上，我们总是记住成功而忘记失败。

人们偏爱印证自己想法的那些证据，这样的天性如此根深蒂固，以至于即便对并不笃信或强烈期待的事物，我们也会不遗余力地去寻求支持性的证据。具体来说，假设你想判断一下某人是否乐善好施。十有八九，你会努力去回想他的善行义举，比如捐助钱款等。你绝对不会去联想他为人不善的那些时刻，即使他确实没有那么善良。原因何在？因为我们发现，寻找被验证观念的支持性事例似乎更加容易。不过，问题是一旦我们选择性地关注有利信息，就会忽略那些不利信息，而这些信息对决策反而更为重要。

忽略机缘巧合的作用

假设你正在看《华尔街日报》，上面有一则广告大肆吹捧共同基金超高的业绩增长，广告宣称："该基金在过去5年的收益与其他所有基金的平均收益相比遥遥领先！"广告画面的显著位置印有一位大名鼎鼎的基金经理的照片。此时此刻，你会自然而然地联想到这只基金的超强表现肯定离不开这位基金经理高超的选基金的技能。这一切听起来颇有说服力，但这只基金的表现是否能证明基金公司对基金市场了如指掌？是否意味着你应当投资这只基金？在做出决策之前，你必须问问自己，这种优异的表现是否纯属偶然？你连抛5次硬币，有时它也会连续5次都正面朝上，但那其实仅仅是偶然现象。正如下文中我们将看到的，有证据表明共同基金的长期表现与抛掷硬币如出一辙。因此，所谓的专家通常也不能获得长期的高回报率。事实上，真正谨慎的做法是不投资那些最近表现优于平均水平的基金，因为根据均值回归现象，这种基金未来很可能会下跌。

为什么我们会相信是高超的选基金的技能促使基金表现高于平均水平呢？这是因为我们通常都不认为机缘巧合会影响我们的生活。尽管机缘巧合在许多方面影响着我们生活的世界，但我们并不认为事情都是偶然发生的。相反，我们更愿意相信一切都事出有因。人类生来喜欢刨根问底——与生俱来就有一种根深蒂固的欲望去发现世界存在的因果关系。这种寻根溯源的欲望很可能源于人类的进化发展。在早期人类社会，那些发现事物因果关系的祖先不仅幸存了下来，还将这种基因世代相传。例如，那些观察到火星点燃篝火的祖先开始学会取火，这让他们更易生存下来。这种寻根溯源的偏好通常对我们很有帮助。但问题是，这种偏好在我们的认知结构和思考过程中占据了主导地位，以至于被我们过度应用了。所以，往往我们看到的事情的"因"，其实只是单纯的机缘巧合。

错误感知世界

我们喜欢认为自己感知到的就是世界的本来面目，我们总是听到人们说"我知道自己看到了什么"。然而，我们的感官也会受到蒙骗。有时候，问题本身就在于选择性地进行感知，某些东西我们没有看到是因为我们的注意力不在那里。在另一些情形下则恰恰相反，我们看到的东西其实并不存在。还记得我见到鬼的经历吗？实际上研究已表明，有相当一部分人在生活中的某个时刻会产生幻觉。当然，如果我们在思考时使用了错误的感知，那么问题就会出现。在人类认知世界的过程中，有两大因素会产生非同一般的影响，那就是期望与欲望，即我们期待和想要看到什么会在很大程度上影响我们的认知。让我们一起来看看下面这个真实案例。

有一则新闻快报说，一头危险的熊从城市动物园逃脱了。接下来会发生什么事呢？ 911 总机铃声响个不停，有人打来电话说看到熊爬上了树，有人说看到熊穿过了公园，还有人说看到熊在后巷的垃圾箱里翻找食物。根据人们的反馈，似乎镇上的每个角落都能看到这头熊。但是，事情的真相是这头熊一直就在动物园的 100 码①之内游荡并且从未远离。[8] 你看，期望就是这样"创造"了我们的感知。同样，假设我们正在看一场足球赛，我们喜欢的球队正在与劲敌角逐。那么，我们注意到对方球队犯规的次数很可能会多于自己喜欢的球队。当然，对方球队的支持者也会认为我们喜欢的球队犯规次数更多。[9] 这正是"心有所想，目有所见"。

　　错误感知在整个人类历史上引发了不计其数的古怪事儿，每隔一段时间，就会出现一种集体错觉，在社会的某些群体中引起大规模的癫狂癔症。比如，某段时间"猴人"在印度引发了一场恐慌，人们奔走相告，说看到了一种半猴半人的生物，其指甲像剃刀一样锋利，力大无比，跟超人一样。[10] 美国也有很多关于人们遭遇外星人绑架的报道。显而易见，人们对现实的感知可能是靠不住的，所以，对于那些仅凭个人经历而形成的观念，尤其是那些非同寻常的观念，我们更应当小心谨慎。

过度简化思维

　　生活如同一团乱麻，日复一日，我们需要处理的事情千头万绪，在进行决策的时候亦是如此。有时候，你得到的信息铺天盖地。事实上，如果我们关注所有的信息，仅仅是收集和评估信息就会耗费大量

---

①　1 码约等于 0.91 米。——编者注

时间。为了避免陷入"分析瘫痪"的窘境，我们会采取很多简化策略。例如，我们经常根据头脑中的已知信息来做决定。如果我们要判断一项运动是否存在风险，比如滑雪，通常我们不会费尽心思去搜罗滑雪运动中所有可能的受伤方式，也不会去调查每年滑雪受伤的人数。相反，我们常常把这个任务简化为只考虑身边朋友的滑雪经历，或者是想一想在电视上看到过的滑雪事故。例如，我们可能会记起桑尼·博诺（Sonny Bono）和迈克尔·肯尼迪（Michael Kennedy）正是在同一年去滑雪时丧生的，由此便得出一个结论：滑雪是一项非常危险的运动。（尽管进行许多其他的娱乐活动也可能受伤，如划船和骑行。）

简化策略可以有效帮助我们省时省力并让我们快速做出决策，然后继续忙其他的事情。幸运的是，简化策略通常会带来合理有效的决策。尽管它不可能产生最佳的决策，但通常也"足够好了"。然而，我们在运用简化策略时，不会全面考量与决策相关的信息，而这就可能让我们陷入麻烦。

假设你去看医生并且进行了一项病毒测试，测试结果呈阳性——这说明你感染了病毒！你应当有多担心呢？医生告诉你说："当一个人确实感染了这种病毒时，这项测试的准确率是 100%；但如果一个人并未感染这种病毒，也会有 5% 的概率被测出阳性。"与此同时，你还听说大约每 500 人就有 1 人感染这种病毒。因此，如果你的测试结果显示阳性，那么你感染病毒的概率究竟是多少呢？多数人会说大约是95%。但事实上，正确答案是 4%（第 9 章会给出解释）！正如我们将在本书中看到的那样，使用简化策略会导致我们忽略至关重要的信息，进而致使我们的判断出现严重错误。

存在错误记忆

想象一下，你正在看电视，享受一个悠闲的夜晚，这时有人敲门。你一打开门，一名警察就给你戴上了一副手铐并声称："你因虐待儿童而被捕了！"更令人惊讶的是，你发现是自己的女儿对你提出了指控，指控你在 20 年前她还是个幼女时对她实施了侵害。你简直不敢相信这一切，因为你和女儿的关系一直很好，而且你非常清楚你从未虐待过她。她为了解决一些情感问题，最近去看了一位治疗师，治疗师认为她的问题可能是童年时期遭受虐待导致的。在几次催眠之后，你女儿开始记起你虐待她的一些"事实"。在缺乏绝对物证的情况下，仅凭这些被压抑的记忆，你就被定罪了，并且被送进监狱。

听起来很疯狂是吗？你觉得这不会发生吗？事实是，确实有好几起类似的案例发生在美国。[11] 为什么会这样呢？因为绝大多数人——包括那些作证的证人——都会认为我们的记忆就是对过去经历的永久记录。当然，我们知道自己不可能记住所有的事，但有很多人相信，借助特殊的技术，如催眠术，就能够回忆起已经忘记的事情。事实上，调查显示，大多数美国人对记忆都持有这样的观点。[12] 我们对自己的记忆非常自信时，就会认为只要是记得的事，就确实发生过。

然而，大量的研究表明，我们的记忆是可变的。即使是没有发生过的事，我们也可以为其创造记忆。实际上，人们的记忆不是对过往经历回放的快照，恰恰相反，记忆是可以被建构的。当前的信念、期望、环境，甚至是暗示性的问题都能影响我们对过去的记忆。更准确地说，记忆是对过去的重构——随着每一次重构，记忆会离真相越来越远。因此，即使我们确信记忆并未改变，它还是会随着时间的推移而变化，而这些记忆对我们的信念建构和决策制定影响巨大。

总结

正如你所看到的那样，有很多倾向会导致我们产生错误信念，做出错误决策。随着人类的进化，有一些倾向深深植根于我们的认知过程，比如人们偏爱听故事，不喜欢看数据；还有一些倾向的存在是为了简化复杂的生活和决策制定。当然，我们并不总是会成为这些倾向的牺牲品。虽然我们经常去寻求印证自己想法的数据，但有时也会关注相反的信息。此外，在大多数情况下，这些认知特点会为我们提供很好的帮助。如果不使用简化策略，我们就会时常陷于海量的信息中寸步难行，难以做出任何决定。与此同时，我们在建构信念和制定决策时，这些倾向也会带来很多困扰。

最后，还有一件事请务必谨记。如果你发现自己犯了本书中所讨论的某种思维错误，请不要难过，因为这样的错误我也犯过，我的朋友们也犯过，我所认识的每个人都犯过，这只能说明这些错误在人类的认知结构中是何等根深蒂固，以致我们通常都意识不到这些错误的存在。因此，做出更好决策的第一步就是识别人类思维中的陷阱。接下来，就让我们一起来看看人们的思维过程，看看哪里会出错，以及为什么会出错。

目　录

第1章
离奇的信念与伪科学思维

对我们的社会来说，真正的危险不在于人们不信什么，而在于他们轻信什么。

——萧伯纳

在一档颇受当地人欢迎的早间广播节目中，3位主持人正在与一位节目常驻嘉宾交谈。显而易见，主持人为这位嘉宾所拥有的神秘超能力所折服，左一句"真是难以置信！"，右一句"太神奇了！"。实际上，他们一再敦促听众赶快加入节目与嘉宾互动，因为据说这位嘉宾可是有着通灵的本事，能与死去的人对话。照理说，现如今的脱口秀节目的主持人都是火眼金睛，看事情独到犀利，一针见血，轻而易举就能指出别人的破绽。然而，这次他们完全被通灵师嘉宾给迷住了。与此同时，很多听众对这位通灵师也是佩服得五体投地，一次又一次拨通直播间的电话，因通灵师所说的话而热泪盈眶，有些人甚至以为自己真的听到了已故亲人说的话，忍不住失声痛哭。

因为腹部剧痛，你被送进了医院，躺在检查台上，你看到一位护士走进房间，她把手放在你身体上方几英寸①的地方，然后开始轻柔地上下移动她的手，从你的头部开始，慢慢移向你的躯干。你忍不住

_____

① 1英寸＝2.54厘米。——编者注

问她："你在干什么？"她说："我要把你身体里的负能量赶走，这些负能量正是你肚子痛的罪魁祸首。"这听起来有点疯狂，不可能，是吧？错！确有其事！这位护士正在使用的是一项叫作"治疗性触摸"的技术。事实上，已经有 4 万多名专业护士接受过这项技术的培训，目前就有 2 万多名护士正在积极实践这项技术，在世界范围内有 100 多所高等院校正在教授这项技术，其中就包括像纽约大学医学院这样令人肃然起敬的大型学院。此外，仅在美国就有至少 80 家医院正在使用这种离奇的治疗法。[1]

我的好朋友乔是一位地质学家。他经营着一家水源勘探公司，走遍世界为城镇乃至一些小国家寻找饮用水源。从复杂的计算机模型到卫星图像，他使用最先进的技术来定位高产量水井。乔的事业非常成功。在加勒比海的一些小地方，他的影响力已经达到了近乎封神的地步，因为只有他能在这些地方找到水源，而别人根本找不到。可以说，乔是我认识的最聪明的人之一。然而，他在职业生涯中却一度使用所谓的"魔叉探测术"。这是一种寻找水源的技巧，探测时人们在手中拿着一个像 Y 形树枝似的东西，一边走一边探测水源，如果树枝抽动，就意味着这个地方的地下有水。自从乔在新英格兰工作时遇到了一位"专业"的魔叉探测师，他就开始笃信这种方法。实际上，多年之前当我买了一块地要盖房子的时候，乔就过来用这种方法帮我寻找水源，告诉我该在哪个地方打水井。

上述这些案例有什么共同之处吗？是的，说的都是聪明绝顶、训练有素的专业人士也会相信一些异乎寻常的观点，尽管这些观点几乎没有令人信服的证据作为支撑。事实上，证据所表明的恰恰相反——与逝者交谈、治疗性触摸和魔叉探测术都不管用（我家的水井从来就没冒出过多少水），但这些聪明人仍然对此执迷不悟。² 这种情况不仅会发生在医学专家、成功商人、科学家的身上，也会发生在你我的身上。这时，你可能会说："我才不会相信这么离谱的事情呢!"然而，对于那些表面上看起来合情合理的观点，你会不会相信? 下面，我们来看一个关于"辅助沟通"的案例。

1.1　听起来很合理，你不觉得吗

你朋友有一个患自闭症的孩子，患有这种疾病的孩子可能会反应迟钝，表情冷漠，无法与他人交往。人们都会对这样的孩子充满同情，他们的父母也会深受其累。不过，突然之间好像出现了一种应对自闭症的很有效的办法。这不，那个朋友最近就告诉你一项叫作"辅助沟通"的新技术，这项技术非常奇妙，可以让他与孩子进行正常的交流。此外，他还说该技术证明自闭症儿童是非常聪明的，他们只是在沟通上存在障碍。在为朋友感到高兴的同时，你也大大为之振奋，于是决定对这项技术一探究竟。

通过查询，你发现"辅助沟通"这项技术早在 20 世纪 70 年代就开始被使用了。当时，有一位老师发现，如果为一个患有严重自闭症的孩子提供身体上的协助，将他的手放在打字机或计算机的键盘上，这个孩子就会敲出一连串聪慧的想法。显然，自闭症儿童看似迟钝的外表下，可能隐藏着一颗超级大脑，如果将这样的头脑放在一个能让孩子交流的环境之中，它就会展现出惊人的智力。实际上，"辅助沟通"技术表明，严重的自闭症儿童有沟通障碍，而这种障碍主要来自身体行动上的局限，而非智力上的缺陷。

基于这项惊人的发现，专门致力于推广"辅助沟通"技术的"通过教育获得尊严与语言中心"于 1986 年成立。此后，美国的重点大学相继建立了其他同类型的教育中心。雪城大学建立了辅助沟通研究所，培训了数千名治疗师，其他一些学校也开发了相关的项目。

随着时间的推移，"辅助沟通"的作用逐渐得到了认可。围绕这一主题，人们发表了大量的研究报告，这些报告表明，"辅助沟通"甚至对患有严重自闭症的儿童也有效果。世界各地成千上万名自闭症儿童早已开始使用这项技术与父母和其他人交流。实际上，自闭症儿童已经在普通学校就读并借助"辅助沟通"取得了长足的进步。

如此之多的证据看起来足够令人信服了，不是吗？不仅重点大学设立了研究中心，而且大量的个人反馈也表明，借助"辅助沟通"，父母可以与孩子实现正常的沟通，患有严重自闭症的儿童甚至在学校的表现也非常优异。此外，还有专门的"研究"支撑这项技术的可靠性，一切都不言自明。然而，事实真的如此吗？

遗憾的是，对照科学研究表明，所谓的"辅助沟通"毫无价值。其中有一个颇具戏剧性的例子是，在研究过程中，研究人员给协助者和自闭症儿童分别戴上了耳机，然后提出一系列的问题。当二者被问到相同的问题时，自闭症儿童的回答是正确的。但是，当自闭症儿童和协助者被问及不同的问题时，自闭症儿童给出的答案对应的却是协助者应当作答的问题。[3] 在另一项研究中,自闭症儿童和协助者被安排在一道薄墙的两侧,然后研究者给双方分别展示不同的物品让他们进行识别。最后的结果是,自闭症儿童识别的东西是协助者看到的,而不是他自己应当看到的东西。这些研究清晰地表明,在"辅助沟通"中,做出应答的是协助者,而不是自闭症儿童本人。协助者只是在单纯地引导自闭症儿童手部的动作,而自闭症儿童自身对发生的一切可能一无所知。[4]

要验证"辅助沟通"是否有效,其实只需要几个简单的实验。然而,尽管没有足够的科学依据,人们也宁愿相信这种方法是有效的。为什么?因为我们往往相信我们愿意相信的东西。父母渴望与他们的孩子交流。协助者也确实想帮助孩子们。当然,他们也会受到提升专业声誉和获得更多基金资助的动机激励。但不幸的是,当这种动机未经过严格的科学实验的检测,我们就有理由相信那都不是真的。一厢情愿的欲望是如此强烈,以至于即使是面对绝对自相矛盾的数据,仍然有众多"辅助交流"概念的拥趸为它积极辩护。

1.2　离奇错误的信念无处不在

人是容易轻信的动物,必须相信点什么;如果一个信念并无好的理由支撑,那么,找点糟糕的理由也能对付。

——罗素

人们所相信的千奇百怪的事情似乎没有什么边界。许多人相信外星人造访过地球，通灵者可以预言未来，占星术能起效，水晶能医病，大脚怪确实存在，百慕大三角能吞噬船只和飞机，人可以升空飘浮，房子里会闹鬼，濒死体验证明人有来生，通灵侦探可以找到凶手等。事实上，2005 年 6 月进行的一项盖洛普民意调查显示，大多数美国人至少相信一种超自然现象，如表 1-1 所示。

表 1-1　持有各种超能信念的人数比例 [5]

百分比	超能信念
41%	超感官知觉
37%	房子里会闹鬼
42%	有时人会被鬼上身
31%	人有心灵感应，可以不借助 5 种感官进行直接的心灵交流
24%	外星人造访过地球
26%	有人有千里眼，可以看到别人感知不到的事物
21%	人可以与逝者沟通
25%	占星术
20%	转世说

数据来源：2005 年 6 月的盖洛普民意调查。

很多被人们信以为真的观念其实并无充足的证据支持，甚至就没有什么证据。事实上，许多观念在真凭实据面前都站不住脚。以所谓的百慕大三角之谜为例，我们可能都看过一些关于百慕大三角的神秘故事。人们普遍认为，不计其数的船只和飞机在那里神秘失踪，不是超自然的力量就是外星人在作怪。然而，经过仔细调查我们就能发现，这些事故都可以用一些正常原因进行解释。事实上，如果你把该地区日益增长的交通流量考虑在内，就会发现百慕大三角地区发生事故的比例甚至小于周边其他的地区。[6]

然而，稀奇古怪的信念在社会各个阶层中都屡见不鲜。例如，美国联邦政府就因为错误的信念做出了许多错误的决策，并为此付出了高昂的代价。五角大楼已经花费了数百万美元开发基于超感知和精神驱动（仅靠意念就影响真实物体的能力）的武器。美国国防情报局和中央情报局仅在"星际之门"的项目上就花费了 2000 万美元，用于调查通灵者声称的能看到数百英里[①]以外的遥视能力。政府不断批准巨额经费去调查种种离奇古怪的说法。尽管这些做法与公认的科学原则明显相悖，但是，钱还是花了。[7]难道这些钱不应当花在更需要的地方吗？

不仅如此，企业组织在决策时也会犯同样的错误。欧洲和美国的大公司在做招聘决策时常常会咨询笔迹学家。笔迹学家通过分析求职者的笔迹来判断他是什么样的人而不是分析书写的内容，比如他是如何连笔的，他写字母 T 时笔画是如何交叉的。研究表明，笔迹学百无一用，但是放在过去，如果一个笔迹学家根据你的笔迹说你不是诚实可靠的人，那么你就可能因此丢掉一份工作。[8]

在这方面，领导者又做得怎样呢？总统可以说是世界上最有权力的人之一，如果你得知某位总统的所作所为是由占星术来指导的，会不会觉得很离谱？ 正如罗纳德·里根总统在任时的白宫幕僚长唐纳德·里根爆料的那样，在他担任白宫幕僚长期间，里根总统的每个重大举措和决定都要事先让一个在旧金山的女人画出占星图，以确认星

---

① 1 英里 ≈ 1.6 公里。

象对其事业发展有利。[9] 这也不足为奇，毕竟生活在 20 世纪的美国人比中世纪的人更看重占星术。[10] 我们生活的时代见证了所谓"新时代思想"的崛起：我们要拒绝西方的科学，要让"通灵者"替我们跟死去的人说话，要相信水晶拥有治愈疾病的魔力，还要读雪莉·麦克雷恩的畅销书（销量超过 800 万册）。

即便是大名鼎鼎的作家也难免痴迷于离奇的怪事。阿瑟·柯南·道尔爵士，著有福尔摩斯系列作品的大作家，以创造出拥有超群的逻辑推理能力的小说角色而家喻户晓。你可能会认为这样一个理性角色的创造者肯定会把批判性思维看得高于一切，然而，阿瑟爵士也相信这世上有仙女。在 1917 年和 1920 年，来自英国科廷利的两个女孩拍下了 5 张仙女的照片，还自称跟这些仙女一起玩耍过。阿瑟爵士看到这些照片时，居然相信了仙女真的存在。可是，几年之后，这两个女孩出面承认这些照片本身就是一个骗局——所谓的"仙女"照片就是她们从一本儿童读物上剪下来的图片，如图 1-1 所示。

图 1-1 女孩和"仙女们"的照片，阿瑟·柯南·道尔爵士认为照片就是仙女存在的有力证据（由纽约格兰杰收藏馆授权转载）

学识渊博的大学教授们也会被稀奇古怪的事情所迷惑。哈佛大学教授和精神病学家约翰·麦克（John Mack）于 1994 年写了一本名为《绑架》（*Abduction*）的书。他在书中论证，几十万人，甚至多达几百万人，都可能被外星人绑架过，或者有过类似的经历，而他们本人经常是毫不知情的。[11] 麦克博士之所以对此笃信不疑，是因为他听说过很多人被绑架的经历。事实上，根本没有确凿的证据证实这些绑架的发生，一切只是故事罢了。

那么，到底有没有可靠的证据支持这些怪异的说法呢？大量的科学调查显示，如果仔细审视这样的断言，所谓的证据都会不攻自破。[12] 詹姆斯·兰迪教育基金会（James Randi Educational Foundation）曾经提供了 100 万美元的奖金，专门奖励那些能在正常可控的条件下演示通灵感应或者超自然现象的人。但是，迄今为止还没有谁赢得过这笔奖金。

即便如此，我们还是对很多表面看起来毋庸置疑但实则大谬不然的事情信以为真。研究表明，许多普遍被认同的观念最终经实证检验后却是错的。例如，许多人认为人类的大脑只被开发了 10%，但这一说法找不到神经学的依据。据说盲人都会形成超敏锐的听觉，是这样吗？答案是否定的。你有多少次认为美国的犯罪和毒品问题已经失控？然而数据显示，在 1993 年至 2003 年的 10 年间，美国的暴力犯罪率下降了 33%，吸毒的人数也在减少。[13] 虽然许多人认为自卑是攻击性行为的主要诱因，但实证研究表明两者之间并无关联。[14] 此外，还有观点认为，有宗教信仰的人比无神论者更加慷慨无私。仔细观察一下，你就会发现，在对待同胞时，有宗教信仰的人并不比自称是无神论者的人更乐善好施。真的是异性相吸吗？研究显示并非如此。对工作满意，工作效率就会更高吗？这并非绝对的。[15] 但是，这些似乎都是"常识"，不是吗？人们都相信常识。然而，正如心理学家基思·斯坦诺维奇（Keith Stanovich）所指出的那样，"150 年前，妇女不应该有投票权，黑人也不应该有读书的机会"，这些也都被认为是常识。[16]正是错误的思维导致我们轻信了很多毫无依据的观念。

1.3　媒体对离奇错误信念的误导

在学习频道、探索频道、历史频道和旅游频道等频道，有关亚特兰蒂斯、大脚怪、特异功能、鬼魂出没，以及其他谈论千奇百怪的话题的节目每周都会播出。比如，学习频道播放通灵师的节目，称他们在冷战期间使用遥视能力精确定位了苏联境内的秘密军事设施，并连续 9 次正确预测了白银市场的动向（据称这是通灵功能的证据）。[17] 这类令人咋舌的节目甚至还会在全美网络上播出。例如，美国广播公司（ABC）就开办了一档名为"世界上最恐怖的幽灵"的节目，该节目全是讲述个人与幽灵遭遇的各种故事。我最喜欢引用的是其中的一句话："我只能说这是幽灵，因为没有其他的解释了。"

这些节目通常只提供一边倒的片面观点，很少报道反驳这些观点的科学数据，也很少采访像詹姆斯·兰迪（James Randi）、迈克尔·舍默（Michael Shermer）或乔·尼克尔（Joe Nickell）这样有本事的怀疑主义者，然而只有这些人才有可能为这些现象提供一些近乎合理的解释。例如，学习频道的节目并没有报道证明遥视能力不可能存在的科学证据。为什么？因为只有耸人听闻的节目才能获得超高的收视率，所以绝不能让观众发现这些怪异说法经过科学验证是错误的。这些节目没有采访过任何持怀疑观点的人，因为怀疑主义者可能会指出，通灵者预测白银市场动向的能力其实可以用概率论轻松破解。即使节目采访了某些怀疑主义者，通常也只会断章取义地报道一些内容，而且这些内容很快就会被一些导向性的评论淹没，比如"怀疑主义者会不会搞错了""似乎有些事怀疑主义者也无法解释"等。

　　事实上，这些节目报道的现象通常可以用科学知识来解释，但是，这些科学知识并没有被报道。为什么意识到这一点对我们很重要呢？因为未能如实报道科学证据会对我们的世界观产生重大的影响。研究表明，对超自然现象比如 UFO（不明飞行物）的报道，最后不带免责声明的报道比带有免责声明的报道更能影响人们对超自然现象的信念。[18] 想要知道媒体对人们信念的影响，只需想想 20 世纪最伟大的成就之一——人类登陆月球这件事就能明白了。1999 年 7 月的一项民意调查显示，即使在所有的证据都支持登月成功的情况下，仍有 11% 的美国人认为登月是一个骗局。这真是令人难以置信，但更令人意想不到的是，在福克斯电视台播出了标题为"阴谋论：我们登上月球了吗？"的节目之后，相信登月是骗局的人数比例竟然上升了一倍。[19] 由此可见，仅仅是播报一些荒诞无奇未经证实的说法就足以改变数百万人的想法。

　　我的目的并不是抨击电视台或其他大众媒体，它们确实报道了许多经过充分研究的主题，为我们提供了有价值的信息。然而，它们也为我们提供了大量的错误信息，而区分这两者并不总是轻而易举的。一位经常做关于通灵能力的报道的记者曾被问及他本人是否相信这些报道，他居然回答："我不需要相信它，我需要的就是两位博士能说'这是事实'，那么我的报道就有了。"[20] 既然有这么多人相信稀奇古怪的观念，而且其中一些人还有着博士学位，媒体报道这些怪诞事情的时候就有了所谓"专家"的背书。

事实上，一些初出茅庐的记者常常会持有一些非同寻常的信念。哥伦比亚大学新闻学研究生院的一项调查显示，有 57% 的学生相信超感官知觉，57% 的学生相信魔叉探测术，47% 的学生相信有人可以读懂一个人的气场或者能量场，还有 25% 的学生相信失落的亚特兰蒂斯大陆。[21] 如果哥伦比亚大学新闻专业的学生都持有这样的信念，他们未来写作的关于这些主题的文章很可能就有此类倾向。事实上，在主流媒体上，支持超感知、幽灵和占星术等的文章数量要远远超过对其持怀疑态度的文章数量，其比例大约是 2 : 1。[22] 总而言之，人们发现的任何有意思的东西都会出现在电视和纸媒上，无论这些东西有多么稀奇古怪。

媒体不仅会让人们对怪异事物着迷，还会影响我们对正常事物的看法。研究表明，媒体对各种健康威胁的报道数量往往与这些威胁的发生成反比。[23] 在一段时间内，美国的谋杀率下降了 20%，而网络新闻广播中谋杀故事的播放量却飙升了 600%。[24] 如此偏颇的报道会影响我们的信念。有一项研究专门分析了 10 年来涉及"毒品危机"字样的新闻报道量以及公众舆论的变化。结果发现，有时候，有多达 2/3 的美国人认为毒品问题是美国最严重的问题，而在其他一些时候，却仅有 1/20 的人认为毒品问题很严重。由此可见，公众舆论的变化与媒体报道的变化相一致，这一点不足为奇。[25]

此外，媒体报道还经常会歪曲事实，因为它只关注个人叙述，并没有科学的数据支撑。1994 年，关于食肉菌的报道横扫美国各个媒体，报道中充斥着被毁容的病人的图像和视频。尽管医学权威指出，人们被闪电击中致死的概率是食肉菌致死率的 55 倍，但媒体对这一事实置若罔闻。诚如美国广播公司在《20/20》节目中所说："无论统计数字如何，这对受害者来说都是毁灭性的。"[26]毫无疑问，食肉菌确实会毁了受害者。然而，这些绘声绘色的个案描述却让我们为一件基本不可能发生的事情而坐立不安。同样，在 2001 年的夏天，人们纷纷呼吁"离水远点儿！"，因为害怕被鲨鱼攻击的恐惧与日俱增。在 2002 年，最热门的媒体报道内容是儿童绑架案。在每一个案例中，事件本身并未受到大多数人的关注，因为与前几年相比，这些事件发生的频率变化很小或几乎没有变化，但媒体的报道却诱导许多人得出了儿童绑架案与日俱增的结论。媒体报道如此偏颇，难怪人们会形成错误的观念。在整个 20 世纪 90 年代，当美国犯罪率实际上一直下降时，却有 2/3 的美国人认为犯罪率在上升。到 20 世纪 90 年代末，美国的吸毒人数比 10 年前减少了一半，但有 9/10 的美国人认为毒品问题已经失控。[27]

错误的信念会影响我们的决策制定。例如，某一年度美国校园中暴力致死人数创历史新低，仅有 1/10 的公立学校报告了严重的犯罪案例，但是，当时《时代周刊》和《美国新闻与世界报道》却以"青少年定时炸弹"为题进行报道。正如社会学家巴里·格拉斯纳（Barry Glassner）所指出的那样，这些媒体报道提升了公众意识，其结果就是，人们花了大价钱来保护儿童免遭危险，尽管这些危险基本不会发生。而另一方面，美国儿童真正面临的危险在于，大约有 1200 万名儿童营养不良，1100 万名儿童没有医疗保险。[28]

由此可见，媒体报道可以影响个人信念和社会公共政策。电视制作人、报纸和杂志的编辑常常被那些耸人听闻、吸引眼球的故事打动。然而，很多最能引起轰动的报道会涉及离奇错误的信念。因此，我们必须提高警惕，认真思考一下如何应对媒体铺天盖地的"袭击"。如果我们能在思维方式上不轻易犯错，就不会地被这种报道蒙骗。我们的主要问题在于有过分依赖轶事证据的倾向。

1.4 告诉我你的故事——对轶事证据的偏见

数年前，媒体上开始出现女性隆胸后患上各种严重疾病的报道，这些女性出现在美国全国性的节目上，讲述隆胸如何让她们患上各种疾病，从风湿性关节炎到慢性疲劳和乳腺癌。随着讲述类似故事的女性越来越多，脱口秀节目也开始采访一些医生，医生们也说填充物可能导致严重的健康问题。那么，这些医生是如何得出这个结论的呢？这是因为他们曾治疗过一些植入填充物后出现严重疾病的病人，在移除填充物后，病人的病情就出现了好转。基于这些报道，1992 年美国国会举行了听证会，美国食品和药物管理局（FDA）正式禁止面向公众使用硅胶乳房植入物。

媒体自然不会轻易放过这个热门话题，继续推波助澜、夸大风险。随后就出现了大量的法律诉讼，陪审团判决女性因填充物引起疾病而获得赔偿的案件的赔偿总额高达 2500 万美元。1994 年，一家联邦法院做出了 42.5 亿美元的判决，赔偿因填充物泄漏而患病的原告，这是当时最大的一桩产品责任和解案。作为填充物的制造商，道康宁公司被迫进入了破产申请程序。[29]

那么，填充物真的会导致严重的疾病吗？ 那些看似充分有力的证据，其实并无科学依据。聪明的女性和智慧的医生都犯了一个既严重又常见的决策失误——他们仅仅依靠轶事证据就认定填充物会导致慢性疾病。但他们没有考虑到的是，还有更合理的解释可以解读女性出现的健康问题。女性最近植入了填充物就生病了，并不意味着是填充物导致了疾病。植入填充物后患上疾病可能纯属巧合。

那么，应该如何确定填充物与疾病之间的联系呢？ 我们需要对比没有隆胸的女性样本与隆过胸的女性样本，看看两组女性在重大疾病的发病率上是否存在差异。也就是说，我们需要通过科学研究来确定，隆过胸的女性是否明显地存在更高的重大疾病发生率。如果是这样，那么，我们就有理由相信植入填充物会引发疾病。如果不是这样，那么疾病就不是由填充物引发的，而是女性误将自身的健康问题归咎于填充物植入。

较早的一项科学研究调查了 700 多名植入了填充物的女性和 1400 多名未植入填充物的女性的健康记录。研究发现，两组女性的结缔组织疾病的发生率没有差异，而填充物通常被指责为结缔组织疾病的诱因。[30] 当然，对于如此重要的问题，我们不应仅凭一项研究的结果就做定论。在科学领域，任何研究都必须反复进行才能让我们对其结论予以信任。在随后的几年里，人们又开展了许多其他相关的研究，研究表明填充物并不会导致乳腺癌或其他重大慢性疾病。[31] 当然，隆胸手术可能会造成并发症（任何手术都会这样），包括感染、出血以及乳房组织硬化可能引发的疼痛，但这些并发症不是主要的结缔组织疾病，而多数百万美元级别的诉讼都是以此为据的。《新英格兰医学杂志》（New England Journal of Medicine）的执行编辑马西娅·安吉尔（Marcia Angell）注意到，此类诉讼中采纳的证据全部是轶事证据，即个案故事。[32]

研究表明，人们更喜欢听信故事而不相信统计数据。举个例子，在一项研究中，人们观看了一段对监狱警卫的访谈录像。一些人说他们看到的警卫比较人道，而另一些人则说这名警卫完全没有人性。然后有一半的受试者收到信息表明这名警卫具有典型的代表性或不具有典型的代表性。结果显示，关于警卫代表性的信息对个人观点的影响微乎其微。相反，人们更多单纯信赖访谈传递的信息，而忽略了访谈信息可能不具可靠性和代表性。[33] 即使是经验丰富的医生也会受到轶事证据的影响。研究表明，经常治疗与吸烟有关的疾病的医生（如胸科医生）比其他的临床医生更有可能戒烟。[34] 所有的医生对吸烟的危害都有清晰的认识，但那些亲眼看到吸烟对病人的影响的医生会受到最大的震撼。虽然数据信息通常应该是最值得关注的相关证据，但人们还是对个人叙述更有感触。

有趣的是，新闻媒体发现了人们对轶事证据的依赖倾向。多数新闻媒体热衷报道个人故事，如《日界线》和《20/20》。即使是以实事求是著称的严肃节目《60 分钟》也没有报道大量的数据和统计信息。事实上，该节目的制片人唐·休伊特（Don Hewitt）曾表示，除非节目里有故事可讲，否则，他不会看迈克·华莱士（Mike Wallace）、莱斯利·斯塔尔（Lesley Stahl）或其他任何记者的节目。事实上，休伊特含蓄地表达了人们对美丽谎言的渴望。于是乎，媒体便大肆渲染个案，故意淡化科学和统计数据。虽然这样可以提升节目收视率，但个案让我们深信不疑的那些事，早已被科学证明漏洞百出。

对于个人证词的依赖更是麻烦，因为这些证词很容易被操纵。数年前，魔术师兼著名的怀疑主义者詹姆斯·兰迪就展示了炮制怪异证词有多么轻而易举。在纽约的一档脱口秀节目中，兰迪告诉观众，当他从新泽西开车过来时，看到很多橙色的 V 形物体飞过头顶。几分钟之内，电台电话总机的铃声就响个不停，一个又一个的目击者打进来确认兰迪目睹的异象。这些电话的内容实际上包含了许多兰迪没有提到的细节，比如有人报告看到 V 形物体不止一次地飞过。这是一次多么成功的访谈节目啊，但那从头到尾都是兰迪编造的故事——从来就没有什么 V 形飞行物！通过这个简单的例子，兰迪清楚地证明了个人证词是多么一文不值。但是，为虚假声明提供证词的事情却时有发生。[35]

由此，我们能学到什么呢？那就是在形成信念和制定决策时，我们的认知结构会自然而然地被轶事证据吸引。[36] 我们喜欢听故事，更喜欢对故事做出强烈的反应。然而，这并不意味着我们的信念就应该以此为据。奇人轶事只是那些可能带有偏见的故事讲述者告诉我们的。因此，50 件轶事并不比 1 件轶事来得更可靠。相反，我们需要的是严谨的科学研究，这样才能确定隆胸是否会导致重大疾病，辅助沟通是否真的有效。我们在对外星人绑架人类的事件信以为真之前，应该要求查看有关的物证，特别是一些关于这个异常事件的切实证据，而不是单纯信赖个人讲述被绑架的故事。否则，我们就会陷入像伪科学家一样的认知陷阱。

1.5　伪科学

我们生活在一个科学的时代，但众所周知，许多人持有非科学的或伪科学的信念。伪科学是指"提出的主张即使缺乏充分的支持证据和可信度，也要显得是科学的"。[37] 有人把它称为"垃圾科学"或"巫术科学"。从本质上讲，伪科学通常冒充科学活动或理论，但它缺乏科学的严谨性。伪科学的结论通常来自低质量的数据，如轶事证据和个人证词，而非严谨的可控性对照研究。多数科学领域都有相应的伪科学。例如，有些人可能认为对古代宇航员的调查是考古学，摆弄永动机似乎就是物理学，而另一些人在头脑中，就将同样对恒星和行星进行研究的天文学和占星术联系起来。当然，还有科学的心理学和伪科学的超心理学。[38]

伪科学的主张有几个共同特征。首先，伪科学的主张具有争议性，因为尽管人们可以提出一些支持证据，但这些证据通常是靠不住的。其次，这些主张往往与目前公认的科学原则背道而驰。以升空悬浮为例，有些人声称自己悬浮在空中，有些照片显示人们是飘浮在半空中的，支持者纷纷指向这些证据，但是对于如此非比寻常的主张来说，这样的证据明显不堪一击。个人证词可能是错误的，照片可能是经过后期处理的。事实上，如果升空悬浮是真的，我们对重力的所有认知也不得不发生改变。[39]

伪科学最经典的例子是超心理学。超心理学家测试了一系列被认为是由于超感官知觉而发生的现象，如心电感应（读懂别人的心理）、千里眼（感知一般人无法感受的事物）和预知能力（看到未来）。[40] 20 世纪 30 年代，J.B. 莱茵（J. B. Rhine）在杜克大学开始研究这些现象，他使用的是齐纳牌——5 张背面有不同符号的卡片，比如加号、正方形或波浪线。在一个经典的实验中，助手会选择并观察一张卡片，受试者会试图通过读取助手的心思来识别这张卡片。莱茵发现用这种方法识别卡片的准确率比猜的准确率要高，并因此创造了"超感官知觉"一词。然而，回顾一下他的方法就可以发现对这种准确率有许多其他的解释。在某些情况下，实际上可能是受试者从实验者那里得到了微妙的暗示。在另一些情况下，卡片印刷时受压很大，事实上受试者可能是看到或感觉到了卡片背面的压痕。虽然证据看似支撑超感官知觉，但实验并未受到严格的对照控制，因此证据的可信度值得怀疑。

多年来进行的无数超感官知觉研究都指向一个至关重要的结论：支持超感官知觉的研究始终缺乏适当的控制，而具备适当控制的研究始终没有发现超感官知觉的支持证据。这导致在超心理学领域工作了近 30 年的著名心理学家和超心理学家苏珊·布莱克莫尔（Susan

Blackmore）不情愿地得出一个结论：超感官知觉并不存在。在分析了一系列据说已经发现了超感官知觉的证据的实验之后，她说："这些实验，看起来设计得非常漂亮，但实际上，在很多方面都容易出现欺骗性或错误……其结果不能作为超感官知觉存在的证据。"[41] 事实上，几十年的超感官知觉研究还没有发现一个在严格控制条件下出现同样超感官知觉现象的案例。今天，主流心理学没有对超感官知觉进行研究的主要原因是，虽然研究已经持续了很多年，但始终一无所获。[42] 然而，盖洛普的调查表明，有 41% 的美国人仍然相信超感官知觉的力量。

1.6　伪科学思维

为什么我们会坚信许多伪科学的信念？可能主要是因为我们愿意相信它们。正如著名天文学家卡尔·萨根（Carl Sagan）所观察到的那样，伪科学和其他稀奇古怪的想法常常能满足人们的情感需求，[43] 让人们自我感觉良好，并能抚慰人们的身心，让人们感觉更能掌控自己的生活，甚至会带给人们疾病终将被治愈的希望。人们想要生活简单从容，而面对生活中的各种琐事，迷信、宿命、超自然现象和其他伪科学的信念往往能提供最简单（但不正确）的答案。

伪科学穿着一件科学的外衣，所以人们很难把伪科学与真科学区分开来。例如，埃德加·凯西研究与启迪协会（Edgar Cayce's Association for Research and Enlightenment）是一个专门研究超感官知觉的机构，该机构拥有一座高大现代的建筑，里面有专业设计师设计的办公室和研究图书馆，让人一看就觉得它具备官方的权威性，所以我们就很容易接受这种组织的说法，即使它说的是一些相当离谱的事情。[44]

此外，很多人也发现伪科学的话题新鲜有趣、耐人寻味，也都想参与进来娱乐一下。古代宇航员缔造了金字塔，或者有人会读心术，都让人觉得无比神奇。最后一个原因是伪科学在流行文化中无处不在，而怀疑主义者却凤毛麟角。失落的亚特兰蒂斯大陆出现在成百上千的书籍和数不胜数的电视节目里，但这些书籍和电视节目只字不提一件事，那就是根据板块构造研究，一万年前在欧洲和美洲之间根本不可能存在大陆。[45] 亚特兰蒂斯大陆还是没找到，而伪科学的解释却比比皆是，它们通常具有以下特征。

- 先入为主的信念；
- 寻找证据来支持先入为主的信念；
- 忽略能证伪的证据；
- 排斥对现象的其他解释；
- 坚持不同寻常的信念；
- 用浅表的证据支持不同寻常的主张；
- 严重依赖轶事证据；
- 用缺乏严格控制的实验检验某种主张；
- 缺乏怀疑精神。

既然有如此强大的愿望在起作用，那么，我们在建构自己的信念时就必须小心谨慎。伪科学家们是如何得出他们的错误信念的呢？上文列出了一些伪科学思维的特征。一般来说，伪科学家对他们想要相信的事物都有一个先入为主的信念。他们会由此产生一种强烈的动机并为之寻找支撑的证据，忽略那些可以证伪的证据。伪科学家通常只关注对某个现象的一种解释并快速撇开其他的解释。而且，在支持自己信念的欲望的驱使下，他们也愿意接受浅表的、轶闻轶事类的证据。

或许，你认为这些伪科学家不过是一群毫无说服力的乌合之众，但是，请不要太早下结论，你应当意识到，这些特征在我们日常的思维方式中也是显而易见的。跟伪科学家一样，我们在建构自己的信念时也会犯这些错误。原因何在？因为我们都是人，通常的认知都遵循极为相似的方式，所以这种思维方式并不局限于某些怪异的话题——它实际上影响着我们在生活中方方面面的信念建构和决策制定。

1.7　伪科学思维带来的问题

正如我们所见，伪科学思维可能导致颁布糟糕的公共政策、不当诉讼以及开支浪费，这些都是我们要极力避免的。然而，有些人可能会问，就算是有点伪科学性质的观念又能造成什么大不了的危害呢？即使相信辅助沟通、通灵能力、边缘替代疗法或能与逝者交谈，也不会伤害任何人，反而有时可以带给我们莫大的慰藉。但问题是，它们常常具有潜在的负面影响，我们对此却毫无察觉。

以辅助沟通为例，每当想到可以与患自闭症的孩子沟通，父母们自然会感到安慰。然而，父母们都被误导了，因为与父母沟通的是那些协助者，而不是他们的孩子。此外，聘请一个坐在教室里陪孩子上课的协助者花费不菲，结果参加考试和通过考试的人其实是协助者，而不是自己的孩子。辅助沟通甚至还有更加离谱的负面影响——孩子甚至控告自己的亲生父母虐待他们。[46] 当然，这是协助者提出的主张，而不是孩子的主张。但是，如果你相信辅助沟通，那么你可能就相信这个主张是正确的。事实上，确实有人因为被接受辅助沟通的孩子指控猥亵而锒铛入狱。对信念的过度追求可以毁掉我们的生活。

相信占星术、通灵感应和另类疗法会有什么伤害呢？ 多数电视上的通灵师的收费标准是每分钟 4 美元，也就是每小时 240 美元。要知道，这可是专业心理医生收费的两倍！有人就因为拨打通灵师热线电话花费了数千美元。此外，每年还有数以亿计的钱花在了值得怀疑的各种疗法上，包括顺势疗法、磁疗、尿疗、反射疗法、虹膜诊断、治疗性触摸等，类似疗法的名目还在不断更新。更糟糕的是，许多人因为选择了边缘替代疗法而与经过验证的药物疗法失之交臂，这使得他们的健康恶化，生活愈发窘迫。

不仅如此，伪科学思维还会以各种难以觉察的微妙方式影响我们。例如，我们非常倾向于形成错误的成见。

伪科学思维还可能让我们产生无中生有的恐惧感。听到心怀不满的员工持枪扫射办公室的故事，我们不免对工作场所的谋杀心有余悸。但是你知道吗？在大约 1.21 亿的工作人群中，每年只有约 1000 人在工作中被谋杀，且其中包括警察和出租车司机这样的高风险工作者。而且，大约 90% 的谋杀是抢劫犯所为，被同事谋杀的概率不到两百万分之一。

事实上，美国人常说的 "发邮疯"① 一词纯属表述不当。因为有数据表明，邮政员工在工作场合被谋杀的可能性比普通员工要低 250%。

也许，你会害怕自己的孩子在万圣节吃下有毒的糖果或者藏有刀片的苹果。其实，不光是你有这样的担心。在 1985 年，美国广播公司新闻频道和《华盛顿邮报》的一项民意调查显示，60% 的父母担心他们的孩子会成为万圣节变质糖果的受害者。为什么？因为他们听到过有关的故事。然而，一项对当时所有报道事件的调查研究发现，没有人是因为收到陌生人的万圣节糖果而死亡或受到重伤的。确实有两起儿童死亡的案件是由于吃了有毒的糖果，但最终的调查证明，这两起案件是家庭成员故意在糖果中投毒造成的。

正如社会学家巴里·格拉斯纳在《恐惧的文化》(*The Culture of Fear*) 一书中所说："我们每年浪费了几百亿美元和大量的个人时间投入在诸如路怒症等假想出来的危险上，我们让危害很小甚至无害的人充斥牢房，为了保护年轻人远离一些罕见的危险设计了不少项目，并且对隐喻性疾病② 的受害者进行赔偿。"47

伪科学思维究竟能造成多少危害呢？可以说数不胜数！伪科学思维不仅会导致批判性思维水平和科学素养的下降，明智决策能力的降低，还会侵占正当活动的资源，甚至导致财富损失及致命的危险发生。毋庸置疑，我们应当寻找一些方法改善我们的思维过程，只有这样才能避免此类问题的发生。

---

① 美国俚语，指常常出现在工作环境中的带有暴力性的精神疯狂。——译者注

② 隐喻性疾病（metaphorical illnesses）指被用来形容在社会意义和道德意义上不正确的事物的病因不明的、医治无效的重疾。——编者注

第 2 章
我肩头的小精灵

保持头脑开放是一种美德，但不要开放到完全不带脑子的地步。

——伯特兰·罗素，詹姆斯·奥伯格

"我的肩头站着一个小精灵。他大约 7 英寸高，通常穿着墨绿色或是红色的衣服。你看不到他，但我能看到他，也能听到他。他一天 24 小时坐在那里，告诉我该做什么。我所有的想法和对话都是他告诉我的。他在我耳边低语，告诉我该怎么想，该怎么说，该怎么做。事实上，我所有的行为都是他怂恿的结果。"好吧，你可能会说隐形小精灵的想法简直荒谬，没人会相信——证据在哪里？我只是说我能够感受到他。但事实上，我们相信的某些信念也没什么可信的证据，跟我相信小精灵这回事相差无几。然而，我们却对这些信念深信不疑。

众所周知，有些人相信房子里会闹鬼，外星人造访过地球，人可以被魔鬼附体，通灵师可以预测未来。这些说法都是不同寻常的，然而，支持这些说法的证据却平平无奇，甚至不堪一击。更糟糕的是，对于类似的经历，明明存在着更合理的解释，但这些合理解释却被忽视了。不是所有的证据都具备同样的分量。我们在形成某种信念时，需要评估证据的质量和信念的合理性两个方面。事实上，信念越是超乎寻常，支持它的证据就越应该具有说服力。

2.1　非常的主张需要非常的证据

探索频道最近报道了幽灵存在的证据——超自然现象研究者竟然记录下了逝者的声音！他们是怎么做到的？原来，他们先在一个墓地里录制了一些声音，然后使用音频技术放大录音，于是，那录音听起来就像有人在说"我愿意成为一块墓碑"。然后，一群捉鬼者去到加州"闹鬼"的布鲁克代尔旅馆，走进每一个房间并提出问题，同时记录下回答时的所有声音。同样，人耳是听不出说了些什么的，但研究人员对低频录音进行了修饰，直到人们能听到"帮帮我"和"站在这里"。好了，证据确凿了！人们不仅声称看到了鬼，而且还有实物证据表明鬼的声音被真实地记录下来。这下足够有说服力了，不是吗？

你还记得 20 世纪 60 年代出现的"保罗已死"的现象吗？当时很多人认为披头士乐队成员保罗·麦卡特尼（Paul McCartney）已经去世了。这样一个纯粹的谣言不胫而走，引起轩然大波。人们开始四处寻找保罗死亡的线索，甚至对乐队的专辑封面进行了分析，发现保罗是《艾比路》专辑封面上唯一一个赤脚的人。然而，最有说服力的证据莫过于对披头士歌曲的分析，当某些歌曲被倒放或慢放时，人们会听到"保罗已死"这样的句子。当然，一个不争的事实是保罗一直都活着，而且依旧在创作着伟大的音乐。

那么，我们能从中得出什么结论呢？ 如果我们有足够多的资料并且极尽所能加以修饰，那么就能找到想要的任何证据。在数百首倒放和慢放的披头士的歌曲中，肯定会出现一些类似"保罗已死"的声音。虽然从来没有人在歌曲中唱过这样的歌词，但是，即使没有数百万人，也有成千上万的人相信披头士的歌里确实唱了。对鬼屋里的磁带录音进行修饰处理也是如此。通过操纵录音，拉伸和压缩不同的声音，就可能偶然炮制出一个声音，听起来就像是幽灵在对我们说话。

我们在评估证据确立信念时，需要谨记一个简单的观点——非常的主张需要非常的证据。关于鬼的概念就非常不一般，如果我们相信鬼，就必须相信自己前世的某种"能量"是存在的，而且这种能量决定在这个世界上逗留一段时间，还时不时地跟我们交流互动一下。我们在接受这样一个不寻常的信念之前，必须得到非常令人信服的证据。那么，磁带录音提供了这样的证据吗？ 显而易见，我们已经从"保罗已死"的现象中看到，录音可以被轻易操控，从而听起来像各种各样的东西。我们应当接受用这样的证据来证明鬼魂的存在吗？不！因为这些证据的质量相当低劣。

当然，超自然现象研究者说，那样的录音只是其中一种证据。他们还提出鬼屋的温度变化、强光的出现和照片上的幽灵形象等证据。但这些现象很容易找到自然方面的解释。寒冷的气流多出现在老宅中，拍照时过度曝光或有反射光会使照片中出现幽灵形象。[1] 那又如何解释目击者的所见呢？ 正如下文将探讨的，有相当多的证据表明，人们会误读这个世界，经常看到并不存在的东西。特别是当我们期待或想要看到什么时，这种情况就会发生。因此，个人轶事并不能为鬼魂的存在提供令人信服的证据。我们需要更真实、更有形的证据。

那么，其他一些能提供物证的神秘个人经历可信吗？事实证明，当这些经历被仔细调查时，合理的解释通常会占据上风。例如，我的朋友肖恩曾经认为他已故祖父的灵魂到公寓来看他。为什么呢？因为他家通往楼下的门被神秘地锁上了，而他的祖父过去常常会在那里待很长时间。那种特殊类型的门只能从里面锁上，如果要锁门，必须同时按住并转动门把手上的按钮，而房间里没有一个人时门怎么会锁上呢？唯一的解释是鬼魂来过。受好奇心驱使，我特意去查看那扇门，发现原来是门锁按钮卡住了，所以只需一推，不用转动，就可以锁上门。而且，由于没有门挡防止门在打开时撞到墙上，所以当门被打开时，按钮被撞下，再推开门，门撞到墙反弹后就锁住了。类似这样的个人经历，一旦经过严格的验证，超自然的解释就不攻自破，这样的现象屡见不鲜。

那么，这是不是意味着鬼魂不存在呢？也不一定。这只能说明我们没有强有力的证据来证明它的存在。但是，在没有这样的证据时，我们相信世上有鬼的说法就合理吗？回答这个问题的关键是，在接受这一想法之前，我们必须检查证据的质量。乍一看，似乎有充分的证据支持鬼魂的存在。毕竟，我们有录音、照片和个人经历的佐证。但是，再多低劣的证据也只是低劣的证据，不能增加证据的可信度。[2]

然而，我们在形成自己的信念时，往往过于重视证据的数量，而忽视其质量。还记得我们之前讨论过的胸部植入填充物是否会导致疾病的争议吗？人们开始相信植入填充物会导致重大疾病，因为成千上万的女性在植入后都报告出现了严重的疾病。但是填充物和这些疾病之间并没有形成联系。证据看似很多，但都是质量低劣的轶事证据。支持一项主张的证据的数量不应成为我们构建信念的主要因素。就证据而言，其实是质量为王。正如我们之前在辅助沟通的案例中看到的，为证明这种技术的有效性，一项经过严格控制的研究所提供的数据要比上千个轶事故事更具说服力。

然而，对于与众不同的主张，尽管证据单薄，我们还是太容易轻信。比如我们相信遭遇外星人和与逝者交谈的说法，只是因为有些人报告他们有过亲身经历。但是，如果有人提出了一个不同寻常的主张，他们就应该提供同样分量的证据，特别是当这个主张与世界上许多被充分认定的物理定律相悖时。一些超觉冥想的追随者相信，他们可以在冥想时让身体离地几英寸。我们应该相信他们说的吗？如果我们信以为真，就必须摒弃众所周知的引力学说。如果是我们亲眼所见呢？你别忘了，像大卫·布莱恩（David Blaine）这样的魔术师就能在纽约的人行道上玩飘浮，让路人目瞪口呆。实际上，我们太可能被蒙骗去相信一些莫须有的事情，整个魔术界都以此为生。值得关注的是，几乎所有的超灵研究者提出的超自然或神秘事件的证据，都可以被魔术师复制，其中很多人直言不讳地承认自己就是魔术师，他们只是在表演一个把戏而已。凡此种种，难道不都是在告诫我们吗？

所以，我想让你见见我的小精灵。这可能听起来比较怪异，因为小精灵的故事在这个时代已经不再流行了，在我们的文化中不复存在，因此，我们显然需要非同一般的证据才能相信这样的说法，仅凭我个人说的话还不够。与此同时，遭遇外星人、目击大脚怪和看到幽灵的经历在大众媒体上随处可见，因此，即使没有特别的证据，相信它们似乎也合情合理。不过，你别忘了，人们同样相信过小精灵和仙女的存在。

纵观历史，我们可以发现一个有趣的模式。正如卡尔·萨根所指出的，在古代，当人们臆想神降临人间时，他们就看到了神；当人们普遍认为仙女存在时，他们就看到了仙女。在唯心主义盛行的时代，人们便看到了神灵。当人们开始觉得外星人的存在似乎合情合理时，他们就开始看到外星人了。[3] 你必须要问，今天像外星人这类的东西是否就是过去的小精灵呢？为什么有人声称看到过外星人，还说外星人长着类人动物的身体，还有着大脑袋和大眼睛？如果真有来自另一个星球的外星人造访地球，它很可能看起来与人类完全不同。我们只要看看这个星球上多种多样的生命形态就知道了。只有少数物种长着两只胳膊和两条腿。想象一下，如果外星人在一个完全不同的星球上孕育而成，将会产生怎样的差异。然而，人们"看到"的外星人跟我们自己格外相像，这是为什么呢？因为在杂志、电视节目和电影中，外星人通常被描绘成类人的形象。当 20 世纪二三十年代的科幻小说中出现大脑袋、大眼睛、不长毛的小生物时，人们才开始"见到"外星人。在 1975 年左右的一档讲述外星人绑架案的电视节目播出之前，此类事件实属罕见。现在，我们很少听到关于小精灵和仙女的消息了，我很想知道他们去哪儿了，也许是被外星人绑架了？

2.2　有这种可能

我们经常听人说："有这种可能！"比如，外星人有可能从其他星球来拜访我们，我们不能确定。这种推理方式的问题在于，它暗示着一种信念和另一种信念同样有效。如果是这样，那就不存在所谓的客观真理——现实只是我们认为的样子罢了。然而，正如西奥多·希克（Theodore Schick）和刘易斯·沃恩（Lowis Vaughn）指出的那样，如果我们相信所有的真理都是主观的，那么将没有什么值得信赖和承诺，因为每一个信念都是武断的。因此，不可能存在知识这样的东西，因为如果没有什么是真实的，也就没什么东西值得学习。（所以为什么要去学校？）尽管许多人相信一切皆有可能，但这种说法不可能是真的。有些事情不可能是假的，而有些事情不可能是真的。例如，2 + 2 = 4、所有的单身汉都未婚，必然是正确的；而 2 + 2 = 5、所有的单身汉都结婚了，必然是错误的。实际上，有些事情从逻辑上讲是不可能的，有些事情从物理上讲是不可能的。从逻辑上讲，牛有可能越过月亮，但从物理上讲，这是不可能的。[4]

那么重点是什么呢？不是所有的信念都有同样的分量。类似"有这种可能"的说辞对我们没有任何帮助。在我们形成信念的时候，这种表达不是一个靠谱的说法。恰恰相反，我们必须评估这种信念的合理性——考虑这种主张的可信性——然后评估其证据的可信程度及可验证的程度。[5]

我们的思想会影响我们的信念，而我们的信念又会影响我们的决定。当现有的证据无法支持我们的信念，这些信念很可能就是错的。而且，如果我们的决定是基于这些错误的证据，这些决定很可能就会出错。因此，在形成信念和制定决策时，我们需要相当高水平的怀疑精神。

2.3　怀疑主义的重要性

如果你想成为一个真理的真正追求者，在你的一生中至少要有一次尽可能地去怀疑所有事物。

——笛卡儿

正如前面提到的，很多人认为怀疑主义者就是愤世嫉俗的人——对一切事情吹毛求疵的人，但其实这并不是真正的怀疑主义者。怀疑主义者是那些在相信某一主张之前必须评估证据的人。[6] 怀疑论是一种方法而不是一种立场。在相信或否定某一主张之前，一个真正的怀疑主义者不会表明鲜明的立场，除非他们能得到大量可靠的证据。事实上，怀疑主义者会评估支持或反对某一信念的证据的可靠程度，并据此决定对这一信念的信任程度。于是，怀疑主义者的自然口头禅就是"非常的信念需要非常的证据"。

怀疑主义的标志是科学。人们常常批评科学家和怀疑主义者的思想过于封闭，说怀疑主义者之所以不相信超感官知觉和鬼魂之类的事情，是因为这些事情不符合怀疑主义者对世界运转的理论认知。实际上，科学家们一直是锲而不舍努力为新的，有时甚至会为一些奇怪的理论寻找支持的证据。事实上，一个科学家如果发现了以确凿证据支持的新理论，就将获得巨大的声誉。通常来说，我们不会记得那些埋头验证他人理论的科学家，只会记得达尔文和爱因斯坦这样惊天动地提出新概念的科学家。对于超自然现象，怀疑主义者和科学家与离奇说法的笃信者之间有什么区别呢？怀疑主义者和科学家在接受一种说法之前需要获得大量的、可复制的证据。为了证明外星人或超感官知觉的存在，你难道不认为科学家们会孜孜以求地去寻找令人信服的证据吗？他们可能还会因此获得显著的地位并名垂史册。[7]

因此，怀疑主义者和科学家的目标之一就是保持开放的心态。事实上，真正的怀疑主义者会体现出一种精妙的平衡，就这一点而言，卡尔·萨根的描述最为恰当：

> 在我看来，我们需要的是在这两种相互冲突的需求之间保持精妙的平衡，即对所有提供给我们的假设进行最具质疑性的审查，同时对新思想保持最高的开放度。如果没有丝毫的怀疑意识，就无法区分有用的观点和无用的观点。如果所有的观点都具备同等的有效性，那么你就会迷失，因为那样的话，所有的观点都不具备任何有效性。[8]

在本章的开头，我们提到哲学家伯特兰·罗素和美国航空航天局科学家詹姆斯·奥伯格说过："保持头脑开放是一种美德，但不要开放到完全不带脑子的地步。"如果这说明了怀疑的必要性，那么在我们形成信念的时候，坚持怀疑主义不是很有意义吗？为什么我们不经常试一试呢？为什么我们不喜欢持怀疑的态度呢？这也许是因为人类天生不喜欢不确定性和模糊性，成为一个怀疑主义者就意味着必须接受不确定性作为生活的常态。怀疑主义者选择不相信任何事情，除非获得足够的支持数据。这对很多人来讲都是一个问题，因为人们通常都害怕不确定性，对模糊性的容忍度也很低。所以，即使在一个充满了模糊性的世界里，我们也愿意相信一些事情。然而，希望事情是真的并不意味着事情就是真的，而且，希望和相信也不能作为接受某一信念的基础。

作为一个怀疑主义者，你必须能坦然地说："我不知道。"其实这样做是有道理的，因为在很多情况下确实如此。有些事情我们本来就无从知道，有些事情以我们目前的知识水平还不能触及。鉴于宇宙之大，存在其他的生命形式是可能的，但目前我们对此还不能确认，因为还没有出现能证明这一观点的可靠证据。因此，怀疑主义者目前应暂时放弃相信有外星生命存在的观点。然而，如果 SETI[①] 项目发现了令人信服的外星人存在的证据，那么怀疑主义者就会重新评估自己的立场。带着怀疑的态度，我们就要接受生活中的不确定性，但比起让生活充斥着未经证实的甚至是愚蠢的危险信念，这样不是更好吗？从本质上讲，我们应该把信念看作一个连续体，从非常不相信到非常相信。重要的是，这个连续体的中点是"我不知道"，如图 2-1 所示。

非常不相信 ⟸ 比较不相信 ⟸ 略微相信 ⟸ 我不知道 ⟹
略微相信 ⟹ 比较相信 ⟹ 非常相信

图 2-1　信念连续体

鉴于人们内心对于"相信点什么"的渴望，他们很快就会选择站在上述信念等级量表的最右端——即使可靠证据寥寥无几，也会选择非常相信某种事物。然而实际上，我们应该从中点开始，接受"我不

———————————————————
① 外星智能搜索，即通过扫描宇宙中其他行星发出的无线电信号搜索外星人。——译者注

知道"这种理念，然后再去研究支持或者反对某种事物的证据。当我们对一个主张的证据和可信度进行评估的时候，就可以在这个信念等级量表上拓展，要么走向非常不相信，要么走向非常相信。[9] 这样，我们才可能对不同的观点持有更加开放的态度，才更有可能树立明智的信念。下一个问题随之而来，什么是能引导我们沿着信念等级量表行进的最佳方法？

2.4 如何生成高质量的信念

人最宝贵的特质是对不该相信什么保有判断力。

——欧里庇得斯

如上所述，我们不仅要对非同寻常的信念持怀疑态度，还要对我们拥有的貌似可信而实则错误的信念保持警醒。因此，在形成任何信念之前，我们都必须采取怀疑主义的方法。那么，在我们建构自己的信念时，有什么可取的方法呢？西奥多·希克和刘易斯·沃恩提出了以下 4 步法，或许会很有帮助。[10]

(1) 阐明主张。

(2) 检查该主张的证据。

(3) 考虑可替代的假设。

(4) 评估每种假设的合理性。

2.4.1　阐明主张

当决定是否要相信某件事时，我们需要尽可能清晰详细地表达我们的信念，因为模棱两可的主张漏洞太多，而且根本无法验证。例如，许多人迷信"凡事成三"——比如名人之死——但他们并没有说明 3 个事件发生的时间范围，是一周、一个月，还是 5 年？在没有时间范围的情况下，我们可能就会被误导，因为类似的事件在未来总会发生。

2.4.2　检查该主张的证据

记住，不是所有的证据都具备同等的分量。正如我们所知，轶事证据会将我们引入歧途，人类的感知和记忆可能会被扭曲。模棱两可的数据非常难以评估，甚至科学研究也会产生错误。因此，我们不仅要根据证据的数量来决定支持还是反对一项主张，还要依据证据的质量来确定我们的信念。

2.4.3　考虑可替代的假设

对于某些现象来说，通常会有很多可能的解释。然而，我们天生就不带有寻找多种矛盾解释的倾向，后天也没有被教导这样做，所以，我们往往专注于某个单一的解释（通常就是我们愿意相信的那个解释），因为我们倾向于关注支持我们信念的信息，这样一来，我们就自认为有相当多的支持证据。但是，如果我们肯多去找一找，就会发现有同样令人信服的证据支持其他的解释。因此，我们必须刻意努力去考虑其他的假设并评估所有支持这些假设的证据。这一步的重要性怎么强调都不为过，换言之，优化我们形成信念和制定决策方法的关键因素之一，就是要时刻关注相互矛盾的解释。

2.4.4 评估每种假设的合理性

当我们找到对同一现象的其他矛盾性解释之后，就需要去评估各种解释的合理性。有许多标准可以用来评估一种假设是否比另一种更好。首先，我们可以提出 3 个重要的问题。

(1) 这个假设可以被检验吗？

(2) 这个假设是对这一现象最简单的解释吗？

(3) 这个假设是否与其他公认的知识冲突？

这个假设可以被检验吗？ 当我们评估任何假设时，首先要问："它能被检验吗？"许多假设是无法验证的。当我们研究超乎寻常的现象时，这种情况经常发生。无法验证并不意味着假设是错误的，但从科学的角度来讲，无法验证确实意味着它毫无价值。为什么呢？如果一个假设不能得到验证，我们就永远无法确定它是真是假。正如卡尔·波普尔（Karl Popper）所指出的，一个假设必须是"可被证伪的"，也就是说我们必须能够设法证明它是错误的。[11] 如果无法对一个假设进行证伪，我们就永远无法评估它是真还是假。

还是以我的小精灵为例，我们能检验这一假设吗？假设我的肩头有个小精灵而且他负责指挥我所有的行为。如果你说"让我们看看他"，我会说"他是隐形的"。如果你说"让我们听听他说话"，我会说"他只和我说话"。如果你建议"让他离开，让我看看你是否还能正常行动"，我会叹息道"对不起，我不能。他一直在那儿"。实际上，对每一种你提议的检验方法，我都有借口说明它不能被用来检验我的小精灵是否存在。因此，小精灵的假设毫无价值。正如卡尔·萨根所强调的："无法被检验的主张和无法被反驳的断言，无论它们有多能鼓舞人心并激发我们的好奇心，实质上，都是毫无价值的。"[12]

这个假设是对这一现象最简单的解释吗？ 有许多人去专门学习如何赤脚在一堆灼热的煤上行走。实际上，只要参加火上行走"大师"的研讨会，你就可以学会如何完成这一"壮举"，不过这可要花上几千美元！那些"火行者"坚持认为，是某种脑力或精神能量保护他们不被烧伤，他们会教你如何利用那些能量。但是，从根本上来说，在火上行走并没有什么秘诀，也无须所谓的精神力量，那只是关于热容量和煤的导热性的物理现象。你可能也注意到过，不同的材料在相同的温度下会灼伤你，而不会灼伤别人。如果你把手伸进 350 华氏度（约 177 摄氏度）的烤箱，会感觉很热，但手不会被灼伤。如果你把手放在烤箱里的蛋糕上，手仍然不会被灼伤。但是，如果你碰到盛着蛋糕的金属盘，你就会立刻被灼伤。为什么？ 因为它们的热容量和导热性是不同的。空气和蛋糕的热容量和导热性都很低，而金属的热容量和导热性很高。尽管用于火中行走的煤已经加热到 1200 华氏度（约 649 摄氏度），但它们的热容量和导热性都很低，不会灼伤你的脚，除非你逗留的时间很长。因此，那些人花费数千美元学会的，其实只是如何快速行走。

　　这一现象对于我们建构信念有何启发呢？　在其他条件相同的情况下，面对同一现象的两种不同解释，我们应该选择其中比较简单的那一种，即站不住脚的假设最少的那一种。假设越简单，越不可能出错，因为它出错的途径本身就很少。[13] 要接受火行者的许多解释，你必须假设某种超灵感应或神秘力量是存在的。但你不需要通过相信这种神秘的力量来解释火上行走，因为物理定律提供了一个更简单的解释。[14] 这种选择最简解释的科学指导原则被称为奥卡姆剃刀定律（Occam's razor），该定律以 14 世纪英国哲学家奥卡姆的威廉（William of Occam）命名。奥卡姆剃刀定律作为一个通用法则，我们在建构自己的信念时，应该总是使用它来剔除不必要的和不被支持的假设。

　　这个假设是否与其他公认的知识冲突？　有一段时间，我在澳大利亚小住，回来后染上了流感，于是就去药店买药。当我在普通感冒药物和流感药物之间选择的时候，药剂师建议我试试顺势疗法。就在常规药物的右边，一大片展区陈列着大量顺势疗法的药物。我问："有用吗？"对方立刻盛赞道："当然！我一直都在用。"

　　什么是顺势疗法呢？顺势疗法基于这样一种信念：在健康人身上引起疾病的极少量物质可以治愈病人。这种疗法的一个基本命题是无穷小量定律，即剂量越小，药效越强。在顺势疗法中，药物被稀释，在某些情况下，甚至被稀释到了没有一个活性剂分子存留的程度。但是没有关系，因为顺势疗法药物的创始人、德国医生塞缪尔·哈内曼（Samuel Hahneman）认为，存留的小剂量药物就是"灵魂一般"的精华，人们正是因此被治愈。[15]

采用顺势疗法，就需要相信那未经证实、未经检验的"灵魂一般"的精华，这肯定离不开奥卡姆剃刀定律。此外，顺势疗法与我们已有的关于世界运转的公认知识冲突。最小剂量的东西能产生最大化的效果，在科学上并没有这样的例子。然而，顺势疗法药物的存在就是基于这个前提。那么，在其他条件相同的情况下，我们应当偏重与既定知识相一致的假设，如果它与既定知识相悖，则很可能是错误的。顺势疗法药物已经被测试过，结果证明它就是假药，但仍有数百万人花费不菲，接受顺势疗法的治疗。[16]

2.5 选择假设

包容但不一定接受某种观点是头脑训练有素的标志。

———亚里士多德

让我们一起来看看前面提到过的几种信念，并使用前述方法来建构合理的信念。[17]

2.5.1 治疗性触摸

治疗性触摸技术基于这样一种理念：人的身体会散发出一种能量场，所以我们能通过探测并操作这种能量场来治愈疾病。治疗性触摸的从业者将手移到病人身体上方几英寸的位置，检测并驱散任何导致疾病的负能量（见图 2-2）。治疗性触摸被许多人认为是一种有效并且可接受的医疗实践。如前所述，美国至少有 80 家医院在使用这项技术，并且全世界有 100 多所学院和大学在教这项技术，超过 4 万名医疗专业人员接受过这项技术的培训，其中大约半数的人正在积极使用这项技术。此外，美国政府已经斥巨资来调查这项技术的有效性。[18]

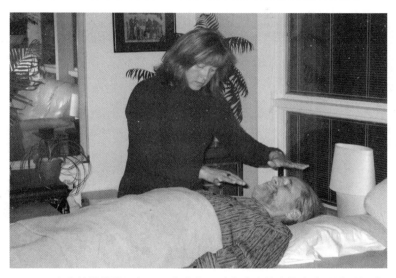

图 2-2 治疗性触摸的图解。一个人将手放在病人的身体上方呈波形挥动，用以驱赶可能导致疾病的负能量（照片由作者拍摄）

那么，相信治疗性触摸有意义吗？让我们先陈述一个具体的、可验证的假设。

假设 1：人们的身体散发出一种能量场，这种能量场可被检测并被用来治愈疾病。

下一步是检验我们假设的证据。治疗性触摸的从业者指出，成千上万的人经过治疗后感觉病情好转。还有什么比这更有说服力的证据吗？人们生病了，接受了这种治疗，然后病情好转，这样的案例成千上万。不过，这些都是道听途说，我们不能忘记，个人经历可能会产生误导。我们需要的是受控实验。所以我们要继续挖掘证据，寻找一些严谨的实验数据。

治疗性触摸的基本原理是人的身体会散发出一种能量场，而这种能量场可以被探测到，一项包括 21 位触摸治疗师的对照实验对这一原理进行了检测。检测的设计简单而巧妙。事实上，这是 9 岁女孩艾米丽·罗莎（Emily Rosa）为其四年级的科学展览项目所做的设计。[19] 在实验中，治疗师伸出双手，掌心向上，双手平行分开 25~30 厘米。艾米丽站在屏幕的另一侧，治疗师看不到她。艾米丽把手放在受试者一只手上方 8~10 厘米的位置，然后让治疗师辨认她的手放在受试者的哪只手上。如果治疗师能够探测到人类的能量场，他们应当能准确地指出艾米丽将手放在受试者的哪一只手上。每个受试者有 10 次实验机会，每一次艾米丽手的位置都是随机确定的。当然，我们期待这些治疗师仅凭运气也能达到 50% 的正确率。但是，在两个不同的实验过程中，治疗师的平均准确率仅为 44%，这简直比连蒙带猜的结果还要差！

因此，治疗性触摸的基本假设，即治疗师能够探测到能量场这个假设相当值得质疑。但是，如果真是这样的话，那又如何解释所有人都报告在接受治疗性触摸之后病情好转了呢？为了给这个问题找到更加确定、更加明智的观点，我们必须考虑相矛盾的解释。于是，我想到了两个假设。

假设 2：由于"安慰剂效应"，人们在接受治疗性触摸后感觉病情好转。

假设 3：人们相信治疗性触摸治愈了他们，因为他们误解了疾病的变化性。

安慰剂效应在医学中普遍存在——许多人在接受某种治疗后感觉病情好转，即使这种治疗并没有真正的治疗作用。[20] 事实上，仅仅在过去 100 年里，医药科学才发展出确有疗效的治疗方法，因此有人说，"在 21 世纪之前，整个医学史就只是安慰剂效应的历史"。[21] 研究表明，在患有多种不同疾病的病人中，约有 35% 的病人从安慰剂药丸（如糖丸）中获益。[22] 安慰剂甚至能帮助大约 35% 的术后严重疼痛者，其作用如此强大，以至于有些人竟然对安慰剂上瘾了。[23] 所以，许多人在接受治疗性触摸后感觉病情好转，只是因为他们认为这种疗法有效，但他们的"治愈"实际与这项技术本身毫无关系。

此外，大多数病症呈现出一定程度的变化性——有时好转，有时恶化。病人在感觉最糟糕的时候常常会寻求医疗帮助，所以任何改善都应归功于其所接受的治疗。然而，无论是否获得治疗，有的疾病其实会自然好转。据德国健康杂志《生机》报道，人体自身有能力治愈 60%~70% 的不适和疾病，即使没有任何干预，它们也会自己消失。即使是慢性疾病，如类风湿关节炎、多发性硬化症和癌症，也可以自行缓解。[24] 因此，即使治疗本身并没有真正的治疗效果，患者在接受治疗后也可能会好转。

现在，我们有了以上 3 种假设，接下来让我们一起来评估一下。这些假设都是可以被检验的。虽然治疗性触摸有一些证据支持，但这些证据主要是坊间传闻，而受控实验对它提出了质疑。另外，科学研究已经证明了安慰剂的效应和疾病的变化性。当我们评估这些假设的简单程度时，治疗性触摸还不够简单。为什么？治疗性触摸需要我们相信某种未知的能量场，而安慰剂效应和疾病的变化性则不需要。此外，治疗性触摸与其他科学证据冲突。严格控制的对照实验则表明，进行治疗性触摸的治疗师并不能探测到他们所认为的人体会散发出的未知能量场。因此，人们在接受治疗性触摸后感觉病情好转，用安慰剂效应和变化性假设解释似乎更为合理。

类似的分析方法可以用于顺势疗法的药物、磁疗药物和许多其他所谓的替代药物。[25] 事实上，许多替代疗法实践已经被测试证明是错误的。然而，美国国会的一个小组委员会估测，我们每年在问题医疗研究上花费大约 100 亿美元，这个数字远远超过用于真正医学研究的资金。[26] 此外，一项针对美国 126 所医学院的调查发现，有 34 所医学院还在提供替代医学课程。事实上，在一些国会议员的坚持下，美国国家卫生研究院于 1991 年成立了替代医学办公室（后更名为国家补充和替代医学中心）以测试替代医学实践的功效。尽管测试这些实践的做法不失为一个好主意，但该办公室的许多调查并没有借助公认的科学技术，如双盲研究和对照组研究。[27] 相反，有些调查依靠的是伪科学的论点和道听途说的轶事。因此，经过 10 多年的研究，花费了 2 亿美元的经费，该办公室赞助的大部分研究还不能证实或否定任何替代疗法。[28]《怀疑主义者》(*Skeptic*)杂志的编辑迈克尔·舍默尖锐地指出:"为什么我们会成立一个替代医学的独立办公室呢? 我们可从来没有什么专门检验单翼飞机的替代航空办公室。所有的医疗实践都应当以同样严格的标准被检验。"[29]

2.5.2 与逝者对话

还记得前文提到的有关通灵者的广播节目吗? 当地一档早间节目的主持人完全被通灵者与逝者对话的特异功能所折服。一个接一个打来电话的听众都感到惊诧不已,有些人甚至激动得热泪盈眶,因为他们以为自己在和已故的亲人交流。那么,通灵者是怎么做到的呢? 首先,他会向打电话的人询问一些引导性的问题,比如他们的亲人是如何去世的,他们是什么样的人,他们喜欢做什么,等等。他这样做是为了筛选信息,给出很多泛泛的陈述,然后再集中到那些能击中目标的陈述上。最后,不出所料,他总是会用一种积极的口吻结束对话,说一些类似于"你父亲想让你知道,他没有受苦,他非常爱你"的话。当听众被问及他的表述是否准确时,他们通常会感到非常惊讶,说没想到通灵者竟然如此了解自己的亲人。那么,通灵者真的能和逝者对话吗? 让我们来认真检验下面的假设。

假设 1:有些人可以通过与逝者直接沟通来获取逝者的信息。

当然,为了检验这一假设,我们必须确保通灵者在读心之前无法知道逝者的信息。历史表明，许多通灵者都曾制造过骗局。有时候，通灵者的同谋已经得到了逝者的信息。还有些时候，通灵者的助手混入其他人中间，在通灵者读心之前收集相关信息，然后秘密地将这些信息传递给通灵者。伪造通灵神力的方法数不胜数。

由于读心是通过电话进行的，而且这些电话是由知名电台的工作人员选择的，我们假设这位通灵者事先不知道来电者的信息，那么还有什么能解释通灵者读心的准确性呢？打电话的人肯定觉得通灵者对他们的亲人了解甚多，那么，他真的有能力告诉打电话的人他们死去亲人的消息吗？让我们看看下面的另一个假设。

假设 2：有些人可以使用一种被称为"冷读术"的技巧来获取逝者的信息。

冷读术是一种技巧，通灵者使用它来询问关于逝者的一般性问题，直到他从被询问者那里得到一些有用的反馈。当获得有用的信息时，他的评论就会更加具体。如果被询问者的反馈是肯定的，他就会继续询问和评论。如果他说错了，他会说得让人觉得他是对的。例如，统计数据显示，大多数人死于胸部区域发作的疾病，比如心脏病。你会看到，通灵者的标准表述技巧如下。

通灵者："你失去了一个你爱的人。我的胸口现在感到疼痛，他是因为心脏病发作离开的吗？"

被询问者:"是肺癌。"

通灵者:"没错,这就解释了我胸口痛的原因。"

这个通灵者弄错了病情,但他会设法说得让人觉得他是对的。电台节目里的通灵者是不是这样应付来电者的?简直是如出一辙!仔细听,你就会意识到他连珠炮式地提出了许多一般性的问题。在很多情况下,来电者甚至都没有机会回应——相反,通灵者会迅速介入并说一些类似"你知道我的意思"的话,让人们觉得"他是对的"。当来电者做出否定的回应时,他会用一些常见的招数来转移不准确的信息。我听到过的一些互动如下所示。

通灵者:"你的父亲死于心脏疾病吗?"

来电者:"不,他不是。"

通灵者:"那一定是他的妹妹。"

还有另外一个例子。

通灵者:"她残疾了吗?"

来电者:"没有。"

通灵者:"如果不是她,那一定是她母亲家族那边的人。"

他对本该与之交流的逝者做出错误的判断时,就会转而说他所说的是逝者的某个亲戚，以此来转移注意力。在某些情况下，他甚至大言不惭地暗示来电者对他揭露的真相根本一无所知。例如下面的对话。

通灵者："谁穿过条纹西装？"

来电者："没有人。"

通灵者："如果你没明白我在说什么，那么就把我说的话记下来，然后问问你的亲戚。"

还有另外一个例子。

通灵者："那对双胞胎在哪里？"

来电者："没有双胞胎。"

通灵者："他说有对双胞胎，要么就是有的孩子夭折了。问问你妈妈吧。"

不难看出，通灵师的技巧就在于提出一些引导性的问题，并在正确的轨道上寻找答案。如果他撞上了一个正确的，就会继续追问。如果没有，他就会转移自己的错误，将其归咎为来自另一个世界的灵魂出了问题，或者是怪罪来电者毫不知情，并让他去问问他的亲戚。自始至终，他总是保持一种积极的态度并说出这样的言辞："你爸爸的笑容总是最灿烂的""他现在和他奶奶在一起""我替你的妈妈给你一个大大的拥抱"。毫无疑问，逝者总希望让来电者知道他没有受苦，他非常爱他们。

那么，造成人们认为在和已故亲人交谈的只是冷读术吗？我们就这么轻易地被愚弄了吗？大量的数据表明，我们确实被愚弄了。多年以来，研究者已经发现，人们往往把非常普遍性的评论解读为是针对自己的，也就是说，我们倾向于接受那些模棱两可的个性描述，并且认为这是针对自己的独特描述，完全没有意识到同样的描述也可以适用于其他人。这种现象被称为"福勒效应"。[30] 此外，还有一点也不容忽视，那就是寻求通灵师的帮助的人往往是那些渴望与深爱之人交谈的人。正如我们将看到的，我们的感知可能会被我们想要看到的和愿意相信的东西所蒙蔽。冷读术之所以能奏效是因为人们心之所向，他们希望与所爱之人说话，他们不想让自己失望。所以，他们倾向于相信通灵师并愿意忽略通灵师评论中的任何错误，只要最终结果让他们确信他们已故的亲人一切安好，并且仍然深爱着他们。

如果我们真的想相信某件事，就会只记住成功的时候而忘了失败的时候。来看另一个著名的通灵师为 9 位失去亲人的人所做的读心，迈克尔·舍默观察并分析了通灵师所用的读心术。根据舍莫的说法，通灵师运用了许多标准的冷读技巧，比如一边摩擦自己的胸部或头部，一边说"我这里很痛"并寻求反馈。两个小时过后，舍莫说他数过了，通灵师有 100 多次没有说中，只说对了十几次。即使准确率如此之低，那 9 个人还是给了通灵师积极的评价。由此可见，如果我们愿意相信，我们就会相信。[31]

值得注意的是，一个优秀的魔术师也能做到通灵师所做的事情。区别在于，魔术师不会声称他在和逝者说话——因为他知道这只是一个魔术，而且观众也知道。事实上，阅读一些关于冷读术的文章，你就可以自学冷读术的技巧。[32] 我们应该扪心自问，如果通灵师真的可以和逝者交流，为什么他们还要通过询问生者来了解逝者呢？难道他们不应该只是坐下来，联通逝者，然后直接转达他们从逝者那里获得的所有信息吗？ 向生者询问一些引导性的问题，这提示了我们通灵者真正的信息来源。

那么，哪一种假设更合理呢？是有人具有能力与逝者沟通呢，还是有人能通过冷读术从生者那里获取信息？我们肯定可以检验冷读术的假设，因为有人可以使用这种技巧，所以我们可以收集数据来看看人们是否认为冷读者说的是正确的。我们也可以检验"与逝者沟通"的假设，但我们设计这个研究时要非常小心，一定要确保通灵者事先没有知晓任何关于逝者的信息。就简单性而言，冷读术可以胜出，因为它不需要我们假设灵魂的存在，也不需要假设有人会与他们联系。此外，冷读术与我们已知的人类形成信念的过程是一致的，尽管没有可靠的科学证据证明灵魂存在。冷读术的假设似乎符合这个套路。我在前面提到过，当测试通灵者与逝者沟通的能力时，我们必须确保他事先没有知晓逝者的任何信息。也就是说，他并不是在进行"热读"。在解读之前，如果通灵者有机会无意中听到或以其他某种方式从被试那里获得信息，此时热读就会发生。许多人相信他们在电视节目中所看到的通灵师的读心。看电视节目的时候，你经常会有这样一种感觉：不是所有的台词都能从冷读过程中获得。但是别忘了，你通常看的都是经过剪辑的节目，你不知道在录制之前实际发生了什么。参加过这类节目的一位观众给魔术师詹姆斯·兰迪发送了以下评论，讲述了自己的真实经历。

　　那次节目展示的特色就是通灵者多次猜中了我的心思，然而，一切都是编辑过的。我对某个问题的回答被编辑为另外一个问题的回答。也就是说，他的问题和我的回答故意被错位搭配。最终在节目中呈现的 30 分钟内容其实只是演播室录制内容的一小部分。通灵者猜错了很多次，每次有人不认可他所说的，他就变得咄咄逼人。而且，在我们进入演播室的时候，他的"制作助理"总在旁边。进入演播室后，我们也等了将近两个小时，录制才开始。在这段时间里，每个人都在谈论他们接下来会提及的故去的亲人。要知道，这一切都发生在已经设置好的话筒和摄像头之下……就连观众中也有托儿。我之所以如此判断是因为大约有 15 个人是乘坐一辆包租的面包车来的，而他们进入演播室后却没有坐在一起。[33]

　　那个通灵者是否从观众那里获得了信息尚无定论。然而，此类例证表明，在接受"与逝者交谈"这种神乎其神的说法之前，还是需要考虑一下其他假设的。事实上，不考虑其他假设会致使我们在建构信念时铸成大错。如果我们敞开心扉接受不同的解释，然后选择一个可检验的、简单的且与公认的知识一致的解释，我们就能踏上一条正确的道路，朝着更合理的信念发展。通过使用这样的方法，我们原来抱有的许多奇怪和错误的信念将会消失。归根结底，我们都需要像科学家一样思考。

第 3 章
像科学家一样思考

在漫长的生活中我领悟到，用现实来衡量，所有的科学都是原始幼稚的，然而也是我们所拥有的最宝贵的东西。

——阿尔伯特·爱因斯坦

这是一则博你眼球的广告："建立自信，在工作、学习、艺术或体育上的表现登峰造极……无须费力就能克服抽烟、喝酒等恶习……缓解压力……一生轻松控制体重。"[1] 读到这里，你不禁会想："这听起来很棒，我该怎么做呢？"继续往下读，你就会发现答案是要使用一种新发现的技术——"潜意识磁带"。在睡觉时播放这些磁带，它们就会针对你的潜意识发挥作用，支持者声称这样做很快就能达到显著的效果。天底下哪有这样的好事！但这则广告可是赫然刊登在著名杂志《今日心理学》上，这本杂志上的文章涵盖了影响我们日常生活的多项心理学研究的最新进展。

出于好奇，你在网上进行了搜索，发现有研究报告表明潜意识磁带可以增强一个人的记忆力、自尊心、注意力和文字表达能力。这看起来很有说服力，所以你买了一盘磁带用来提高记忆力。于是，连续几周，你在睡觉的时候播放录音，几周之后，你发现自己的记忆力真的提高了。太神奇了！你告诉朋友"一定要试试这种磁带"。但是，你所发现的进步，是否提供了证明磁带有效的可靠证据呢？请看下面的研究。

心理学家给第一组人一盘潜意识记忆磁带，并告诉他们这是为了提高他们的记忆力。另一组人则拿到了一盘提高自尊水平的磁带，并被告知这盘磁带可以提高他们的自尊水平。[2] 在听录音之前，心理学家测量了每个人对自己记忆力和自尊水平的感知，然后要求他们在一个月之内每天都要听指定的录音。一个月后再次进行测量时，使用记忆磁带的人报告记忆力有所改善，而使用提高自尊水平磁带的人则报告自尊水平有所提高。这看起来很有说服力，不是吗？但是，这个证据足够合理吗？虽然看似很科学，但仔细研究就会发现，这些证据纯粹是趣闻轶事——只不过是听过这些磁带的使用者的个人证词而已。

为了科学地测试这些个人证词的可信度，心理学家还分析了另外两组受试者，但这两组人的磁带标签被调换了。也就是说，"记忆"组的磁带被标记为"自尊"，而"自尊"组的磁带被标记为"记忆"。令人惊讶的是，那些认为自己收到了记忆磁带的人报告他们的记忆力有所改善，尽管他们听到的是提高自尊水平的磁带，而那些认为自己在听提高自尊水平的磁带的人也报告他们的自尊水平更高了。除此之外，还有更重要的发现，那就是其他一些涉及记忆效果和自尊水平的客观测试显示，没有任何一组受试者的记忆力或自尊水平有了实际的改善。因此，那些磁带虽然毫无价值，却产生了很多的个人证词。为什么？人们认为自己的记忆力和自尊水平有所提高是因为他们期望如此，其中的影响不言而喻。因此，我们根本就不能相信个人证词能为我们提供客观可靠的证据。

如果不能参考个人证词来形成信念，那么，我们又该怎么做呢？实际上，最可信的证据是那些由科学调查产生的证据，而科学家们用于评估某种主张的最为常用和有效的一种方法就是实验法。在实验中，一些人接受某种处理（"实验组"），而另一些人不接受任何处理（"控制组"），然后将两组人进行对比，以验证该处理是否有什么效果。

那么如何解释网上那些支持潜意识磁带有效性的研究呢？他们看似科学，问题是，许多看似科学的研究实际上是伪科学的结果。记住，那些使用伪科学的人往往会尽力使其显得"科学"，所以我们有时很难区分这两者。那么，我们该如何判断两者的差异呢？首先，如果一项研究很大程度上依赖于个人证词，那就一定要小心谨慎。其次，如果要进行实验，我们需要评估实验的控制有多严格。好的科学实验需要极其严格的控制，而伪科学的实验控制往往是宽松的，这为结果产生其他的解释留下了可能性。不是所有的实验都有同等的质量，实验的好坏取决于控制的严格程度。

3.1　必须严格控制实验

为了说明实验控制的重要性，我们设计了一项研究来调查一种新药是否对治疗某种疾病有效。非常简单，我们直接把药物分给一组患该种疾病的人，然后看看他们是否会好转。但我们已经知道，人们有时会自行好转，因为人的身体有很强的自愈能力。而且，疾病有一种自然变化性，所以即使是患有重大疾病的人有时也会感觉好转。如果人们在服用这种新药后病情有所改善，我们可能就会被迷惑并说是这种药物有疗效，但事实并非如此。这项研究的设计并没有排除其他相互矛盾的解释。

所以我们在研究中加入对照组，也就是那些患有该种疾病但没有接受药物治疗的人。这一组人的病情好转只能是身体的自愈能力发挥作用或者是疾病自然变化的结果。如果在接受和未接受药物治疗的人中，出现病情好转的人数基本相同，我们就可以得出这样的结论：这种药物对治疗该种疾病没有效果。但如果在接受药物治疗的那一组人中，病情好转的人数明显更多呢？我们就可以得出这种药物起作用的结论吗？恐怕不行。我们仍然可以提出其他合理的解释。还记得安慰剂效应吗？如果人们相信他们接受的治疗是有效的，即使只是吃了一粒糖丸，他们也比没有得到任何一片药的人更有可能好转。

我们可以用安慰剂治疗组（即服用糖丸的人或其他接受非药物治疗的人）替代无药物治疗组的方法来排除这个解释。此外，我们必须确保受试者不知道他们服用的是真正的药物还是安慰剂。也就是说，受试者必须对他们所接受的治疗一无所知。这些控制足够严格吗？还不够！研究发现，如果分发药片的人知道谁得到了药物，谁得到了安慰剂，他也可以在自己毫无觉察的情况下微妙地暗示受试者他们得到的是什么东西。所以分发药片的人和服用药片的人都必须对谁服用哪种药片毫不知情。这种实验被称为"双盲实验"。

即使双盲变量已经控制到位，还可能会出现其他因素会影响实验结果。如果药物治疗组男性多，而对照组女性多会怎么样？如果药物治疗组的人锻炼更多或饮食更健康又会怎么样？这些因素都可能影响实验结果并可能导致我们误以为药物有效，而实际上它并没有发挥作用。为了解决这些问题，我们必须将人员随机分配到不同的小组，通过将大量人员随机分配成组的方式，保证每个小组的受试者构成情况基本相似。

如上所述，如果想获得可靠的证据，在研究中就必须严格控制各种变量。如果没有严格控制各种变量，就会出现各种不同的解释，而且选择哪一种解释都没有可靠的基础。由于许多人没有意识到严格控制变量的重要性，所以他们很容易接受本不该接受的研究结果。这种不加质疑的态度就导致了他们轻信各种伪科学现象。回想一下之前报道的超感官知觉实验。在这些实验中，受试者实际上可以看到或感觉到他们试图识别的符号在卡片的背面形成了凹痕。这里的变量控制非常宽松，因此各种各样的解释比比皆是。伪科学得到的研究结果常常可以用来支持那些先入为主的信念，因为他们的研究没有严格控制变量。因此，这里的关键是如果我们不评估研究的质量，就可能形成错误的信念。

因此，实验法的基本性质是操作与控制。科学家操作一个相关变量（如服用药物组和服用安慰剂组），并观察二者是否存在区别。同时，科学家试图控制所有其他变量的潜在影响（如随机性）。严格受控的实验对确定事件的根本原因至关重要。在不受控的现实世界中，变量往往是相互关联的。例如，服用维生素的人可能与不服用维生素的人有着不同的饮食习惯和运动习惯。因此，如果我们想研究维生素对健康的影响，不能仅仅观察现实世界，因为任何这些因素（维生素、饮食或运动）都可能影响健康。相反，我们必须创造一个在现实世界中不会发生的情况，这就是科学实验能实现的。在某一时间我们要操作一个特定变量，使之尽量与世界中自然发生的关系分离开来，同时还要保持其他所有变量不变。[3] 如果没有这样的程序，我们就注定会相信治疗性触摸和辅助沟通这样的事件。

对科学和科学方法的认知对我们形成理性信念至关重要。然而，根据美国国家科学委员会估计，多达 2/3 的人对科学流程的了解并不清晰。[4] 可悲的事实是，我们在形成信念时，因为大多数人对科学的流程知之甚少，所以无法充分评估证据的质量。

3.2　什么是科学

科学在很大程度上依赖于控制性实验，正如我们刚才所看到的，实验是最好的方法之一，可以用来确定 A 是否导致 B。当然，不是所有的科学都可以使用控制性实验的方法。例如，许多地质学和天文学的假设无法轻易在实验室中得到验证。但是我们可以通过寻找证实或驳斥既定假设的数据来进行验证。那么，什么是科学呢？[5] 科学的标志就是对假设的严格检验。正如科学作家肯德里克·弗雷泽（Kendrick Frazier）所观察到的那样："科学提出了对自然世界的假设，然后利用实验法、观察法以及一系列具有创造性的、多样化的方法和策略，对这些假设进行反复的测试。"[6]

我最喜欢的关于科学的定义是由迈克尔·舍默提出的：科学不是

对一套信念的肯定，而是一种探究的过程，旨在建立一个可测试的知识体系，对驳斥或确认不断地保持开放。[7] 我喜欢这个定义，因为它强调了一个极其重要的观点——科学不是用来证明任何特定的信念的。科学，不像其他一些人类制度那样是从我们应该相信某种既定观念开始的。相反，科学只是我们用来更好地理解世界的一个过程。事实上，一个真正的科学家从不声称自己有绝对的把握知晓任何事情。相反，科学家认为，所有的知识都处于不断地被否定或被认定的过程之中，因此，我们也在不断扩大我们对世界的认知。对知识的追求可能永远不会成就绝对的真理，但这仍然是我们解开生命奥秘的最佳选择。

3.3　科学的运作流程

科学通常开始于人们对世界上某些事情提出的一个简单问题。例如，吸烟会导致健康问题吗？接下来，我们设定一个假设来专门解决这个问题。假设是关于两个或多个变量之间关系的可检验的陈述。对于我们的问题，一个可检验的假设可能是吸烟会导致肺癌。这一陈述确定了两个可以测量的具体变量——吸烟和肺癌，预测了变量之间的因果关系，并且可以被证伪。然后，科学家进行实验，或使用其他一些严格的测试方法，来证实或驳斥这个假设。研究完成后，结果将会被提交发表。但在这个研究结果正式发表之前，科学家的同行会对其进行评审和批评以确保研究的高质量。一旦发表，这个研究结果就要面对整个科学界的批评。

这种评审和批评的过程是科学方法最重要的方面之一，因为它提供了一种纠错机制以保证科学研究的方向正确。事实上，这种自我纠正机制是多年来科学取得成功的主要原因。[8] 在科学研究中，任何观点都会面对批评。当一名科学家发表一个研究结果时，他必须提供研究的细节以便他人尝试复制其结果。如果这项研究的结果不能被复制，那么就不具有多大价值。正如你所看到的那样，要想成为一名科学家，你必须脸皮厚——你的工作会不断地受到审查。

同行评审和批评是必不可少的，因为科学家也是人，与其他人一样会犯决策错误。一些科学家可能想支持个人偏爱的理论，并可能因此只去寻找支持性的证据而忽视相互矛盾的证据。然而，科学方法的最大优势在于，任何科学家的潜在偏见都会受到同行的谨慎评审和批评。从本质上讲，科学提供了一个相互制衡的过程，在这个过程中，一名科学家的错误会被其他科学家根除并及时纠正。[9]

仅仅一项研究的发现还非常有限。即使在合理的科学中，研究的质量也可能大相径庭，这是有时我们得到相互矛盾结果的原因之一。混杂变量会影响结果，统计数据会产生误差，甚至数据也会被伪造。这就是为什么我们在相信任何研究结果之前，必须确认它们可以被复制。[10] 一旦来自不同研究的大多数证据趋于一致，我们对一项研究发现的信心就会随之增强。例如，对吸烟的最初研究指向了健康问题。然而，在这个问题上进行真正的实验是困难的，因为你不能强迫随机抽样的对象吸烟或戒烟。因此，研究人员只能分析吸烟者和非吸烟者的患病率。但在一项研究中所观察到的任何差异都可能是某些混杂变量的结果。在一项研究中，被调查的吸烟者可能承受了更多的压力，而且实际上可能是压力导致了他们的健康问题，而不是吸烟本身。我们需要进行大量的研究，以确保其他不同的解释都被排除在外，如压力、饮食、锻炼、年龄和性别。随着更多研究的开展，大多数证据指向吸烟会导致肺癌和其他许多严重疾病，因此我们就更有信心相信吸烟会造成不良影响。

要理解同行评审、研究发表和结果复制在科学研究过程中的重要性，我们只需看看"冷聚变"研究的惨败就明白了。20 世纪 80 年代，犹他大学的斯坦利·庞斯（Stanley Pons）和马丁·弗莱希曼（Martin Fleischmann）教授获得了一些初步结果，这些结果似乎表明他们已经开发出一种通过冷聚变过程产生无限能量的方法。庞斯和弗莱希曼没有把他们的研究论文提交给需要同行评审的期刊以便同行评估他们的方法，相反，他们立即召开了新闻发布会并对外宣布他们的发现。在优质的科学实验中，研究在通过同行评审之前，通常是不会向媒体公开的。事实上，如果一项研究没有通过同行评审，通常就意味着它是"拙劣的科学"。也就是说，科学研究完成得很糟糕。庞斯和弗莱希曼举办了一场全国性的新闻发布会以图一举成名，但他们为此付出了代价。在他们高调发表声明之后，其他研究者尝试复制他们的结果，但都以失败告终。冷聚变从此被贬为一堆垃圾般的伪科学。最重要的是，科学最大的力量是它的自我修正能力。拙劣的科学还可能发生，也一定会发生，但科学探索的过程就是应该随着时间的推移，把科学中的垃圾从精华中剔除出去。

3.4 科学是如何进步的

科学应用理论来帮助我们更好地理解世界。许多人认为科学理论只不过是某种猜测或预感，但对于一位科学家来说，成熟的理论远不止是简单的直觉。切实可行的理论拥有大量的数据支持。公众对某一术语的认知和它本身的科学含义之间存在区别，这也引发了很多误解。例如，有人说既然进化论只是一种理论，我们就应该把神创论同样视为一种合理的理论并同样在学校中教授它。这一论点展示了对"理论"一词的根本误解。进化论不仅仅是对人类是如何来到世上的一种猜测，它还代表了一种概念结构，并拥有大量且多种的数据集合的支持。没有其他方法比进化论更能解释人类在这个世界上的存在。[11] 但请记住，科学中没有绝对的真理。科学"事实"不过是一个已被证实的结论，而且在一定程度上，这个结论只是到目前为止具有合理性。在科学上，一切认知都是暂时的。[12]

那么科学是如何进步的呢？首先是一个初步的理论被提出，研究者试图用该理论来解释世界的某一部分。正如我们所看到的，基于该理论的假设被提出，然后研究者收集数据并进行实证检验。如果数据支持假设，研究者对理论的正确性就更有信心。随着支持该理论的研究数量不断增加，该理论逐渐成熟并被科学界的多数人所接受。一个完善成熟的理论通常被称为"范式"，如进化论，这种范式理论被广泛接受是因为它获得了许多不同科学研究的证据支持。而如果受试的假设被证明是错误的，研究者必须以某种方式修改理论以适应新的证据，或者抛弃它，进而提出一个新的更为合理的理论。无论研究者是修改旧的理论，还是提出新的理论，最终得到的理论都必须能解释旧理论所能解释的所有问题，而且也要能解释已经发现的反常证据。这种增量的、适应性的过程是科学进步的方式。通过不断的研究，科学让我们不断接近这个世界的真相。[13]

作为科学进步的一个例子，我们来回顾一下早期"地球是平的"这一观点。"地球是平的"理论被接受了，因为它似乎是有道理的——地球当然看起来是平的！然而，一些更细致的观察与这个理论不一致。例如，人们注意到，当一艘船驶离港口，船的底部会先于顶部消失，如果地球是平的，这种情况是不可能发生的。于是，一个全新的理论被提出——地球是圆的。随着科学的发展，艾萨克·牛顿爵士对地球引力的研究预测，地球应该不是一个完美的球体。更确切地说，地球应该在赤道处稍微凸起，而在顶端和底端变平，这个事实在数年后的实证试验中得到了证实。我们现在知道，地球从北极到南极的直径约7848 英里，赤道的直径约 7926 英里。地球不是完美的球体，而是一个稍扁的球体。

正如这个简单的例子所示，理论会发生变化或得以完善，为人类世界提供更好的理解。地圆说理论相比地平说理论是一个重大进步，而扁球理论则是一个更好的改进。正如心理学家基思·斯坦诺维奇所指出的，当科学家们认为所有的知识都是试探性的，他们通常指的都是这个过程。我们不会突然发现地球实际上是一个正方形的，但我们可以进一步完善我们对地球球形性质的认识。这个理论可能会改变，但我们会越来越接近地球的真实性质。[14]

　　我们再来看看大陆漂移的例子。科学家们最初认为地球上的陆地板块是稳定的，但反常的证据对这一理论提出了质疑。早在 20 世纪初，气象学家阿尔弗雷德·魏格纳（Alfred Wegener）就注意到，非洲西海岸和南美洲东海岸似乎可以拼在一起，就像拼图的碎片一样。此外，一种叫作"中龙"的淡水爬行动物的化石只在巴西和西非两个地方被发现，而其他恐龙的遗骸散落于跨越广阔大西洋的各个地方。科学家们首先对这些数据进行了假设解释，假设这些恐龙肯定是从远古的大陆桥上走过去的，但现在这座桥已经不存在了。然而，通过对板块构造的研究，我们对地球的了解与日俱增，我们发现有证据证明地球刚性板块位于一层"热地幔"之上，这就造成了大陆的移动。大陆随时间推移而移动的证据越来越多，科学界改变了原有范式，转而接受大陆漂移理论。就这样，我们的知识得以发展。

　　如果所有的事实都是暂时性的，那么，我们能从科学中得到什么呢？正如我们在上一章中看到的那样，我们信念的强度通常会遵循一个连续体的发展过程，从非常不相信到非常相信。我们在这个连续体中的位置应该取决于支持一种信念的证据的效度和信度，而科学为我们提供了发现这种证据的最佳途径。当然，科学有时会发现相互矛盾的证据。记住，个别研究可能是有缺陷或有偏见的（例如，许多研究发现吸烟和健康风险之间没有联系，据说这些研究都是由烟草公司资助的）。由于每一项研究不一定会得出相同的结论，所以如果我们要以最明智的方式确立我们的信念，就必须要考虑科学研究者收集的大多数证据。实际上，我们应该问问自己，在这个问题上，科学界是否有普遍的共识。如果答案是肯定的，那么最明智的信念应该是与共识一致的观点（无论它是否导致你更强烈地相信或是不相信某一现象）。如果在科学研究中没有达成共识，最明智的立场将是停留在信念连续体的中点，即承认我们就是不知道。

与共识一致的观点也会出错吗？当然！但它仍然是我们建立信念的最佳证据。然而，人们总是忽视科学发现，因为它们不符合我们的个人观点或政治立场。例如，当被问及全球变暖的问题时，一位著名的保守派传教士表示他对此根本不信——"那只是一个神话！"。[15] 尽管现在绝大多数有识科学家都相信有确凿证据证明存在地球温度上升的现象，但这似乎无关紧要。人们只关心自己信仰什么。

3.5　科学与公众的误解

多年来，由于科学为人类文明带来的贡献，你可能会认为人们会欣然接受科学研究的成果。科学以不计其数的方法，带给我们无比轻松的生活，甚至还为延长我们的寿命做出了贡献。然而，仍有许多人不相信科学。关于世界如何运转的问题，通常人们只相信自己的直觉，所以他们质疑科学的价值和发现，特别是当科学与他们的直觉相冲突时。殊不知，我们对事物的直觉理解往往是错误的。下面，让我们来看一下这个例子——迈克尔·麦克洛斯基（Michael McCloskey）关于"直觉物理学"的研究。

假设你正在旋转一个绑在绳子末端的球，绳子突然断了，这个球会飞出什么样的轨迹？当麦克洛斯基向大学生提出这个问题时，约 1/3 的人认为球会以弧线轨迹飞行。但实际上，它会沿直线飞行。学生们的直觉完全偏离了现实。[16] 或者再考虑一下这个问题：如果向前移动的物体被扔下去，比如从飞机上扔下炸弹，它会落在哪里？约一半的人认为物体会沿直线下落，这表明人们对物体的向前运动如何影响其运动轨迹存在基本的误解。[17] 现在，你可能会说问这些问题不太公平，因为你需要学习物理才能正确作答。但我们每天都能看到坠落的物体，所以我们有足够的机会来观察这些自然发生的现象。尽管我们对物体的移动和下落有着丰富的个人体验，但我们关于运动的直觉理论还是会非常离谱。[18]

麦克洛斯基的发现在社会科学领域也是如出一辙。人们通常对人类行为持有直觉式的信念，认为自己的信念与科学证实的一切相差无几。从本质上，人们认为心理学就只是一种纯粹的常识。然而，我们关于人类行为的许多直觉信念都是错误的。[19] 正如之前所见的现象，很多人认为信教的人比不信教的人更加无私，认为异性相吸，认为快乐的员工工作效率更高，等等。但是，当仔细研究这些常识性的理念时，它们却被一次又一次地证明是错误的。[20]

难怪我们自认为是人类行为的最佳评判者。原来，我们几乎对发生的每件事都有一个解释！例如，许多人依靠众所周知的谚语来解释人类的行为。这些精辟的谚语也用于指导我们的决定和行动。不幸的是，几乎对每一句谚语，你都能找到另一句与之相对立的谚语。比如，"事后追悔不如事前稳妥"对"不入虎穴焉得虎子"，"三个臭皮匠顶个诸葛亮"对"人多误事"，"省一分就是赚一分"对"生不带来死不带去"，"三思而后行"对"举棋不定，坐失良机"，"异性相吸"对"物以类聚，人以群分"，"无风不起浪"对"别听风就是雨"，"久别情更深"
对"眼不见心不烦"，等等。如果我们继续探索，就可以找到一些常识
性的谚语来解释几乎任何行为。这些谚语是不可证伪的，因此毫无价
值，不能用来解释人类行为或提供合理的建议来指导我们的行为。[21]
那么，最关键的是什么？是我们需要进行科学探索来了解我们的世界。

有人说我们不能相信科学发现，因为科学家总是在改变他们的想
法。我们先是被告知"鸡蛋不好，有太多胆固醇"，然后又听说"鸡蛋
是好的，是蛋白质的重要来源"。这究竟是怎么回事？鸡蛋到底是好
还是坏？为什么科学家们不能下个定论呢？这样的想法正表明了人们
对科学运作方式的基本误解。正如我们所看到的，科学是一个累积的
过程，单一的研究结果能告诉我们的相当有限，我们不应仅在一项研
究，甚至不应在少量研究的基础上就形成坚定的信念。在评估某个事
件的科学研究结果或相关证据时，我们应该考虑合格专家的共识。最
初的研究结果可能相互矛盾，在达成共识之前可能还需要进行大量的
研究，但我们不应该把最初相互矛盾的研究结果视为一个大问题。正
如基思·斯坦诺维奇所观察到的那样，最好是像放映机一样观察这个
过程，慢慢地聚焦。我们在屏幕上看到的最初的模糊图像可能是任何
东西。然而，随着图像变得清晰，一些关于图像是什么的其他想法就
会被排除。研究过程也是如此。虽然早期相互矛盾的研究结果可能让
我们感觉模棱两可，但后期的工作通常会使情况变得愈加清晰。[22]

当人们第一次研究帮助弱势儿童的项目，比如"启蒙计划"项目
时，我们看到了两个截然不同的标题同时出现——"早期干预让智商

提高 30"和"启蒙计划以失败告终"。[23] 面对这些相互矛盾的标题，我们应该相信哪个呢？这里的问题在于这些标题看似确定无疑，但实则过于草率仓促，因为要形成一个科学共识，实际上需要开展十几年的研究。事实证明，虽然早期干预的短期项目通常不会使儿童的智商提高 30，但项目确实有一定的有益效果，比如参加了"启蒙计划"的儿童进入特殊教育班级或被降一个年级的可能性较低，而且，他们在后期的教育实践中呈现出持续进步的表现。[24]

事实上，媒体报道的类似做法可能会加剧公众对科学的猜疑。媒体通常只报道一项研究的结果，却让它看起来像是公认的观点。如果后来的某个研究结果与第一项研究的结果相矛盾，我们自然会倾向于质疑科学提供的结论。然而，过错不在于科学本身，而在于媒体的报道和我们对这些报道的解读。虽然科学家在解释研究发现时以保守著称，但媒体和公众往往倾向于夸大研究结果的含义。例如，初步研究发现，听莫扎特的音乐可以在短期内小幅提高学生在某一种测试中的成绩，而媒体则会大肆宣扬古典音乐的好处。紧随其后，尽职尽责的准妈妈们就开始为她们腹中的宝宝播放莫扎特的交响乐了。

科学家们似乎在许多问题上存在分歧，因为他们所从事的科学研究涉及人类知识的前沿领域。显而易见，科学家们在很多事情上也是有共识的，比如那些经过以往的科学研究逐步发展成熟并已被认定、接受为事实的事情。我们都知道地球绕着太阳转，血液在我们体内循环。自然而然地，科学家们就会对其他问题感兴趣，他们更想发现未知的世界。由于存在不确定性，共识就难以达成——但是这就是人类提升知识水平的必经之路。

3.6　科学与伪科学的区别

在检视了科学与伪科学的做法之后，我们来概括一下二者的区别。科学与伪科学的区别在于接受一种信念之前所需的证据、其论点的可信性、其假设的可检验性、被怀疑和批评的次数，以及它带给我们的益处。[25]

UFO 研究者声称，科学家们过于保守，他们不相信会遭遇外星人。但他们真的是这样吗？事实上，天文学家对探索"外太空"的秘密兴致勃勃，他们建造了像哈勃这样精密的望远镜，发射了太空探测器，并监听智慧生命的迹象。事实上，"搜寻地外文明"（SETI）项目多年来一直在监听来自太空的无线电信号。这样的努力就是科学，因为它试图搜寻外星文明存在的确凿证据。鉴于宇宙之大，在宇宙的某处存在其他的生命形式当然是合理的。相信外星人绑架地球上的人类则是伪科学。支持外星人绑架地球人这一说法的物证非常值得怀疑，因为外星人将成千上万的地球人送入盘旋在地球上空的宇宙飞船居然没有被发现，也没有任何人口失踪的报告，这一切都是极其难以置信的。科学与伪科学的根本区别在于，如果没有确凿的证据，科学不会接受外星人存在的观点，但伪科学会接受。

科学提出的是可检验的假设，这样的假设可以被批驳，而伪科学即使面对负面证据，提出的假设往往也不会受到质疑。例如，当通灵者和巫师被置于受控的情境中时，他们就无法展现出任何超出预期的超感官知觉。面对这些反驳超心理现象存在的证据，通灵者并不接受，相反，他们会解释说，因为有质疑心态的研究者参与了实验操作并散发出"负能量"，这影响了他们的正常表现。实际上，通灵者设置了一个无法被测试的环境。每进行一次测试，他们都会提出一个失败的原因。但是，正如我们所见，如果一个假设不能被检验，它就毫无价值。

作为科学研究基石的怀疑主义在伪科学中备受压制。真正的科学家会敞开心扉接受批评，而伪科学家则会自我辩护并对反驳的观点时刻保持警惕。在伪科学中，我们看不到其他伪科学家批评一项研究的结果。为什么？因为他们都愿意相信同一回事。伪科学家的工作议程与科学家不同。伪科学家在开始研究前就已经知道他们想要相信什么，他们会有选择地搜索数据来确认他们的先入之见。当然，科学的指导理论可能会产生对知识的探索偏见。此外，科学家也是人，所以他们也会成为人类弱点的俘虏，他们很自负，可能也想为自己钟爱的理论寻找支持。幸运的是，科学已经建立了纠错机制——批评方法——来解决人类弱点导致的问题。在每一位科学家发表一项研究的结果时，就会有很多科学家随时准备对这项研究寻衅索瑕。最终的结局是保留有用的想法，抛弃无用的观点。[26]

要理解真正的科学和伪科学的区别，只需想想人类文明的巨大进步。与过去相比，如今的人类寿命更长，身体更健康，生活更便捷，而且在很大程度上，生活更充实，这一切主要归功于我们从科学中获得的知识。科学为我们提供了治愈多种疾病的方法，赋予了我们探索太空的能力，创造了计算机、电视和手机这样的科技奇迹。另一方面，超自然现象的调查者仍然在努力构建超感官知觉存在的基本假设，而且他们很难从这种质疑性的研究中获得任何实际的利益。[27] 魔术师佩恩·吉列特（Penn Jillette）因电视节目《佩恩和特勒之识破谎言》（*Penn and Teller*）而声名鹊起，他曾说过："在娱乐圈里有个怪事——谁支持科学谁就是'奇葩'，这真令人费解，因为正是科学治愈了小儿麻痹症，这还不够吗？我还可以列举其他的。说西医不管用，对不起，但我们治愈了小儿麻痹症……你猜怎么着？即使你不相信它，它也治愈了小儿麻痹症。[28] 还用我多说吗？"

3.7　像科学家一样思考

那么，我们从科学知识中能学到什么来帮助我们建构更明智的信念，做出更好的决定呢？这里总结了采用科学的方法获取知识的主要特征，每一条在我们的日常生活中都非常有用。正如我们所看到的那样，我们应该对新现象和新解释保持开放的心态，但我们也应该对任何未经证实的说法保持怀疑的态度，必须确保一种主张或信念可以接受检验，因为如果它不能被检验，我们就永远无法确定它的正误。采用科学的方法获取知识的主要特征如下。

- 保持开放的心态，但对任何未经证实的说法保持怀疑态度。
- 确保一种主张或信念可以被检验。
- 评估支持一种信念的证据的质量（如评估变量控制的严格程度，不依赖轶事证据）。

- 尝试证伪一种主张或信念（例如寻找否定证据）。

- 考虑可替代的解释。

- 在其他条件相同的情况下，选择对该现象的解释最简单的主张
  或信念（即假设最少的那个解释）。

- 在其他条件相同的情况下，选择与既定知识不冲突的主张或
  信念。

- 根据支持或反对某观点的证据比例建构信念。

在检验任何主张时，评估证据的质量都是极其重要的。我们经常
只是简单地接受轶事证据，或是相信未对变量控制的严格程度进行评
估的研究结果。鉴于人们为自己的观点寻找支持证据的潜在倾向，我
们寻找驳斥证据时需要格外警惕。与此同时，我们必须考虑可能对某
个现象提供更优解读的其他解释。而且，如果所有对某个现象的备选
解释都同样成熟合理，我们就应该选择一个最为简单明了且与公认知
识不冲突的解释。

最后，我们必须将我们的信念与支持或反对这种信念的证据相匹
配。如果证据不能强有力地支持一种信念，那么信心的飞跃永远不能
成就正确的信念——我们不能仅凭相信某事就让它成真。[29] 因此，对
某些问题我们务必要保留判断，直到有足够的证据表明接受某种信念
比接受其他的信念更谨慎合理。如果我们遵循这些在科学中应用的基
本准则，就可以形成更理性的信念，制定更明智的决策。

第4章
偶然与巧合的作用

在纽约这个地方，概率为百万分之一的事情一天能发生 8 次。

——佩恩·吉列特

还记得几年前播出的《幸存者》的第一季吗？当时，有 16 个人被困在一个荒岛上，他们必须在恶劣的环境和人为考验中生存下来。每个星期都会有一个人被其他游戏成员投票赶出小岛，最后剩下的人将获得 100 万美元的奖金。在最后一集中，只剩下凯利和理查德两个人，他们的命运将由其他 7 名已经被淘汰的人投票决定。为了做出这一决定，这 7 名前成员问了凯利和理查德一些问题，比如他们认为要想在荒岛上生存下去，哪 3 种品质最重要。结果惊人地接近——6 票统计后，两人的比分持平。最后，第 7 票，也是决定性的一票，让理查德赢得了 100 万美元。

当这些人被问及他们为什么会这样投票时，报出第 7 票的格雷格说他当时无法决定，所以他让凯利和理查德从 1~10 中选择一个数字。理查德说是 7，凯利说是 3，格雷格想的数字是 9，因此，他把票投给了离他的数字更近的那个人。就这样，在经历了 39 天的身体、心理和人为的严峻挑战之后，最终竟然是一个偶然因素决定了谁是百万美元大奖的得主。实际上，我们生活的方方面面也是如此。我们认为可以通过智慧和努力工作来控制自己的生存环境，但事实是，偶然因素在我们的日常生活中扮演着重要的角色。

就像迈克尔·舍默常说的，人类是寻找因果关系的动物。[1] 人类有一种与生俱来的寻找世界运作模式的欲望。在人类的进化过程中，发现事物成因的人幸存下来并将他们的基因传递下去。例如，那些看到某些岩石可以被凿成矛头的早期人类更有可能成为成功的猎人，他们能更好地捕获猎物、养活家人，并繁育能够存活下来的后代。这种寻找因果关系的内在倾向通常对我们很有帮助。然而，人类寻找因果关系的欲望对于我们的思维方式有很大影响，以至于我们经常会从随机事件或偶然产生的结果中找到原因。

比如，你一边开着车在街上行驶，一边想着你最近去世的吉姆叔叔。因为陷入思念，你开得比平时慢了一点。当你接近一个繁忙的十字路口时，一辆超速行驶的汽车在你的右边闯了红灯——如果你的车早到两秒就会被撞到！但是现在，你完美地避开了。许多人将这样的事情归因于超自然力量的干预。他们会说："吉姆叔叔在关照我，这就是我放慢速度的原因。"但我们得问问自己，对这次险些相撞，吉姆叔叔的超自然力量干预是否提供了最简单的解释呢？别忘了奥卡姆剃刀定律——我们应该选择假设最少的解释。如果要接受关于吉姆叔叔的假设，我们必须假设死去亲人的灵魂还在这个世界上游荡并关照着我们，但没有确凿的证据来支持这种假设。此外，鉴于路上有数百万辆汽车，凭概率论就能预测会有一些事故和侥幸发生。因此，一个得到充分支持的理论完全可以解释这次险些相撞的事情，而根本不必提出什么站不住脚的假设。

没办法，作为人类，我们会自然而然地去寻找事情发生的原因，希望相信每件事背后都有原因。如果我们知道原因是什么，就能以某种方式控制事态。这样的想法甚至也体现在买彩票这种最具偶然性的事情上。彩票中奖号码当然是由偶然因素决定的，然而，许多人还是小心翼翼地去选择彩票的号码，认为这样做可以提高中奖的概率。有一些书通篇写的都是选择彩票号码的最佳方法。事实上，研究表明，如果人们选择了彩票的号码，就会比不选号时押上更多的钱。[2] 我们想要控制偶然性事件并且认为自己能够办到。然而，在我们为一个事件找到某种潜在的原因之前，不妨先问问自己，这个事件是否可以用偶然性法则来解释。如果既定的概率论可以解释一个事件，那么就没有理由将其归结为任何其他原因。

4.1 钟形曲线

我曾和朋友汤姆去过赌场。当我们经过赌桌时，他说：“我有一个在轮盘赌上绝对赢的方法。”当我问他有关这个方法的问题时，他说：“赌黑色或红色，如果你赢了，拿着钱再赌一次。如果你输了，下一轮就加倍下注。想想看，你不可能连输太多次——排除赌场的优势，概率接近 50/50——所以你肯定很快就会赢。而且，你输了几次之后最终赢了，就会抵消之前的所有损失并且赢得当前的赌注。所以你不会输的！”这个方法听起来很棒，所以我们当时把兜里的散钱集中起来，凑了大约 400 美元，信心满满地走向赌桌。第一轮，我们押了 5 美元在红色上，很快就输了。但是我们毫不气馁，把赌注加倍，直接押了 10

美元在红色上，结果又输了。第三轮，我们把赌注翻倍到 20 美元，照样输了。但是汤姆说："我们不可能每次都输！"所以，我们又押了 40 美元在红色上，结果又输了。不过，我们想着总该时来运转了，于是果断押了 80 美元在红色上，结果居然还是输了。最后，我们押上了足足 160 美元，却眼睁睁看着球落在了黑色上。于是，损失了大部分身家的我们只好悻悻地离开了。

　　为什么这个方法看似合理却不总是灵验呢？要理解个中原因，我们必须意识到世界上大多数事物都有其分布规律。想想看美国所有男性的身高，身高为 5 英尺 8 英寸到 6 英尺的男性很多，身高为 6 英尺 8 英寸以上或 4 英尺 8 英寸以下的男性很少。如果我们用曲线图来表示不同身高的男性数量，就会看到类似图 4-1 的画面。这是一种常见的分布形状，被称为钟形曲线。分布的中点相当高，表明这个身高的男性更多，而两端下降，表明对应身高的男性少得多。当我们考虑偶然性时，像钟形曲线这样的分布还是很重要的，因为它表明，对于许多不同类型的测量都存在"异常值"。因此，如果你观察个别的情况，就

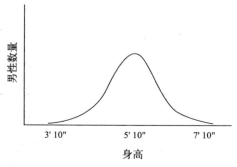

图 4-1　钟形曲线：美国男性假定身高分布图

会仅仅因为偶然因素得到一个异常值。比如，你从美国选择一个男性，他可能有 7 英尺高，也可能只有 4 英尺高。

这与我们在轮盘赌桌上的糟糕表现有什么关系吗？排除赌场优势（球落在零位或双零位上），出现红色或黑色的概率类似于抛硬币得到正面或反面的概率。如果你抛一枚硬币，得到正面（或反面）的概率是 0.5，因为只有 2 种可能的结果。连续得到 2 次正面的概率是多少？是 0.5×0.5，即 0.25。也就是说，有 25% 的机会连续得到 2 次正面。我们可以从以下可能的结果中看到这一点，其中 H 和 T 分别表示正面和反面：

HT，TH，HH，TT

由于有 4 种可能的结果，HH 发生的概率为 1/4（25%）。现在把这个推理运用到 6 次抛硬币中，计算连续得到 6 次正面的概率，只需将 6 个 0.5 相乘。结果约为 1.56%。因此，连续抛 6 次硬币得到 6 次正面的概率大约是 1.5%。虽然概率很低，但也有抛 6 次硬币得到 6 次正面的时候。虽不如出现 3 次正面 3 次反面，或 4 次正面 2 次反面的概率高，但它仍然可以在任意给定的 6 次抛硬币中发生。事实上，如果我们多次抛 6 枚硬币，这种情况在某些时候就很有可能发生。如果我们连续抛 6 次硬币，完成 1000 组，预计其中 15 组是 6 次都是正面（1000×1.5%）。轮盘赌也是如此，我和汤姆在轮盘赌上经历了成千上万次的旋转，不幸的是，球连续 6 次落在黑色上。更不幸的是，在球落在红色上之前，我们口袋里的钱已所剩无几。

由于人们认为这些极端事件不太可能发生，所以他们经常把事情的成因归结为一些神秘的现象。他们可能认为抛硬币或旋转轮盘的人有某种特殊的力量来控制结果。然而，在我们把一件事的发生归结为通灵或神秘力量等其他可能的原因之前，我们必须确定这些力量是否能使事件发生得比我们期望的更偶然。正如我们所看到的那样，如果我们连续抛 6 次硬币，完成 1000 组，预计大约有 15 组硬币完全是正面。在我们相信某人的通灵力量使正面连续出现 6 次之前，这种力量必须能在抛 1000 组硬币的结果中产生超过 15 组的硬币全是正面的结果。如果不是这样，6 次正面则可以用偶然性来解释。

在分布尾部明显出现的极端事件使许多人形成了错误的信念。假设你的朋友刚刚被告知患有严重的癌症，预期只能活一年了。当听到这样的消息时，一些患者会尝试奇异的治疗术，比如治疗性触摸、水晶治疗，甚至是心灵手术。其中一些患者的存活时间可能超过一年，如果他们真的活下来了，他们通常会认为是这种替代治疗技术延长了他们的生命。但存活时间分布本就存在变数——癌症患者的平均存活时间可能是一年，一些人可能在一个月后死亡，而另一些人可能可以再活 5 年才死亡。从本质上讲，分布的尾部表明有些人的存活时间比平均的存活时间长得多，这是在形成信念时经常被忽略的事实。

分布的尾部也给了我们一个很好的理由去听取合格专家的意见，而不是某个人的意见。大多数领域有成千上万的专家，他们中的一些人可能会相信一些非常奇怪的事情，甚至在科学家和专家中也存在着异类——有些事情并不仅仅因为一位专家这么说就正确。还记得哈佛大学的约翰·麦克关于外星人绑架的奇怪观点吗？如果我们去寻求专家们达成的共识，就更有可能接近真相。

超感官知觉

概率论可以解释许多表面上看起来无法解释的事件。例如，迈克尔·舍默专门造访了位于弗吉尼亚海滩的埃德加·凯西研究与启迪协会，这是一个看似官方的组织，专门进行超感官知觉实验。[3] 当他到达时，他们正在进行一个实验。在这个实验中，接收者试图辨别发送者正在观看的某些形状。发送者把注意力集中在一张卡片上，卡片上有加号、方框、星号、圆圈或波浪线。与此同时，接收者被告知将注意力集中在发送者的额头上，试图了解他在想什么。有 35 个人参与了两次这样的实验，每次分别识别 25 张卡片。

实验导师说每个人在某种程度上都有超感官知觉，虽然有些人比其他人有更强的超感官知觉。他指出，平均而言，仅凭运气，人们就能正确识别 25 个符号中的 5 个（因为一共有 5 个符号）。事实上，他说概率论可以解释识别 3~7 个符号的任何精确度。但是，如果一个人能正确识别 7 个以上的符号，就被认为具有超感知能力。结果显示，3 人在第一次实验中识别出了 8 个符号，1 人在第二次实验中识别出了 9 个符号。根据该协会的说法，至少有 4 个参与实验的人未经训练就表现出了超感知能力。但真的是这样吗？

概率论表明，受试者的准确度会因为偶然性而发生变化。在第一次实验中，有 3 个人猜对了 8 个符号，也有 3 个人只猜对了 2 个符号，其他 29 人猜对了 3~7 个符号。在第二次实验中，1 个人猜对了 9 个符号，但有 3 个人只猜对了 2 个或 1 个符号（与第一次实验中得分低或高的人不同），其余的人猜对的符号数量为 3~7。还记得前面提到的钟形曲线吗？这些结果呈正态钟形曲线分布，平均值在 5 左右，在这个平均值附近有一些偏差。所以单凭偶然性，我们就能期待有些人猜对 8~9 个。事实上，在大范围的研究中，有些人的分数会更高。关键是，概率论预测了这些类型的结果，所以我们不需要调用一些神秘兮兮的原因，如超感官知觉。

据舍莫回忆，当他向大家提到钟形曲线时，实验导师说："你是工程师、统计学家，还是什么大人物？"[4] 大家哄堂大笑，那位导师继续讲解如何增强超感官知觉。当人们想要相信某件事时，他们就会忽略、淡化甚至嘲笑其他矛盾的解释。如果我们对概率论缺乏很好的理解，这种情况就更有可能发生。事实上，研究人员发现，相信超感官知觉的人做不到像不相信超感官知觉的人那样很好地理解概率论，因此更有可能将超自然现象归因于神秘现象。[5]

4.2 赌徒谬论

让我们回到轮盘赌。当你看着球连续旋转落地时，你会注意到它在最后 4 次落地时落在黑色上。如果你下一轮要押 100 美元，你会押红色、黑色，还是没有偏好？很多人会选择红色。为什么？因为他们认为理所应当！这就是赌徒谬论。如果每一次球的旋转都是独立的，那么无论之前的旋转结果是什么，球落在红色或黑色上的概率都是相等的。但是很多人相信刚刚发生的事情会影响接下来发生的事情，即使这两件事是独立的。每次我去赌场，我都会看到赌徒被这种谬论所迷惑，最后输得精光。[6]

赌徒谬论认为人们会看到独立事件在某种程度上是相互关联的。在某些情况下，这种谬论让人们相信事件会改变，就像轮盘赌的情况一样（下一次球会落在红色上，因为已经连续几次落在黑色上了）。然而，在另一些情况下，人们认为如果一个事件发生了，它更有可能再次发生，这就是所谓的"热手效应"。

热手效应

你在观看一场篮球赛，希望家乡的球队夺得冠军。这是最后一节比赛了，家乡的球队落后，但队员们正在扭转势头。事实上，你最喜欢的球员迈克尔刚刚连续投进了 3 球。人们开始尖叫："迈克尔太牛了！把球传给迈克尔！"为什么呢？众所周知，球员打得好的时候会出现一种"热手效应"，也就是手感特别好，处于最佳的竞技状态，似乎能百发百中，我们都在球场上看到过这种情况。事实上，一项对篮球迷的调查显示，91% 的人认为一个球员如果刚刚投进了两三个球，而不是刚刚投丢了两三个球，那么他更有可能再次投中。84% 的人认为球应该传给刚刚连续投进几个球的球员。[7]

不过，其实根本就没有"热手效应"这回事。心理学家汤姆·吉洛维奇（Tom Gilovich）、罗伯特·瓦洛内（Robert Vallone）和阿莫斯·特沃斯基（Amos Tversky）分析了费城 76 人队和波士顿凯尔特人队在 1980—1981 赛季的投篮数据，发现绝对没有证据支持所谓的"热手效应"。[8] 虽然连环投中暗示着球员刚刚投进两三个球后再投中的概率要高于投丢两三个球后投中的概率，但分析统计数据时你会发现，这种情况并没有发生。我们以费城 76 人队中出手最多的球员 J 博士〔朱利叶斯·欧文（Julius Irving）〕为例，他在连续投进 2 个球后投中的概率是 52%，而在 2 次失误后投中的概率是 51%。如果他连续投进 3 个球，他下一次投篮的命中率为 48%；而如果他投丢 3 个球，他下一次投篮的命中率为 52%。简而言之，无论最后几次投篮的情况如何，他下一次投中的可能性都在 50% 左右。无独有偶，分析波士顿凯尔特人队的罚球也得出了同样的结果。拉里·伯德的 2 次罚球命中率相差无几（88% 和 91%），无论他上一次罚球是否命中。

其他一些球员的数据也显示了类似的结果。吉洛维奇和他的同事们检验费城 76 人队的所有球员的数据时，发现投中一次后比未投中后命中的概率还要低一些（超过 9 名球员的平均命中率分别是 51% 和 54%）。另外，在"热手时段"（前 4 次投球中 3~4 次）之后命中的概率为 50%，在"冷手时段"（前 4 次投球中没有命中或 1 次命中）之后命中的概率为 57%。此外，他们还分析了球员 run 的数目，run 是指连续得分与连续失分的序列。例如，如果 X 代表一次命中，O 代表一次失误，那么 XOOOXXO 就包含 4 个 run。连续投中表明一个球员的投中情况聚集在一起，所以 run 的次数应该比随机过程中得到的要少。只有一名球员（达里尔·道金斯）偏离了概率，他的 run 比预期的要多，与热手效应的情况相反。事实上，对 3 支不同球队（费城 76 人队、纽约尼克斯队和新泽西网队）的 23 名球员的分析显示了类似的结果，即使是像安德鲁·托尼这样通常被认为是连中高手的球员也是如此。

那之后，吉洛维奇和同事们又让大学生球员进行罚球，并根据他们的感觉预测是否能投中下一个球。根据热手效应，如果他们有信心，感到似有神助，就应该能够投进更多的球。然而，球员的预测和他们的实际表现之间并没有联系。从本质上讲，这些数据表明篮球运动中不存在热手效应。还记得吧，任何分布都包括尾部的数据，所以仅凭偶然性我们就能期待球员偶尔连续进球。这不是热手效应，只是变幻莫测的偶然性而已。然而，当费城 76 人队的球员接受采访时，所有人都认为把球传给刚刚连续投进几个球的球员至关重要。[9]

那么，当成功和失败在统计上相互独立时，我们为什么还要相信连续命中呢？因为我们误解了随机序列。例如，想一想下面这个问题。[10]

下面哪个序列看起来更像是一个随机过程（如抛硬币）产生的？

_____XOXXXOOOOXOXXOOOXXXOX

_____XOXOXOOOOXXOXOXOOXXXOX

大多数人认为第二种情况更随机。然而，在第二种情况下，X 和 O 的切换率为 70%（在 20 种可能性中切换了 14 种）。在第一种情况下，

X 和 O 的切换概率为 50%（10/20），这类似于 50/50 的概率序列预期结果。然而，接受测试的人中有 62% 的人认为第一种情况与连续命中相似。[11] 实际上，第一种情况才是随机的，但看起来像连续命中；而第二种情况不是随机的，但被视为是随机的。如果你说第二种情况看起来是随机的，你就会期待在 X 和 O 之间有很多切换，这可能会导致你在随机过程中看到连续命中。如果你在第一种情况的随机性中看到了连续命中，就可能会相信篮球运动员有时会出现热手效应。

我们对随机性的直观理解显然不符合偶然性法则。我们倾向于认为不应该有很多 run（例如，连续抛出若干次硬币的正面或若干次投篮命中），因为那看起来不是随机的。然而，如果你连续抛硬币 20 次，有 80% 的概率会在某个时刻连续得到 3 次正面或 3 次反面。有 50% 的概率会连续得到 4 次正面或 4 次反面，有 25% 的概率会连续得到 5 次正面或 5 次反面。[12] 这里需要重申，我们对世界的直觉性的理论有可能是错误的，这就是为什么我们不能仅仅依靠经验，而需要进行系统的科学探究。[13]

那么，我们能从中学到什么呢？一方面，我们有概率论及其完善的原理。如果要相信热手效应，我们需要证明投中的篮球偏离了概率论的预测。为什么？记得使用奥卡姆剃刀定律，如果某个事件已经可以用一个成熟的概念来解释，那就不需要另一种解释了，比如热手效应。然而，我们总是在寻找事情发生的原因，而没有意识到生活中许多事件是随机发生的。因此，我们开始把本质上随机的事件的发生归结于其他原因。

4.3 巧合

不可能的事情很可能发生。

——亚里士多德

当我还在上大学的时候，一位教授给我们讲了他的一次奇遇。那年夏天，他去英国度假。他走在伦敦的街上时，居然遇到了系里的另一位教授。你可以想象他们见面时惊讶的表情，因为那时他们谁也没有告诉对方要去英国度假。天啊，休假时在伦敦街头遇到熟人的可能性有多大呢？在所有可以度假的地方，所有可以度假的时间里，这种可能性是相当低的。这难道没有什么深意吗？

我在还是博士生的时候，曾参加过学校在赌场举办的一次慈善主题活动。在开车去活动现场的路上，我碰巧低头看了看里程表，发现我的车已经跑了 55 555 英里。我开玩笑地对自己说："我猜 5 是我今晚的幸运数字。"于是，一走进赌场大厅，我就径直走到轮盘前，把 5 美元押在了数字 5 上，结果第一轮就中了，回报给我 35 倍的报酬。我满心惊讶，拿着赢的钱去了下一个轮盘，又在数字 5 上押了 5 美元。令人难以置信的是，居然又一次在第一轮就中了，而且还是 35 倍的报酬！

此外，还有一些巧合简直到了不可思议的地步。有一个叫乔治·D. 布赖森（George D. Bryson）的人从圣路易斯坐火车去纽约。在途中，他突然决定在一个从未去过的城市——肯塔基州的路易斯维尔待几天。到了那里，他问哪家旅馆好，有人推荐了布朗旅馆，于是他到了那家旅馆登记入住，被安排在 307 房间。他开玩笑地问了一句：
"有没有我的信啊？"没想到，服务员真的递给他一封信，收件人是 307
房间的乔治·D. 布赖森先生。原来，307 房间的前住客也叫乔治·D.
布赖森。[14]

　　还有一桩巧合更加离奇。1914 年，有一位德国母亲给她的儿子拍
照，然后把底片放在冲洗店冲洗。没想到第一次世界大战爆发了，她
无法回去取照片。两年之后，在 200 英里外的另一个城市，她又一次
买了底片给新出生的女儿拍照。令人意想不到的是，底片显影时是双
重曝光——她的女儿和儿子两次分别照的影像居然叠加在了一起！[15]

　　这类离奇的事件可以让人们相信一些神秘的甚至是神圣的事情正
在发生。事实上，这一类故事促使心理学家卡尔·荣格（Carl Jung）
提出"共时性原理"。他坚持认为，这种巧合是某种未知力量试图对世
界上的事施加影响。再一次，就连这样一位颇有影响力的心理学家也
断言某种神秘的力量是某种事件的潜在成因。那么，让我们运用奥卡
姆剃刀定律提出这样一个经典的问题：还有更简单的解释吗？

　　我们思考这些巧合时，不应该只关注这些特定事件发生的可能性。
如果我们关注学校的两位教授在各自的假期在伦敦见面的概率，很可
能会得出这样的结论：概率太低了，这不可能是偶然事件。但我们不
应该这样看待他们的偶遇。是的，在离家 5000 多英里的伦敦街头遇到
另一位教授的概率是极低的。然而，我们在生命中的某个时刻，在某
个遥远的地方遇到熟人的概率要大得多。事实上，看看每年数以百万
计到处旅行的人，就能知道其中一些人很有可能会与他们认识的人偶

遇。（信不信由你，在一个月之内，在佛罗里达州奥兰多机场和纽约市的一家玩具店，我都很巧地见到了我们学校的那位教授。）

我们在想到乔治·D. 布赖森的巧合时，也不应该只关注房间的前住客是另一个乔治·D. 布赖森的可能性。相反，我们应该问问自己，在某个城市的某个酒店的某个房间里，前后脚的两个住客名字相同的可能性有多大。[16] 我思考自己在轮盘赌中赢钱的时候，也不应把注意力只放在这一件事上。想想在轮盘赌桌上投下数百万美元赌注的数百万人，仅凭随机选的数字，其中有些人就很可能会连赢几次，甚至有可能刚好是他们的"幸运"数字。

这一类巧合的发生似乎令人难以置信，所以我们想把它们归因于超自然的解释，但考虑到每天发生的数十亿件事情，肯定会有很多这样的巧合。事实上，如果没有巧合发生，反而令人难以理解。假设抛 5 个硬币，得到全是正面的概率约为 3%。然而，如果我们抛这些硬币 100 次，有 96% 的概率会出现一次全是正面的情况。正如你所看到的那样，考虑到正在发生的海量事件，很可能会发生巧合。这正应了佩恩·吉列特的名言："在纽约这个地方，概率为百万分之一的事情一天能发生 8 次。"[17]

然而，许多人仍然希望把巧合归结为神秘现象。一位女士问舍默："你怎么解释这种巧合，比如我想打电话给我的朋友，她却先打给了我？这难道不是通灵沟通的一个例子吗？"舍默回答说："不，这是统计上的巧合。我问你，有多少次你打电话给你的朋友而她没有同时打给你？"这位女士后来说她想明白了，她只记得巧合发生的那次，却忽略了没有发生巧合的其他时候。舍默说："你说对了，你这只是选择性感知。"她却说："不，这只是证明了特异功能有时起作用，但有时不起作用。"正如詹姆斯·兰迪所说的那样，相信超自然现象的人就是这样冥顽不灵，不可理喻。[18]

4.4　迷信

韦德·博格斯（Wade Boggs）是棒球史上最训练有素的击球手之一，他连续 5 次赢得击球冠军，一生的平均安打率为 0.363，但是，他这个人非常迷信。在职业生涯早期，他相信只要吃鸡肉就能打得更好。因此，在打球的 20 年间，他几乎每天都吃鸡肉。不过，在体育界，不止他一个人做出这样的迷信行为。比如，冰球运动员韦恩·格雷茨基总是把球衣的右边塞在臀部垫后面；布法罗比尔队的四分卫吉姆·凯利每次比赛前都会强迫自己呕吐；比约恩·博格在开始重要的网球锦标赛后就不刮胡子；比尔·帕赛尔斯在纽约巨人队执教时，每次比赛前都会从两家不同的咖啡店买咖啡。[19]

迷信行为并不局限于体育界。和博格斯一样，《侏罗纪公园》的作者迈克尔·克莱顿（Michael Crichton）在写新小说的时候，每天午餐都吃同样的东西。一项研究发现，20%~33% 的学生在考试时依靠迷信带来好运，比如穿特殊的衣服、用特定的笔、听幸运的歌、敲考场的门、绕大楼一圈，或进行一些其他的仪式。[20] 此外，还有一些人认为从梯子下走过或打破镜子会带来厄运，许多人害怕数字 13。法国甚至有一家公司专门提供"紧急就餐伙伴"服务，从而避免 13 个人围坐一张餐桌的尴尬。[21] 在所有迷信的人群当中，赌徒的迷信行为最是声名狼藉。

迷信是相信一件事会影响另一件事，即使这两件事之间没有逻辑关系。迷信行为往往是巧合的结果。一件事跟着另一件事发生，然后人们就会在这两件事之间找出因果关系。例如，如果一个篮球运动员在尝试一个关键的罚球之前拍了 3 次球，然后投中，他可能会把投中与拍球的次数联系起来。事实上，投中强化了拍球的做法，从而形成了一种投篮仪式，一种个人迷信。[22] 博格斯在吃了鸡肉之后，很可能在 1~2 天内的击球表现很好，这也引发了他的迷信。在世界各地的赌场里，每天都能看到由各种巧合引发的迷信。我曾与许多赌徒交谈过，他们坚信自己必须亲手将硬币投入老虎机，而不是使用机器上的积分（要容易得多），他们相信只有这样才能赢钱。为什么呢？因为他们曾经在用手投硬币后大获成功，巧合创造了这样的迷信。

人们之所以将迷信的信念和行为与巧合联系起来，是被心理学家称为"操作性条件反射"的心理过程在起作用。心理学家 B. F. 斯金纳（B. F. Skinner）是"操作性条件反射"的最早提出者，也是著名的文章《鸽子的迷信行为》（Superstition in the Pigeon）的作者，他用一个实验令人信服地证明了巧合引发了迷信行为。斯金纳把鸽子放在单独的笼子里，并让人定期给鸽子喂食（与老虎机的奖励非常相似）。几分钟后，每只鸽子都表现出不同的怪异行为。有的上下摆动着头，有的绕着圈走，还有的把头伸进笼子里的不同地方。结果发现，这些鸽子是在重复它们接受食物之前的行为。因为它们在食物到来之前在做不同的事情，所以它们形成了不同的仪式。本质上，鸽子的行为是一种巧合的结果——基于食物出现时它们正在做的行为。人类的许多迷信也是如此形成的。[23]

　　虽然操作性条件反射解释了很多迷信行为是如何形成的，但一个潜在的问题仍然存在，那就是迷信为什么会有市场？因为我们生活在一个充满不确定性的世界，许多事情不可预测，于是，迷信为很多人提供了一种应对不确定性的方式。迷信的行为常常让我们找到一种控制感，即在某种程度上我们的行为能影响事情的结果。因此，迷信行为有可能在更不确定、更随机和不可控的情况下出现。

　　正如我们所看到的那样，某些棒球运动员以迷信闻名。为什么呢？因为不确定性在大多数体育运动中都起着重要的作用。最好的职业篮球运动员通常只有一半的投篮命中率。NFL（职业橄榄球大联盟）四分卫的传球成功率平均约为 58%。当这种不确定性存在时，迷信必然会产生。这种迷信甚至会发生在同一项运动的不同场景中。如果一名棒球运动员在 30% 的时间里击中，他就被认为是一流的击球手；而如果他在 26% 的时间里击中，就只是平均水平。相比之下，守场员接住预期接到的球或者把击球手杀出局的概率通常是 97%。因此，棒球运动中的迷信主要集中在击球和投球上——许多球员在场上打球时反倒觉得不需要如此迷信。[24]

　　我们的迷信观念常常被对未来事件的偏颇解读所强化。如前所述，许多人认为"凡事成三"。为了支持这一观点，他们列举了许多在一段时间内发生 3 件好事或坏事的例子。然而，支持这种迷信的证据是有问题的。为什么？我们只记得 3 件事接连发生的那些时候，却忘记了 3 件事没有同时发生的时候。你看，我们又只记住了成功的时候而忘记了失败的时候。何况，正如我们注意到的那样，这种事从来没有一个时间范围的声明。这 3 件事必须在一周、一个月或一年内发生吗？迟早有 3 件类似的事可能会发生，如果我们等待的时间足够长，就可以将任何数据解释为支持"凡事成三"的证据。正如斯图尔特·维斯（Stuart Vyse）所说："人类理性的易变性是迷信的最大来源。"[25]

第 5 章
看到不存在的事物

事情并不总是像看上去的那样。

——费德鲁斯

我们喜欢认为自己感知的世界就是它真实的样子，但事实是我们的感官可能会被欺骗。实际上，我们可以看到、听到并不存在的东西。虽然这有些牵强，但心理学和神经生物学的研究表明，要理解感知，我们就必须放弃眼见为实的理念。感知并不仅仅是在大脑中复制一个图像，相反，感知需要大脑做出判断。[1]

我们都很熟悉图 5-1 所示的立方体。尽管图像在我们的视网膜上恒定不变，但我们看到的立方体是向上还是向下，取决于我们的大脑如何解读这个图像。外部事实并没有改变，但我们对事实的理解却有变化。我们的感知也会受到所处环境的影响。一个身高 5 英尺 10 英寸的体育节目播音员在面对受访的篮球运动员时就会显得很矮小，但当他采访赛马骑师时往往就会显得很高大。[2] 因此，我们视物的过程是一个建构的过程——简单的"看到"中也包含着解释和判断。

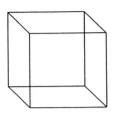

图 5-1　立方体向上还是向下取决于个人的感知

当然，我们的感知通常是相当准确的（或至少足够合理的）。如果感知不准确，我们就很难过上正常的丰富多彩的生活。但我们在确实出现错误认知时，就会形成一些非常奇怪和错误的信念。研究发现，有两个因素对我们感知世界的方式有着重大的影响——我们看到的是自己期望看到的和自己想要看到的。也就是说，我们经常看到的事物是因为之前的经历让我们对其有所期待，或者是我们想要看到它们。

5.1　看到期望看到的

心有所思，目有所见。

——亨利·路易·伯格森

请阅读下面的短语：

PARIS IN THE

THE SPRING

　　或许和很多人一样，你会把这句话看成"PARIS IN THE SPRING"[3]。但是仔细看，"THE"这个词用了两遍。我们没有料到会连续两次看到这个词，所以就只看到一个。另外一个例子是，当人们观察快速出示的一张纸牌，上面画的是"黑心"，许多人肯定认为这是一张正常的红心 3 或黑桃 3。为什么？因为我们没有料到会看到一张黑心的牌，所以我们对它的解释往往与我们的预期一致。[4]正如这些简单的例子所阐明的，当现实与我们的期望不相符时，我们可能会误读这个世界。

　　如果我们心有所思，就会目有所见，即使某件事根本没有发生过。例如，当研究者告诉人们房间里的灯会以随机的时间间隔闪烁时，尽管那盏灯从未闪烁，许多人也会说灯真的是一闪一闪的。[5]也有一些研究表明，人们可以体验到电击或闻到某些实际上并不存在的气味。[6]这些错误的感知也发生在实验室之外。当一只熊猫从欧洲的一个动物园逃脱时，人们从四处打来电话说他们看到了这只熊猫。然而，实际上这只熊猫刚跑到离动物园只有几米远的地方就不幸被火车撞上了。所有的目击报告都是想象力过度活跃的产物——人们期望看到这只熊猫，于是他们就真的看到了。[7]期望就是这样制造了幻觉。

　　如果你相信满月会导致人们行为怪异，就可能会在满月之夜看到怪异的行为，并且很可能会刻意关注这种行为。许多研究已经系统地证明并不存在所谓的"月相效应"，即满月不会导致异常行为。然而，当护士被要求记录病人在满月期间的异常行为时，与不相信月相效应的人相比，相信月相效应的人看到的异常行为会更多。[8]我们心里期待看到什么，就会依此来解读世界以至于目有所见。

期望也会影响我们对他人的判断。看看下面有关吉姆的描述。

吉姆聪明、灵巧、勤奋、热情、坚定、务实、谨慎。请圈出你认为吉姆最有可能拥有的其他特征（每对词中圈出一个）。

慷慨——吝啬

忧郁——快乐

易怒——温和

幽默——无趣

当人们回答这个问题时，大约 75%~95% 的人认为吉姆慷慨、快乐、温和、幽默。然而，当把对吉姆的描述中的"热情"一词换成"冷漠"时，只有 5%~35% 的人认为吉姆会拥有上述特征。[9] 其他研究者发现，如果军队主管认为下属聪明，他们也会认为这些下属性格更好、领导能力更强。那些被认为很有吸引力的人，我们通常也会觉得他们生活更幸福、性格更好、工作质量更高。[10]

原因何在？如果我们认为一个人在某个方面很优秀，就会期望他在其他方面也拥有良好的品质。从本质上讲，我们给一个人赋予的特征与我们对他的固有印象协调一致，这种现象被称为"晕轮效应"，它会影响我们对他人做出的许多决定。例如，耶日·科辛斯基（Jerzy Kosinski）是一位备受尊敬的作家，写了许多广受赞誉的作品。在职业生涯的某个阶段，他写了一部名为《暗室手册》的小说，获得了小说类的美国国家图书奖。有人把这本书重新打印了一遍，没有标题，署了假名，然后寄给了 14 家出版商和 13 家文学代理商，其中就包括已经出版过这本书的兰登书屋。结果居然没有一家出版商或代理商发现这本书已经出版过——而且这 27 家出版机构全都拒绝出版这本书！没有科辛斯基大名的加持，这本书就被认为是一部平庸无奇的小说。[11]

　　一些看似无关紧要的事物会影响我们的期望吗？会影响我们对他人的看法和判断吗？以制服的颜色为例，人们倾向于将黑色与邪恶联系在一起。黑色星期四引发了大萧条。芝加哥白袜队在 1919 年世界棒球锦标赛中故意输球后，被戏称为"芝加哥黑袜队"。心理学家马克·弗兰克（Mark Frank）和托马斯·吉洛维奇（Thomas Gilovich）发现，与非黑色的制服相比，人们认为黑色制服看起来更邪恶、更刻薄、更具攻击性。[12] 但这种负面看法真的会影响我们对穿黑色衣服的人的判断吗？弗兰克和吉洛维奇分析了 1970—1986 年间职业橄榄球和曲棍球队的罚球距离和罚球时长。令人惊讶的是，他们发现在职业橄榄球大联盟和国家橄榄球联合会的球队中，所有穿黑色队服的球队受到的判罚都比其他球队的平均判罚次数要多。事实上，穿黑色队服会导致对球队的判罚次数增加。匹兹堡企鹅队在 1979—1980 赛季的前 44 场比赛中穿着蓝色队服，球队每场平均有 8 分钟的被罚时间。在最后的 35 场比赛中，他们改穿了黑色队服，而后球队平均每场被罚时间达到了 12 分钟。

　　弗兰克和吉洛维奇还让橄榄球裁判和球迷观看了包含边线判罚的不同比赛。在一次比赛中，两名防守队员抓住一名带球进攻队员，把他往后推了几码，然后用力将他摔倒在地。参与者被要求在 9 分的等

级量表内打分，表明他们将如何惩罚防守方的行为。量表的其中一端
被标记为"粗野犯规并故意伤害对方球员"，而另一端则被标记为"合
法犯规且不太具攻击性"。一些裁判和球迷看了穿黑色队服的球队的比
赛视频，而其他人看了穿白色队服的球队的比赛视频。又是同样的结
果，穿黑色队服的球队受到的惩罚（平均 7.2 分）比穿白色队服的球队
受到的惩罚（平均只有 5.3 分）更为严苛。[13]

期望不仅会影响我们的感知和判断，还会影响我们的反应。例如，
一项有趣的研究调查了心理预期对腹部手术患者恢复能力的影响。一
组患者被告知对手术的预期，比如手术会持续多久，他们会经历怎样
的疼痛，以及他们何时会恢复意识，而另一组患者什么都没有被告知。
结果那些被告知预期的患者对疼痛的抱怨更少，需要的药物更少，恢
复得更快。事实上，他们平均提前了 3 天出院！[14] 在另一项研究中，
研究者告诉学生，他们喝的是含有咖啡因的咖啡，而实际上，他们喝
的只是无咖啡因的咖啡。于是学生们说他们感觉变得更加警觉和紧张，
甚至血压也有了显著的变化。[15] 虽然现在安慰剂不怎么使用了，但过
去医生常常给一些病人开安慰剂。[16] 正如我们所看到的那样，当病人
期望药片发挥作用时，有时情况就会好转，即使药片没有实际的治疗
效果，因为这一切都是我们所期望的。

5.2　看到想要看到的

虽然期望可以影响感知，但欲望对感知的影响可能更大。这是因
为为了与自己的信念保持一致，我们有强烈的动机看到我们想看到的

事物。我们越认为世间所见支持我们的信念，就越相信这些信念肯定正确无疑。

达特茅斯学院和普林斯顿大学进行过一场特别激烈的足球比赛。普林斯顿大学的一名明星球员鼻子骨折，而达特茅斯学院的一名球员也因腿部骨折被抬下场。研究者询问了达特茅斯学院和普林斯顿大学的学生是谁挑起了这场激战。[17] 当普林斯顿大学的学生回应时，86%的人说达特茅斯学院是罪魁祸首，而只有 11% 的人认为双方都有责任。当达特茅斯学院的学生被问及此事时，只有 36% 的人认为是达特茅斯学院挑起的，而 53% 的人认为双方都难辞其咎。然后，研究者让其他学生观看这场比赛的录像，并让他们记录下看到的所有违规行为。达特茅斯学院的学生观察到两边被判罚的次数基本相同（平均为 4.3 次和4.4 次），而普林斯顿大学的学生则看到达特茅斯的犯规次数 9.8 次，而普林斯顿大学只有 4.2 次。所有的学生观看的都是同一场比赛的录像，但他们看到了完全不同的东西。

同样，研究者也对选民进行了调查，以了解他们认为媒体对过去总统选举的报道是否存在偏见，如果有，是偏向哪个方向。有 1/3 的人认为确实存在偏见，其中 90% 的人认为偏见是针对他们支持的候选人的。[18] 认为别人对自己偏爱的候选人有负面偏见的想法如此普遍，以至于实际上这已经被专门称为“敌意媒体效应”。此外，其他研究者向怀疑论者和相信超感官知觉的人展示了两个被操控的超能力演示，其中一个是“成功”的，另一个是不成功的。怀疑主义者趋向于准确回忆两个演示，而那些相信超感官知觉的人则倾向于把失败的演示回想为成功的。[19] 不难看出，我们的欲望影响着我们的感知。

众所周知，我们总是在寻找事物的运作模式，而这种模式寻找会导致偏颇的感知，特别是当我们看到模棱两可的数据时。例如，1976 年"海盗号"宇宙飞船拍摄火星照片时，一些人看到了像脸一样的形状，并认为这一定是外星文明雕刻的。但是我们应该相信外星文明的存在吗，还是应该相信这是人类的建构性感知引导我们看到了自己想要看到的东西？实际上，不同的文化也会影响我们的认知。当观察月亮时，美国人在月亮上看到的是一个男人，萨摩亚人看到的是一个正在织布的女人，东印度人看到的是一只兔子，而中国人看到的是嫦娥。[20] 火星和月球上的形态模糊不清，因此解读方式也是各式各样，特别是如果我们带着先入为主的信念去观察某一事物。

你看过图 5-2 中世贸中心发生灾难时的图片吗？有些人在烟雾中看到了"魔鬼的面孔"，他们说这自然有其道理，因为这次袭击是一次惨绝人寰的行径。但如果仔细观察，我们会在模棱两可中看到许多不同的图像。事实上，这是一种常见的人类感知现象，叫作"空想性视错觉"。比如，在一个美丽的夏日，你躺在草地上，仰望天空，头顶上的云朵便会呈现出形形色色的物象。

欲望也会影响我们如何评价自己和他人。心理学上记录最多的发现之一就是人们都希望给自己更多的溢美之词。绝大多数人认为自己比普通人更聪明、更公平、偏见更少，而且还是个开车更好的司机。[21] 一项针对 100 万名高中生的调查发现，70% 的人认为自己的领导能力高于平均水平，只有 2% 的人认为自己低于平均水平。所有学生都认为

图 5-2　世贸中心发生灾难时烟雾中的"魔鬼面孔"（转载经授权，©2001 Mark D. Phillips）

自己与他人相处的能力高于平均水平。事实上，25% 的人认为自己是最优秀的 1%。教师们也是如此。一项针对大学教授的研究发现，94%的教授认为他们比一般教授工作做得更好。此外，大多数人认为很多好事会发生在自己身上，而不是别人身上。大多数人认为自己与别人相比，更有可能会拥有自己的房子，挣得高薪，而且不太可能离婚或是患上癌症。[22] 当然，这些信念不可能都是真实的，但欲望让大多数人萌发了这些偏颇之见。

　　请看下面的研究。心理学家彼得·格利克（Peter Glick）调查了两组学生，一组相信星座预言能准确描述一个人的性格，另一组则不然。

每个小组阅读两个版本的星座预言。在一个版本中，星座预言总体积极乐观，认为这个人可以信赖、富有同情心而且善于交际。在另一个版本中，星座预言描述了这个人负面消极的特征，暗示这个人过于敏感而且不可信赖。当被问及星座预言有多准确时，相信的人说它非常准确，不管那上面说的是不是赞美之词。那些不相信星座预言的人则认为赞美版本是准确的，贬损版本不准确。此外，最初不相信星座预言的人在看到赞美版本的星座预言后，明显对其更加相信。[23] 我们只看到了我们想看到的。如果我们对星座预言坚信不疑，就会认为其所有的预测都是准确的。如果我们一开始就不信，我们就会更倾向于相信星座预言中那些我们想听的内容。

5.3　幻觉

你还记得 2002 年获得奥斯卡金像奖的电影《美丽心灵》吗？这部影片以诺贝尔经济学奖得主、杰出的数学家约翰·纳什（John Nash）为原型。令人惊讶的是，纳什患有精神分裂症。他会不断地产生幻觉，看到外星人和那些根本不存在的人。当被问及为什么相信幻觉时，纳什说他的幻觉就像他最好的数学思想一样出现在他的头脑里。幻觉对他来说非常真实，就像对其他精神分裂症患者那样。

我们倾向于认为只有精神疾病患者，比如精神分裂症患者才会产生幻觉。所以，当一个我们认为正常的人说他看到了鬼魂或外星生物时，我们会认为或许确有其事。然而，研究表明，其实正常人在生活中，在不同的时间，也会产生幻觉。自从 1894 年国际清醒幻觉普查开始以来，调查显示有 10%~25% 的正常人在他们的生活中至少经历过一次强烈的幻觉。也就是说，他们听到了一个声音或是看到了一个模样，但那实际上是不存在的。研究表明，如果我们连续几天在处于快速眼动睡眠状态时（做梦的时候）被打扰，就会在白天产生幻觉。情绪压力、斋戒禁食、发烧、感觉剥夺和服用药物也会引起幻觉。[24]

多年前，神经生理学家怀尔德·彭菲尔德（Wilder Penfield）证明，当大脑的不同部位受到电刺激时，强烈的幻觉就会产生。另一位神经学家迈克尔·珀辛格（Michael Persinger）曾报告，当人们头戴一个装有电磁铁的头盔时，他们就会有灵魂出窍的体验，会感觉到有人在房间里，甚至会产生强烈的宗教情感。癫痫发作的病人会产生非常强烈的精神体验。[25] 正如一位病人所说，他经历了强光照射，一种狂喜让周围一切都黯然失色，还有一种与上帝合一的感觉。事实上，这是大脑回路中出现的一些与宗教和其他超自然有关的体验，这可能是由外界刺激或癫痫发作激活的。[26]

一种名为"睡眠瘫痪"的心理综合征会使人行动不便、焦虑不安，并易使人出现看到幽灵、恶魔和外星人等幻觉。值得注意的是，人们报告的大多数被外星人绑架的经历发生在入睡、醒来或长途驾驶过程中。我们知道自己可以体验入睡时的催眠幻觉和醒来时的催眠幻觉。在这些状态中，一个人会体验到从身体中脱离出来的感觉，感觉瘫痪，或看到鬼魂、外星人，还有死去的亲人。这些幻觉也伴随着一种强烈的清醒感。还记得我那段幽灵般的遭遇吗？这种现象比你想象的更为普遍。一项研究发现，在 182 名大学生中，大约 63% 的人感受过入睡前的听觉或视觉催眠意象，21% 的人经历过醒前的催眠意象。[27]

研究还表明，一小群人（大约占人口的 4%）在大部分时间里都在幻想。这些人经常会看到、听到、闻到和触摸到不存在的东西，他们对时间的意识越来越弱。事实上，一项针对 154 名自称被外星人绑架过的人的生平分析显示，其中 132 人看起来正常、健康，但具有幻想倾向的性格特征。[28] 此外，许多人极易受暗示性的影响——我们中有 5%~10% 的人很容易被催眠——增强的暗示性可以影响我们的看法和信念。你可能会认为，这些错误感知应该引起我们对异常事件描述有效性的质疑，但是人类对精彩故事的嗜好往往会不战而胜。

因此，我们的感知不是对外部现实一一对应的映射。相反，这是一个建构性的过程，它不仅由我们的感官检测到的东西决定，还由我们期望和想要看到的东西决定。此外，我们有时会经历强烈的幻觉，甚至可以产生共同的幻觉，即两个或两个以上的人体验相同的事情。[29] 这些集体幻觉作用之强烈，甚至可以导致群体性癔症。

5.4 群体性癔症

1944 年，在伊利诺伊州马顿市，一名妇女叙述，深夜一个陌生人潜入她的卧室，向她喷洒了一种气体，于是她的双腿就暂时性瘫痪了。当地报纸以"马顿幽灵毒气怪"为题报道了这个故事，在报送发出后的 9 天时间里，警方收到 25 起独立的报案，涉及 27 名女性和 2 名男性。他们说，闯入者进入他们的家，喷洒了一种甜味气体，让他们恶心、头晕，还导致他们的双腿暂时性瘫痪。然而，经过几周的调查，警方没有发现任何物证或化学线索。警方和报纸开始把这些经历归因于疯狂的想象和群体性癔症，随后，关于入室喷洒气体的报案就此停止了。[30]

1956 年，在两周的时间内，中国台湾有 21 人报告他们在公共场合被陌生人（被称为"台湾幽灵杀手"）割伤。警方最终得出的结论是如果不是媒体的报道，人们通常都不会注意到日常在公共场所中的这些割伤。在 1983 年的 3 月至 4 月，947 名在以色列占领的约旦河西岸居住的巴勒斯坦居民报告，他们可能因为毒气释放而出现了晕厥、头痛、腹痛和头晕症状，但医学检查显示没有毒气痕迹，随后，此类报告就消失了。如前所述，印度也发生了"猴人错觉"。在 2001 年 5 月的前三周里，新德里附近的居民报告，看到了一种半人半猴的生物，其指甲锋利，力大无比，跳跃能力令人难以置信。仅在 5 月 16 日一天之内，警方就接到了 40 起目击报告，分别来自城市的不同区域，其中甚至还有两个人在试图逃离那个怪物时死去了。[31]

这听起来太滑稽了，所以我们往往会嘲笑相信这些事的人是如此天真幼稚。但是我们也有自己的错觉。自 18 世纪 30 年代以来，新泽西州中部和南部的人们就说他们总是看到一种三四英尺高的生物，它的头长得像马，翅膀长得像蝙蝠。1909 年 1 月，来自 20 多个社区的 100 多人报告目睹了这一生物。镇上的居民都家门紧锁，学校和工厂也都关闭了，人们组建了地方武装部队来搜寻这种生物。事实上，新泽西魔鬼冰球队就是以这种难以捉摸的生物来命名的。在 17 世纪塞勒姆女巫审判癔症中，人们被处死。此外，其他一些形式的癔症至今仍在发生。在 20 世纪 80 年代，成千上万的撒旦邪教徒被认为在美国活动。据推测，这些邪教徒进行祭祀和残害动物，还大搞其他撒旦邪恶仪式。然而，并无证据证实这种广泛传播的虐待劣行真实存在。那么，那些时常会蹦出来的目睹 UFO 和外星人的事件又是怎么回事呢？

事实上，多年来出现的群体性癔症和妄想，致使错误或夸大的信念在社会各个阶层迅速蔓延。[32] 为什么会发生这些现象？其中一个原因就是我们的感知可能是错误的，而当这些错误感知与人们内在固有的易受暗示性结合时，即使在没有确凿证据的情况下，离奇的信念也会广泛传播。

5.5 神经生物学与感知问题

神经生物学研究正在揭示我们对世界产生错误感知的多种原因。事实证明，感知依赖于许多相互作用的大脑功能，其中任何一种功能都可能出现问题。例如，研究表明，大脑中约有 30 个不同的视觉区域，这些区域专门感知不同的属性，如深度、运动、颜色等。[33] 如果一个人的大脑颞区受损，他可能就会患上"运动盲症"。他可以识别物体、人物，甚至还可以阅读书籍。但如果一辆汽车在街上驶过，他看到的是一系列静态的频闪式快照，而不是连贯的运动。对他来讲，倒一杯咖啡简直是一种折磨，因为他很难估计咖啡在杯子里上升的速度。

神经科学家 V. S. 拉马钱德兰（V.S. Ramachandran）和科学作家桑德拉·布莱克斯利（Sandra Blakeslee）报告了由于大脑某些部位受损

而产生的一些奇怪感知。[34] 出现这些幻觉的人并没有患精神疾病，去看心理医生也是浪费时间，他们理性而清醒，但他们的认知存在缺陷。例如，视觉通路受损的人可能会患上邦纳综合征，经常会部分或完全失明，但他们会体验到强烈的幻觉，而且似乎是比现实更真实的幻觉。作家詹姆斯·瑟伯（James Thurber）6 岁时被玩具箭射中了眼睛。在35 岁时，他双目失明并开始产生幻觉，看到各种精彩的画面，这成了他创作骇人听闻的故事的基础。一名妇女在她视野中的一个大盲点看到了卡通人物，而另一名妇女看到了迷你警察带着一个小人走向一辆迷你警车，还有一些患有邦纳综合征的人看到过鬼魂、恶龙、发光的天使、马戏团的小动物和精灵。

以患上邦纳综合征的病人"神奇的拉里"为例。拉里 27 岁那年出了车祸，眼睛上方的额骨骨折。当他从昏迷中醒来时，他说："这个世界充满了幻觉，包括视觉和听觉。我分不清什么是真的，什么是假的。站在我床边的医生和护士被足球运动员和夏威夷舞者包围着，声音从四面八方向我袭来，我分不清谁在说话。"后来他慢慢好转，但出现了一个神奇的问题：他视野的上半部分完全正常，下半部分却出现了鲜明的幻觉。当拉马钱德兰博士询问他时，拉里说："当我看着你的时候，你的腿上正坐着一只猴子。"他说，这些图像会在几秒后淡化，但它们出现时却充满活力，异常鲜活。事实上，它们看起来好得令人难以置信。就像他说的："有时候早上我正在找鞋子，突然整个地板都铺满了鞋子，这就让我很难找到真正的鞋子。"[35]

著名的神经学家和作家奥利弗·萨克斯（Oliver Sacks）报告了一

个有神经系统问题的病人的情况，在检查时，他把鞋脱掉了。当萨克斯让他把鞋穿上时，那个人把手放在自己的脚上说："这就是我的鞋，不是吗?"萨克斯说："不，不是，那是你的脚，这才是你的鞋。"他回答说："啊！我以为那是我的脚。"当他离开时，他四处寻找他的帽子，然后抓住他妻子的头，试图把它摘下来戴到自己头上，这个情景就成了萨克斯名著的书名——错把妻子当帽子的人。36

大脑颞叶使人们能够识别面孔和物体。大脑颞叶受损时，患者无法认出自己的父母。还有一些情况是，患有卡普格拉综合征的患者会把他们的亲人视为冒充者，他们认得这张脸，但会觉得这个人是在假扮他们的父母、兄弟或姐妹。这可能是大脑颞叶和边缘系统之间的连接受损造成的。大脑颞叶识别出了这幅图像（如母亲的形象），然后将它传递给杏仁核，杏仁核能决定面部情感意义（如母亲与爱的联系）。如果一个人通往杏仁核的大脑通路受损，他可以识别面部特征，但不会产生任何情感联系，因此会认为面前的这个人是个冒充者。37

我们看到什么也会受到过去经历的影响。例如，一个大半生处于失明状态的人后来恢复了视力，有时候他只能在触摸过新事物之后才能看到它们。换句话说，如果他接触到一个过去从未体验过的新事物，就不会"看到"它，直到他感受之后才能看到，这也是他之前大半生中感知事物的方式。38 研究表明，在只能看到垂直线条的环境中长大的猫通常无法感知水平物体，而在水平环境中长大的猫无法感知垂直物体。如果一只猫很小的时候只看到过垂直线条，后来又被放到一个正常的环境中，它就会从桌子的一端走出去，因为它看不到桌子的水平边。[39]

感知世界的问题不仅仅源于视觉感知。以幻肢为例，失去胳膊或腿的病人有时会感觉肢体还在。事实上，幻肢会引发极度的疼痛，甚至导致一些人想自杀。一名医生患有一种由血栓闭塞性脉管炎（伯格氏病）引起的搏动性痉挛，这种疾病非常痛苦，以至于他必须截肢。令人惊讶的是，截肢后他的幻肢还在继续疼痛。这对他来说是一种不幸。一些病人觉得他们截肢后手非常疼痛，因为他们认为手蜷缩在一个握紧的拳头里，手指深深扣进截掉的手掌里。拉马钱德兰医生发明了一个带有镜子的盒子，这样，如果病人把他完好的手放在一边，看起来就会觉得被截掉的手也在这里。他会告诉病人把他们的手放在盒子里，手握成一个拳头，然后试着松开双手。对许多病人来说，镜子里的视觉反馈使他们感觉自己的幻影拳头张开了，他们的疼痛也随之减轻了。[40]

正如这些案例所证明的那样，我们对世界的感知依赖于我们大脑中复杂的神经结构。刚出生时，我们的大脑有超过 1000 亿个神经元。每个神经元都有一个初级轴突，向其他神经元发送信息，还有成千上万个被称为树突的分支，它们接收神经元发送的信息。神经元在被称为突触的节点上相互连接，每个神经元都会形成 1000~10 000 万个突触。一粒沙子大小的大脑面积就有大约 10 万个神经元、200 万个轴突和 10 亿个突触，它们之间可以相互交流。如果这些神经连接的某个地方出现了问题，我们对外部现实的感知就可能会与现实本身大有不同。

5.6　启示

由此可见，我们的感官会被愚弄。我们常常会看到心之所期和心之所想的东西，甚至有时，我们还会体验到强烈的幻觉。有趣的是，我们感知中产生的问题可能恰恰源于一套应对这世界行之有效的方法。例如，看到我们心之所期的东西就有一个非常有用的应用。多数情况下，事情都会按照我们的预期发生。汽车通常是红灯停、绿灯行，所以我们就认为这个规则会一直如此。如果不做这种假设，我们在通过一个十字路口时，就必须观察每一辆车。你很快就会明白，如果我们不得不关注所有的事情，就会被信息淹没。期望简化了我们的生活，因为我们期望发生的事情经常会发生，这使期望可能非常有效。然而，如果事情没有如我们所愿的那样发生，我们就会错误地认知这个世界。[41]

考虑到我们存在错误的感知，我们就不能总是相信自己的感官为我们提供了对现实的准确解读，这也是我们不能依赖轶事证据评估一个主张真实性的主要原因。有人说他们与鬼魂或外星人有过接触，这并不能为它们的存在提供可靠证据。目击鬼魂和外星人可能是斋戒禁食、情绪压力、药物服用、入睡催眠或醒前催眠导致的幻觉，甚至是视觉通路出现了问题。记住，奥卡姆剃刀定律提示我们应该接受最简单的假设解释。我们无须假设鬼魂或外星人造访地球来解释人们的个体经历，人类的错误感知很容易被用来解释此类报告。然而，考虑到人类爱讲故事的天性，人们还是会一如既往格外重视个人证词和逸闻故事。

正如心理学家罗伯特·艾贝尔森（Robert Abelson）所说，我们的信念就像财产。[42] 我们获取财产是因为它们可以为我所用。我们的信念也是如此。我们经常保有信念不是因为它们有理有据，而是因为它们让我们感觉良好。我们该如何克服那些导致错误信念的认知偏见呢？这是个难题，但是通过回答以下 3 个问题即可形成良好的开端：①你希望这个信念是真的吗？②你期望这件事发生吗？③如果没有这些需求和期望，你对事物会有不同的认知吗？[43] 如果这些问题的答案是肯定的，那么你在阐释对这个世界的认知时，就应该非常谨慎。

第6章
看到不存在的关联

想象力一旦离谱，眼见就未必为实了。

——马克·吐温

人类已经进化为总想"寻找模式"的动物。正如前面提到的那样，我们的祖先一直孜孜寻找事物之间的因果关系。当然，寻找世界的因果关系通常是大有裨益的，因为这可以带来知识的更新。然而，我们刨根问底的天性有时太过强烈，以至于我们开始看到根本不存在的关联。因此，我们会相信两件事情相互联系而实际上它们毫无关系。当我们期望看到关联时，尤其会发生这种情况。接下来分享两个案例，我们一起来看看聪明人如何在错误关联的基础上做出重大的财务和健康决策。

6.1 股市走势图表分析

你的股票经纪人打来电话惊呼道："太好了！终于找到你了！现在入手自来水公司的股票正是天赐良机！"当你询问其原因时，对方说："我刚分析了这家公司过去的股价，这是一个典型的案例。这种模式我见过1000次了。一只股票出现这样的模式就是要开始大涨了。机不可失，赶紧买吧！"听到这样的消息后，许多人会掏出支票簿，把辛辛苦苦赚来的钱拿去买自来水公司的股票。但是，这称得上明智之举吗？

　　股票经纪人用来分析股票价格变化的手段被称为技术分析。技术分析师（也称图表分析师）相信他们能从股价走势图中看出规律，并依此预测一只股票未来是涨还是跌。技术分析师甚至不用关心一家公司的业务类别——不管他们是卖计算机的还是卖芭比娃娃的。对技术分析师来说，过去股价的走势更为重要。你可能见过类似图 6-1 的股票走势图，这样的图表被印在金融时事通讯中，出现在 CNBC（美国消费者新闻与商业频道）等的新闻节目中，也在无数互联网金融网站中占有一席之地。事实上，创造这些图表的公司赚得盆满钵满。[1]

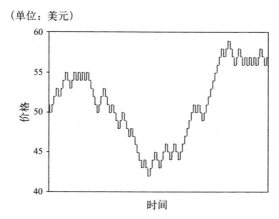

图 6-1　某假定公司每日股票价格变化图

　　大多数投资公司雇用技术分析师并为他们的服务支付丰厚的报酬。这些技术分析师的主要工作就是寻找类似于图 6-2 所示的"头肩"形态模式。

在图 6-2 中，价格先是上涨，然后略有下降。接着，再次上升和下降，但这次上升幅度略大，就形成了一个"头"。然后它又会上下起伏，并在右侧形成一个"肩膀"的形状。技术分析师认为，如果价格跌至"颈线"以下，那就是卖出的确切信号。他们是怎么知道的？这种模式他们已经见过太多了，通常这种走势就会导致价格大幅下跌。

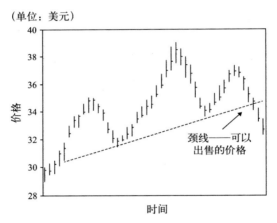

图 6-2　"头肩"形态股票价格图示例。如果价格跌至"颈线"以下，技术分析师则认为价格将继续下跌

技术分析师也使用筛选系统。如果看到一只股票的价格达到低点，然后出现 5%（或其他一些百分点）的回调，他们认为这就是一个上升趋势。如果价格达到峰值，然后下降 5%，这就是一个下降的趋势。典型的图表分析规则是这样的，买入一只从低点上涨 5% 的股票，并持有它，直到其价格从随后出现的高点下跌 5%。[2] 事实上，这种技术是许多股票经纪人推荐的止损指令的基础，根据此技术，如果价格比买入价略低，就要建议客户卖出股票。

那么，技术分析有用吗？据说悟性极强的人能看清过去价格的模式并认为它与未来价格的涨跌相互关联。然而，这种关联并不存在。我们再来看看图 6-1。股票价格的变动似乎是有趋势的，不是吗？股票价格从 50 美元开始，略微上涨，接着趋于平稳，然后急剧下降，跌至 42 美元左右。随后价格有一段时间快速而持续地增长并上涨到 59 美元左右，接着略微下降，然后趋于平稳。根据这种趋势，价格的变化似乎是可以预测的。但事实是，这个图是随机生成的！从 50 美元开始，我使用一个随机数生成器，其本质就像抛硬币，以此来决定这只假定股票每天是上涨 1 美元还是下跌 1 美元。技术分析师在这种随机过程中看到了各种各样的模式。事实上，普林斯顿大学教授伯顿·麦基尔（Burton Malkiel）让他的学生们通过抛硬币的方式制作了类似的图。一张图显示在倒置的"头肩形态"中出现了向上突破的趋势，技术分析师会将其解读为大牛市的预兆。麦基尔把这张图拿给他的一位技术分析师朋友看，这位朋友大吃一惊，欣喜若狂地叫道："这是哪家公司？我们得马上买。这个走势太经典了。绝对没问题，这只股票下周就会上涨 15 个点。"[3]

技术分析已经被证明是无用的。早在 20 世纪 60 年代，就有大量研究表明，技术分析无法战胜市场。技术分析师使用的筛选系统已经被测试过了，如果考虑到交易成本，他们做出的决策不会总是优于只买入并持有一只股票的策略。事实上，两位金融经济学家——阿诺德·摩尔（Arnold Moore）和尤金·法玛（Eugene Fama）确定只有大约 3% 的每日股票价格变化可以根据过去的价格来解释，所以过去的价格在预测未来价格方面是毫无借鉴意义的。[4] 然而，尽管关联并不存在，华尔街的技术分析师们还坚持认为过去和未来的价格之间存在关系。人们也会基于技术分析师毫无根据的股票推荐，继续进行大笔投资。而且事实上，最近技术分析师受聘的人数持续增加。为什么？因为技术分析师促成了很多交易。正如麦基尔所指出的那样："交易产生佣金，而佣金就是经纪人行业的命脉。技术人员不会帮助客户买游艇，但他们会极力促成能让经纪人买游艇的交易。"[5]

6.2　是马还是蝙蝠

请看图 6-3。你看到一只恐龙、一只鸟、一张笑脸，还是一个人在飞？

图 6-3　计算机生成的墨迹示例。临床心理学家和精神病学家让患者描述他们在相似类型的图像中看到的东西，用以诊断各种障碍或倾向

图 6-3 是计算机合成的图像，看起来像墨迹。许多临床心理学家

和精神病学家使用"罗夏墨迹测试",即由 10 种类似的图像组成图片,用来诊断患者是否有某种障碍或倾向,如妄想症或自杀倾向。他们是怎么做这个测试的呢?患者描述他们在图像中看到的东西,临床心理学家和精神病学家通过解读他们的回答来探明某种强烈但无意识的思想,用以提示发现某种疾病或者倾向。[6]

你从图中看到了什么?如果你看到了臀部、女性服装,或者一个性别不定的人(例如,腰部以下像男人,腰部以上像女人),临床心理学家可能会把你的回答解读为你是同性恋者,这正应了杰里·宋飞(Jerry Seinfeld)说的那句话——"这事本身没什么不妥"。事实上,心理学家洛伦·查普曼和让·查普曼询问了 32 名临床医生关于使用罗夏墨迹测试确定男性同性恋者的情况(在当时同性恋被认为是一种心理障碍)。[7] 临床医生说,同性恋者更可能将墨迹看成臀部、女性服装、性别不定的人,特别是兼具男性和女性特征的人。

那么问题何在?这些回答实际上都与同性恋并无关联。研究表明,做出这种回答的异性恋者和同性恋者一样多。然而,临床医生确信他们已经发现了这些回答和同性恋者之间的关联。他们为什么会犯这种错误呢?因为认为同性恋者会将墨迹看成某种图像的假设看似合理,但实际上是错误的。临床医生认为此事应该与同性恋相关,于是这样的期望导致他们感知到了实际上并不存在的关联。

为了调查这些期望,查普曼夫妇给大学生发了 30 张卡片。[8] 每张卡片上都有一个墨迹,并且有每一位病人对这个墨迹的描述,以及不同病人的情绪、性格或性别特征。当被问及同性恋者是否比其他人做出特定的反馈更频繁时，单纯的大学生认为同性恋者的陈述会更多提及心理学家提出的一些标志迹象，如女性的衣着、性别混淆等。然而，30 例测试本身是随机的，病人的反馈和卡片上列出的性取向之间没有丝毫关联。大学生们却看到了一些关联，而且这些关联与那些经验丰富的临床医生所看到的相同。因此，未经训练的大学生和临床心理学家都掉入了同样的陷阱——他们因为错误的期望而发现了并不存在的关联。

在另一个更具说服力的实验中，查普曼夫妇给了大学生们 30 张卡片，卡片上有病人对墨迹的反馈以及他的情感问题，或是表明他是同性恋者的陈述。[9] 当患者声称自己是同性恋者时，通常会给出两种回答——看到怪物或半人半兽的生物（即同性恋者的身份与这两种回答完全相关）。尽管同性恋者的身份与这两种回答存在完全相关性，但大学生们并没有看到两者之间的关联。只有 17% 的人认为这两种迹象在同性恋者反馈中出现的频率更高，而 50% 的人认为看到如臀部和女性服装等事物的频率更高，尽管它们是随机列出的，其中并不存在关联。这些研究表明，如果我们认为两个变量相关，不管证据如何，我们通常就会看到二者的关联。这就是所谓的"错觉相关"，即看到了根本不存在的关联。[10]

罗夏墨迹测试的其他结果也揭示了类似的问题。如果一个病人做出了类似"我看到一只猫在照镜子"的反应，临床医生通常会将其解释为该病人具有自恋的性格特征，尽管研究表明自恋与反射反应之间没有关联。最重要的是，罗夏墨迹测试的信度和效度没有得到科学研究的支持。临床医生之所以看到反应与疾病或性格特征之间的关联，是因为他们对此有所期望，而不是因为关联确实存在。[11] 然而，人们每天都在因各种心理健康问题接受临床心理学家和精神病学家的治疗，而他们采用的就是罗夏墨迹测试。此外，临床心理学家还利用这种测试协助法庭决定父母哪一方应该获得孩子的监护权，是否应该批准囚犯获得假释，或者如何处置被定罪的杀人犯。[12] 每年有成千上万的关键决策都是基于不可信的罗夏墨迹测试制定的。

类似的问题也广泛存在于其他投射测试中。例如，在画人测试中，临床医生要解释患者所画人像的心理学意义。查普曼夫妇询问临床医生某些患者画出的东西可能具有什么类型的特征，他们发现 91% 的临床医生认为偏执症患者会画出非典型的眼睛。然而，对照研究表明，偏执症患者和正常受试者画出的眼睛并无区别。临床医生发觉的相关性只是纯粹的幻觉。[13] 然而，即使临床医生知道这类研究的结果，他们仍会继续使用这种测试。正如一位临床医生所说："我知道偏执症患者在实验室里好像不会画出大眼睛，但是在我的办公室里，他们会的。"[14] 临床医生对于自己准确洞悉关联的认知已经误入歧途，可想而知，他们因此做出了多少不准确的诊断。

看到并不存在的关联这种事也会发生在企业和政府中。笔迹学家坚持认为，他们可以通过分析笔迹样本来判断一个人的性格等诸多相关问题。他们不分析写作的内容，而只研究一个人如何连笔写 T 或者写 O 时如何封口。实证研究表明，笔迹学毫无用处。[15] 例如，在一项研究中，一名"专家"级的笔迹学家评估了一些笔迹样本，其中一些样本出现了不止一次。这位笔迹学家对相同的笔迹样本得出了截然不同的分析结果。在过去，欧洲 85% 的大公司和美国大约 3000 家大企业都在他们的人事选拔中采用了笔迹分析，现在想来简直不可思议 [16]——你可能因为一个笔迹学家毫无根据的判断就失去了一个工作机会。

6.3　考虑反面信息

众所周知，糖分会让孩子多动。只要给孩子几块糖，他就会开始跑、跳、叫喊，甚至会欣喜若狂。我们都看到过这种情况。事实上，研究者观察了一些孩子，密切关注他们是否多动。他们记录了孩子们最近是否吃了糖果。他们的发现参见表 6-1 的描述。也就是说，250 个孩子吃了糖果之后会多动，而 50 个孩子没有。在那些没有多动的孩子中，50 人吃了糖果，10 人没有。鉴于以上这些信息，多动症和吃糖有关吗？ 多动症和糖分摄入是否具有相关性？ 这需要哪些信息来确定呢？

许多人会说二者存在正相关关系，因为“是 - 是”单元格的值最大。我们主要关注 250 个既吃了糖又多动的孩子，并得出二者相关的结论，因为这个数字明显比其他的要大很多。但是，如果要确定两者是否相关，需要考虑表格中所有单元格的数据。我们必须比较吃糖的孩子中多动和没有多动的比例（250∶50），未吃糖的孩子中多动和没有多动的比例（50∶10）。这两种情况的比例都是 5∶1，所以无论孩子们吃没吃糖，多动的孩子的数量都是没有多动的孩子的 5 倍。因此，多动症和糖分摄入之间并无关联。

表 6-1 孩子吃糖与否与多动症的相关性

		吃了糖	
		是	否
多动症	是	250	50
	否	50	10

那么，我们为什么会犯这种错误呢？因为我们没有注意到表格中的反面信息，即没有注意未摄入糖分或未出现多动的情况。忽略反面信息在我们做决策时常常发生，一旦我们忽略这些信息，就很可能形成错误的信念。尽管这些数据是为了证明一个观点而编造的，但研究已经证明，糖分摄入和多动症之间并无关联。此外还有一个例子，许多人认为，如果一对生育困难的夫妇收养了一个孩子，他们比未收养孩子的生育困难的夫妇更有可能怀孕，原因是他们的压力得到了缓解，这使得后续受孕比较顺利。然而，临床研究表明这并非事实。但我们为什么会相信它？因为我们关注的是那些收养孩子后才怀孕的夫妇，而没有注意那些收养孩子后并未怀孕或是没有收养孩子但怀孕的夫妇。[17]要确定某种关系是否存在，我们必须考虑所有的信息——所有肯定的和否定的信息。

医学专业人士也不能避免这种决策错误。一项研究让护士评述100个病例，假设的患者记录表明患者出现或未出现某一症状或某种疾病。[18]与表 6-1 的数据一样，症状和疾病之间没有关联，但86%的护士认为两者之间存在某种关联。

所有类型的信念都会产生错误的关联。政客们希望我们相信福利制度必须取消，因为它滋生了欺诈。为了支持这一说法，他们指出了领取福利的人涉及欺诈的案件数量。但是，领取福利的人比未领取福利的人涉及欺诈的案例确实更多吗？在接受该说法之前，我们必须要搞清楚这个问题。[19] 因此，当决定两个事件是否相关时，我们应该参考表 6-1，并意识到我们需要比平时关注更多的信息。

6.4　这是原因吗

现在我们暂时假设，实际上两个变量之间存在关联。测量关联程度的最佳方法是什么？统计学家发明了一种被称为相关系数的关联度量标准，它的范围是 −1 到 +1。相关系数越接近 +1，两个变量的关联程度越高（即一个变量上升，另一个变量也上升）。如果相关系数接近 −1，变量是负相关的关系（一个变量上升，另一个变量下降），而相关系数为 0 意味着两个变量没有关联。[20] 基于实证数据的统计数字再一次为我们确定两个变量是否相关提供了最好的方法，但是在解释相关性时，有一些事情必须牢记于心。

6.4.1　相关不等于因果关系

许多人认为，如果两个变量相关，那么一个变量就会影响另一个变量。然而，相关并不意味着存在因果关系。某公司的广告投入与其销售量之间存在相关性，并不意味着广告投入使销售量增加，可能是改进的产品质量带来了更多的销售量，而广告投入恰好与产品的改进同步发生。此外，因果关系并不一定意味着高度相关。然而，人类根深蒂固的寻找原因的取向会让我们从相关性中得出因果推论——这是我们必须强烈抵制的一种诱惑。[21]

6.4.2 方向性

20 世纪 90 年代，研究者注意到学生的自尊与成绩之间存在着微弱的关联。许多人立刻推论两者互为因果，而且因果指向非常明显。缺乏自尊会出现大量的问题，比如学习成绩差。这种观点引发许多教育项目把注意力集中在提高学生的自尊水平上。然而，如果自尊和成绩之间存在因果关系，那么这种因果关系也可能是反向的——优异的学业成绩可能激发高自尊。[22] 因此，即使一个变量引发另一个变量的相关性存在，我们也并不能真的确定是 A 引发了 B，还是 B 引发了 A。

6.4.3 第三变量

相关性有时是虚假的，换言之，两个变量可能相互关联，但这并不是因为它们有直接的因果关系，而是因为它们都与第三个变量相关。例如，研究表明，学生的表现与就读私立学校或公立学校有关。因此，一些人得出结论，认为私立学校比公立学校好。我们经常听到政府官员和其他特殊利益集团说，我们应该实行教育过程私有化，或者至少要补贴私立学校，因为他们在教育年轻人方面做得更好。这种观点促使政客们提倡实施"教育券"和基于这一信念的举措，从而为私立学校提供更多的资金。然而，支持私立学校优势的研究只是将学生的表现与就读的学校类型联系起来。学生的表现可能取决于许多与学校类型相关的变量，如学生父母的受教育程度和职业、他们的社会经济地位、家庭书籍的数量等。[23]

我们如何了解一个学生的表现是取决于学校的类型还是其他一些变量呢？利用更先进的统计方法并考虑其他变量的影响，我们可以计算两个变量的相关性。[24] 当学生的总体智力和家庭背景等变量被排除后，研究发现学生的表现和就读的学校类型基本没有任何关联。[25] 因此，使用更先进的统计方法可以让我们在重要的社会政策问题上做出更明智的决策。然而还请谨记，这些更先进的方法仍然不能告诉我们两个变量之间是否有直接的因果关联，只能加深我们对其中所存在的关联的理解。

6.4.4　选择偏差

在你居住的社区，人们正在就是否增加教育投入进行决策。不出所料，关于增加教育投入是否会促成学生更优表现的争论也逐步升温。一些人指出有证据表明教师的薪水及班级规模与教育质量有关。[26] 然而，另外一些有不同思路的人指出，另一些研究表明，教育投入与学生的学术能力水平考试（SAT）成绩几乎或根本没有关联。那么我们应该相信哪种说法呢？投入越多，学生的表现就越好还是越差呢？为了做出更明智的决定，我们必须确定所分析的数据中是否存在选择偏差，也就是说，我们需要确定这些相关性是建立在所有应被考虑的相关数据的基础之上的，还是只基于一小部分数据样本来进行计算的，特别是那些专门用来支持某人论点才选用的数据。[27]

那些反对增加教育投入的人认为，根据覆盖 50 个州的数据研究分析，教育投入和学业表现几乎没有任何关联。事实上，他们还指出，即使某项研究发现了二者的关联，其结论往往也是相反的——实际上教育投入越高，学生成绩反而越差，这一结论有什么证据呢？实际上，在教师工资高的一些州，学生的 SAT 平均成绩较差，而在教师工资低的其他州，学生的 SAT 平均成绩却较好。例如，密西西比州学生的 SAT 分数比加州学生高（平均超过 100 分）。鉴于密西西比州教师的薪资是全国最低水平，因此投入更多的资金并不能提高学生的表现，这个结论似乎非常具有说服力。事实上，有些人可能还会提出"我们甚至应该削减教师的工资"！

但是密西西比州的学生真的比加州的学生成绩更好吗？其他一些衡量指标显示加州的学校更具优势，那么为什么加州学生的 SAT 分数更低呢？[28] 答案在于不是每个高中生都会参加 SAT。一些州立大学不需要 SAT 成绩，他们使用的是美国大学考试（ACT）项目。因此，只有那些计划上州外大学的学生才会参加 SAT，而这些学生的 SAT 成绩很可能比本州的普通学生成绩更好。此外，教育体系更具优势的州通常会吸引更多的学生报考，因此参加 SAT 的学生比例也就更高，从而导致更多能力一般的学生参加考试。事实上，一项详细的调查显示，密西西比州只有大约 4% 的高中生参加 SAT，而加州的学生参加 SAT 的比例高达 47%。[29] 因此，该分析数据中存在选择偏差。来自密西西比州 4% 的学生代表了该州百里挑一的学生，将这些学生与来自加州的比例更大的学生进行比较，没有可比性。

问题的关键是，如果我们不批判性地分析用于计算相关性的数据，可能就会误入歧途并相信一些事实并非如此的事情。如果我们有先入为主的个人偏好，这种情况就必定会发生。例如，一位保守党评论员在反对加大教育投入时就掉进了这个陷阱，他引用的研究表明，更多的教育投入并不会带来更高的 SAT 分数。然而，他指出的那些高分州——艾奥瓦州、北达科他州、南达科他州、犹他州和明尼苏达州的 SAT 参考率分别只有 5%、6%、7%、4% 和 10%。相比全美大约 40% 的 SAT 参考率，这些数字显然相差甚远。他还以新泽西州为例，指出该州的 SAT 分数低而教育投入多，但在新泽西州，有 76% 的高中生参加了 SAT。[30]

那么，教育投入和成绩之间有什么关联呢？事实证明，在分析当中考虑参加 SAT 考试的学生比例时，实际上那些在教育上投入更多的州的学生的成绩更好。据估计，给每个学生多投入 1000 美元将使每个州的 SAT 平均成绩提高 15 分。[31]

6.5　小结

我们一直在建立错误的关联，而这可能会让我们在经济和健康两方面都付出高昂的代价。有时我们看到并不存在的关联是因为我们期望或想要看到这种关联。如前文所述，期望和欲望是我们在感知和评价世界过程中极其强大的驱动力，而且事实证明我们甚至不需要某种期望或欲望就可以得出错误的结论，认为两个事件是相关的，因为我们根本没以应有的严谨性去分析所看到的信息。也就是说，我们通常只去寻找事情相关的那些例子，如果我们发现了很多这样的例子，很快就会得出它们相关的结论。然而，正如我们在表 4 中所看到的那样，我们也需要考虑反面信息——注意那些事件并没有发生的情况。如果我们不这样做，就会总是看到并不存在的关联。

即使我们发现两个事件在经验上是相互关联的，也必须批判性地评估显示二者相互关联的统计数据的计算方法。政客和特殊利益集团不遗余力地让我们相信他们在某个问题上的立场是正确的，而且他们经常会使用相关性这样的统计数据来支持自己的观点。如果我们不明白这些统计数据是如何计算出来的，就很容易被蒙骗去相信一些不真实的事情。正如马克·吐温所说："世上的谎言有 3 种——谎言、该死的谎言、统计数据。"统计数据通常能为我们提供最好的信息，让我们做出明智的决定，但我们必须知道这些统计数据是如何计算出来的，还要知道它们真正的含义。因此，一言以蔽之——在选择相信之前，先审视数据。

第 7 章
预测不可预知的情况

预测很难，特别是预测未来时。

       ——中国谚语，尼尔斯·玻尔，约吉·贝拉

  我们对预测有着强烈的愿望。我们想知道是否会和刚认识的人谈婚论嫁，是否能得到那份新工作，这个周末是否会下雨，或者我们刚买的股票价格是否会暴涨。我们对未来的渴望渗透到个人生活和职业生涯的方方面面。然而，正如我们所看到的那样，对事物的欲望往往会使我们的信念和决定走偏。事实证明，我们对预测未来事件的强烈欲望也会导致我们相信自己可以预测那些本来不可预测的事情，并且为这样的预测耗费大量的时间和财力。

7.1 通灵术与占星术

  2001 年 9 月 11 日发生在世贸中心的灾难是美国历史上一个重大的悲剧，人们无比震惊，悲痛欲绝，怒不可遏。在寻找有关这场灾难的信息时，许多人求助于互联网。据美国有线电视新闻网（CNN）9 月 20 日的报道，排在前 3 位的网络话题依次是乌萨马·本·拉登（Osama bin Laden）、诺查丹玛斯（Nostradamus）和阿富汗。诺查丹玛斯赫然位列第二！

　　历史表明，人们一直强烈渴望能预测未来。5000 年前的文字记录表明，从古代开始，人类就试图使用动物内脏和天象等来预测未来。[1]例如，亚历山大大帝就让通灵师解读被屠宰动物的内脏，以确认未来的事件。直到今天，人们这种强烈的欲望仍然在支撑着不少预测业的生意，从塔罗牌占卜、看手相、茶叶占卜和水晶球占卜，到听灵媒接收从逝者或者某种无形力量那里发送的信息。许多人相信已经去世几个世纪的通灵师和占星师可以预测今天和未来的事件，比如 16 世纪法国的占星师诺查丹玛斯，其他一些人则会相信许多更现代的预言者。一些大公司甚至在人事招聘时聘用通灵师，警方的一些部门在试图破案时也会起用通灵师。[2]

　　那么通灵预言有什么价值吗？人们提到了一些非常惊人的成功故事。例如，让娜·迪克森（Jeanne Dixon）被认为预言了约翰·肯尼迪和马丁·路德·金被暗杀，而许多人则认为诺查丹玛斯预言了两次世界大战的爆发、原子弹的出现、希特勒的野心和"9·11"惨剧的发生。在评估这些预言时，我们必须记住两件事：首先，我们必须问问自己，这些预言是否明确清晰；其次，这些预言是否比偶然性更加可靠。

　　我们来看看诺查丹玛斯的预言，即被人认为是关于"9·11"灾难的预言：

　　　惊天动地的大火从地心迸发，

　　　一座新城随之战栗震颤，

两块巨石交战良久，

水花泛起染红一条新流。[3]

这段描述看似与纽约双子塔的倒塌非常契合，正好对应"两块巨石"和"一座新城"。事实上，研究人员发现，68% 的受访者认为这段预言可能预测了"9·11"事件的发生。[4] 但这种判断是不是因为他们正在寻找这样的证据呢？为了找到答案，研究人员给另一组受试者提供了同样的预言，并询问受试者该预言是否可以预测伦敦闪电战，二战期间德国连续在 57 个夜间轰炸伦敦。结果显示，61% 的人认为这个预言指向了伦敦闪电战，当时整个城市都经历了"惊天动地的大火"和"战栗震颤"。[5] 最重要的一点是这个预言太过模糊，多种解释都能讲得通。为了进一步证明这一点，研究人员从不同的预言中随机选择了几句话。令人惊讶的是，58% 的受访者认为这个乱序版本的预言准确预测了第二次世界大战的发生！

即使是专门研究诺查丹玛斯的专家也无法就其预言的含义达成共识。例如，两位著名的专家以截然不同的方式解读了同一段预言。一位专家认为这段预言预测了皇帝海尔·塞拉西（Haile Selassie）在第二次世界大战中发挥的作用，而另一位专家则认为这段预言指的是亨利四世和 1565 年的马耳他大围攻。[6] 实际上，这段预言含糊不清，任何人都可以随意解读，因此，这些预言实在是毫无价值。

除了要考虑预言的模糊性，我们还必须质疑通灵预测是否比纯粹的猜测更加准确。每年都有成千上万名预测者做出数以百万计的预测。

既然有如此巨大的基数，那么有些预测在某些时候就会是准确的。正如我们所看到的那样，由于事件发生的绝对数量较大，巧合就会经常发生。在某些情况下，当一个通灵师预言了某个事件，而这件事真的发生了，那么巧合就这样出现了。许多人把这种偶然事件解释为通灵能力的证明。为什么？我们在测试这个假设——通灵者可以预测未来时会自然地关注可以证实这一假设的证据。因此，我们只会关注通灵师屈指可数的预测正确的时候，而忽略了他们不计其数的预测错误的时候。

有趣的是，心理学家斯科特·马迪（Scott Madey）和汤姆·吉洛维奇证明了这种对数据的偏见反应。他们给受试者一份学生日记，据说该学生经历了预言性的梦境。日记包含了这个学生很多梦里的故事以及她后来生活中发生的一些事件。有一半的梦境好像成真了，但还有一半没有。当受试者随后被要求回忆尽可能多的梦境时，他们只回忆起了更多成真的事件。同样，每每说到预言和算命，我们只会记住那些算中的，却忘记那些没算中的。[7]

然而，正如我们所看到的那样，我们在确定通灵预测是否与未来事件有关时必须关注所有的证据。想想通灵者的预言有多少次是不着边际的。可能我们忘记了诺查丹玛斯预言的模糊性，但肯定听说过他曾在 1999 年做过预言——"一个恐怖之王将从天而降"，他还曾预言战争纷乱接连爆发，然而这一切发生了吗？[8] 珍妮·狄克逊（Jeanne Dixon）在她 1969 年出版的《我的生活和预言》一书中曾预言，卡斯特罗政府将在 1970 年被推翻；斯皮罗·阿格纽（Spiro Agnew）的事业将会如日中天；1979 年之后美国将出现严重的食物短缺；20 世纪 80 年代中期一颗彗星将会撞击地球，引发地震和海啸。[9] 另一位人气很高的通灵者则预言 2000 年比尔·布拉德利（Bill Bradley）将会赢得总统选举，大卫·莱特曼（David Letterman）将在 2001 年宣布退出，而最终是布什赢得了大选，莱特曼在 2002 年签订了一份每年收入为 3200 万美元的合同，继续坐镇他的晚间电视节目。[10]

此外，我们还需扪心自问，如果通灵能力确有其事，为什么诸多重大事件没有被预言？超自然现象科学声明委员会（CSICOP）指出，通灵者们最大的尴尬在于他们未能预测到 1997 年戴安娜王妃的死亡，也没能预测到俄克拉何马城爆炸案、世贸中心灾难或两次伊拉克战争。况且，如果通灵者能预测未来，他们为什么不去股市狂赚几百万美元呢？他们会说自己无须大富大贵，但为什么他们不去为社会做些好事，把钱捐给有需要的慈善机构呢？仔细研究就会发现，所谓通灵能力只不过是人们的闲聊谈资罢了。

还有些人相信占星术可以预测未来。如前所述，就连南希·里根也曾聘用占星师来确定丈夫发表总统演讲和与其他国家元首会晤的最佳时间。[11] 占星师声称，他们的许多客户都是华尔街的大型投资公司，一些技术分析师也热衷于说他们使用占星术来预测市场。而你，作为股东，可能就在不知不觉中为他们这些建议买了单！[12]

你是否认为占星术肯定还是有些名堂呢？因为它毕竟以古代智慧为基础。若真如此，你也应该记得古人曾通过解读动物内脏预测未来。巴比伦人发明了占星术和祭牲剖肝占卜术。占星术利用恒星和行星的排列进行占卜，而祭牲剖肝占卜术则通过检查动物的内脏进行预测。那么，你觉得动物内脏能预示未来有道理吗？这可能就像相信百万英里之外的行星会影响我们的性格和未来一样吧。

如今，美国有超过一万名专业的占星师。那么占星术真的有用吗？大量研究表明并非如此。例如，一项研究给 30 名杰出的占星师提供了 116 位受试者的出生星盘，还给他们提供了每位受试者 3 种不同的性格特征——其中 1 种是受试者的真实性格特征，另外 2 种则是随机选择的。占星师所要做的就是将受试者的出生星盘与他们正确的性格特征相匹配，这个任务对这些专业人士来说应该是轻而易举的。但结果表明，他们仅仅在 34% 的情况下匹配正确，这与我们简单猜测的结果如出一辙。从本质上说，占星师的预测只不过是偶然蒙对而已。[13]

那么，为什么人们会相信占星术、看手相和其他通灵预言呢？除了人们自己心甘情愿，另一个主要原因就是涉及有据可查的被称为"福勒效应"的现象。[14] 如前文所述，"福勒效应"指的是我们经常在非常泛泛的人格描述中看到自己的一些人格特征。从本质上讲，我们看到的是一个模糊且笼统的描述，但会认为它就是专门描述我们自己的。关于"福勒效应"，我常举一个例子，即一位科学家在巴黎的报纸上刊登了一则免费占卜的广告，他把同样的占星预言发给了 150 位回复者，令人惊讶的是，有 94% 的人说他们在描述中认出了自己。我想知道，当他们发现这些占星预言是针对一个法国连环杀手的描述时，他们会作何反应！[15]

7.2 预测股市

10 月是做股票投资特别危险的月份。其他的月份是 7 月、1 月、9 月、4 月、11 月、5 月、3 月、6 月、12 月、8 月和 2 月。

——马克·吐温

虽然有些人会相信通灵师和占星师这样的小众预言家，但大多数人还是认为这样的预测毫无价值。不过，许多人认为自己也可以相当准确地预测一些事情，但事实上我们并不能做到。还记得我的朋友克里斯吗？像许多人一样，他认为如果自己花时间了解股市，就可以通过买卖股票大赚一笔。许多人相信他们可以称霸股市并且情愿一掷千金听取"专家们"的建议。那么，真的有人能预测市场吗？如前所述，技术分析师无法准确预测未来的股价，那么其他人能做到吗？让我们一起来看看吧。

投资顾问是试图预测未来的最大的专业群体之一。目前美国大约有 20 万名投资顾问，其中近一半是股票经纪人。在他们当中，大多数人投身于这个市值 710 亿美元的行业，试图预测未来的投资动向。[16]技术分析师在电视上做节目，在报纸上写时事通讯，给客户打电话为他们提供下一个选股的线索。人们会听从他们的建议吗？想一想你对以下信息的反应吧。

你收到一封信，大意是"准确的股票预测！在多年研究的基础上，专业股票分析师最近开发出一种突破性的技术，该技术已被证明能成功地预测股价波动。这些股票预测信息将每月发表在一份新出的金融通信上。"这封信没有要求你订阅，但会给你提供时事通讯的最新选股信息并邀请你查看。信的最后预测 Macrotech 的股价下个月会上涨。你当时不以为然，但到了月底，你注意到这只股票确实上涨了。当然，你的第一反应是"不过是幸运猜中的"。第二个月，你又收到一封信，信里预测 Macrotech 的股价将在下个月下跌。当你查看那个月 Macrotech 的股价时，发现真的下跌了。第三封信来了，这封信预测 Macrotech 的股价下月会上涨，令人惊讶的是，它确实上涨了。于是，你的兴致来了。然后，你收到的第四封信预测 Macrotech 的股价下个月又将迎来一次上涨。你查看了一下发现股价确实又涨了。简直难以置信！就在这时，你又收到一封信，询问你是否有兴趣以每年 400 美元的价格订阅这份时事通讯，听起来蛮划算，于是你立刻欣然接受了。

现在想一下这些信是怎么回事。一个人坐在厨房里就可以通过电话簿向不同的人发出 2000 封信。一半的信说 Macrotech 的股价会上涨，一半的信说它会下跌。那个月当 Macrotech 的股价上涨后，发件人只给最初被告知 Macrotech 的股价将会上涨的 1000 个人发信。同样，一半的信说 Macrotech 的股价会上涨，一半的信说它会下跌。当 Macrotech 的股价下跌后，信就被发送给 500 个已被告知股价会下跌的人。下一个月，还是发送一半的信告知上涨，一半的信预测下跌。再下一个月的信件只发给收到上一次正确预测的 250 个人，其中一半说 Macrotech 的股价将上涨，一半说它会下跌。现在，你恰好就是那 125 个连续 4 次收到正确预测信的人之一。在这样的情况之下，你就会认为这份时事通讯值得 400 美元——于是你提笔写了一张支票。如果其他 124 个

人也跟你有一样的想法，那么那个坐在厨房里的写信人只是通过发送一些便宜的信，就能赚到近 5 万美元！ [17]

这看起来就是个大骗局，不是吗？ 但我们想想那些标榜自己所向披靡的股票分析师吧，他们连续 4 年创下高于平均水平的业绩。你经常会在财经通讯和电视节目上看到吹捧某个股票分析师以高超的能力击败同行的广告。然而，在 1000 名股票分析师中，仅凭运气，就会有 62 名股票分析师的业绩可以连续 4 年高于平均水平。正如马丁·弗里德森（Martin Fridson）所解释的那样，这种打败同行的谬论"每天都在金融市场上重演"。投资顾问循规蹈矩仅凭借业绩记录就能赢得新客户，而这些业绩记录并不明显优于偶然性的投资回报。市场预测者按部就班地列举一串几次正确的预测来说服投资者相信他们的卓越眼光。如果这些高水准的代表如此容易让人怀疑，为什么人们还是一如既往地依赖他们呢？因为投资者不了解概率论的基本原理。[18]

股票分析师暗示，如果我们听从他们的建议就能跑赢市场。这意味着什么呢？股票市场有成千上万只股票，这些股票在像纽约证券交易所这样的地方进行活跃的交易。虽然我们不打算投资每只股票，但我们可以投资指数基金，这是一种能体现我们从某一大类股票中获得回报的基金。例如，一只指数基金反映的是标准普尔 500 指数中 500 只股票的收益。指数基金不用积极去管理——投资专家会像绝大多数共同基金所做的那样，不会利用自己的专业知识来选择他们认为有价值的股票。根据推测，如果股票分析师利用他们的专业知识，他们应该能够比指数基金做得更好（即获得更高的回报）。如果情况不是如此，他们的建议就没有多大价值。那么问题来了，专家们能跑赢市场吗？让我们一起看看证据。

7.2.1　基金经理的预测

一类证据来自基金经理的业绩。基金经理的整个职业生涯都投入在分析市场上，为他们管理的基金买卖不同的股票。2005 年上市的此类基金超过 8000 只。[19] 他们管理的投资组合是否比指数基金获利更多呢？事实证明，大多数基金在任意指定年份的回报率没有超过市场平均水平。往前追溯到 20 世纪 60 年代，大量的研究都证明了这一事实。罗切斯特大学的教授迈克尔·詹森（Michael Jensen）证明，1945—1964 年，共同基金"无法很好地预测证券价格"，不能在收益上超过"买入并持有"的策略。[20] 而且这一事实至今仍然不变。如果你买的是反映整体市场回报率的指数基金，那么在 20 世纪的 70 年代、80 年代和 90 年代，你的投资回报率就将超过 50%~80% 的基金经理。[21]

现在，你可能会说确实有些基金跑赢了市场。也许那些基金经理具备可以用来获利的卓越的专业知识，但数据不这么认为。虽然一些共同基金在短期内的表现优于指数基金，但是它们通常无法长期保持如此优异的表现。20 世纪 80 年代表现最好的 20 只共同基金在那 10 年里的业绩优于标准普尔 500 指数（二者的回报率分别为18.0%∶14.1%），这是可以理解的。然而，20 世纪 90 年代，这些基金的表现就差于标准普尔指数（二者的回报率分别为 13.7% 和 14.9%）。基金无法保持领先地位，在过去几年出现了一个更值得关注的案例。

在互联网泡沫时代，1998—1999 年排名前 20 的基金达到了 76.72% 的收益率，大约是标准普尔 500 指数（24.75%）的 3 倍。然而，这些基金在 2000—2001 年的回报率却暴跌至 -31.52%，损失是标准普尔指数（-10.50%）的 3 倍。1998—1999 年排名第一的基金凡古纳新兴成长基金排名暴跌至 1106 名，排名第二的瑞德克斯基金跌至 1103 位，第三大股跌至 1098 位。可以看出，优势表现不会长期保持。事实上，截至 2001 年 12 月 31 日的 20 年间，大盘股共同基金平均年收益比标准普尔 500 指数基金还要少 2%。[22]

　　还记得我们讨论过的偶然和巧合因素吗？我们在开始为一个事件归因之前，需要证明这个事件不是偶然的结果。那么，共同基金的表现可以用偶然性来解释吗？如果我们选择 1000 个共同基金的样本，并分析它们在数年里偶然跻身于前 50% 领跑基金的概率。如果让 1000 个人抛一枚硬币，大约也会有 500 个人抛出正面朝上的结果。如果这 500 个人进入第二轮并再次抛硬币，大约还有 250 个人抛出正面朝上的结果。第三轮大约是 125 个人抛出正面朝上的结果，第四轮是 63 个人，第五轮是 31 个人。仅凭偶然性，就有 50% 的基金第一年会进入排名的前 50%，25% 的基金会连续两年处于前 50%，而 12.5%、6.25% 和 3.1% 的基金将分别连续 3 年、4 年和 5 年处于前 50%。因此，仅凭偶然，3% 的基金应该会连续 5 年处于前 50%。共同基金的表现是否与上述结果有显著差异呢？

　　威廉·谢尔登（William Sherden）分析了 1991—1995 年所有资产超过 5 亿美元的共同基金的表现。在这 5 年中，他每年都会确认连续

2~5 年业绩处于前列的基金数量。[23] 从图 7-1 可以看出，50% 的基金在第一年处于前列，27% 的基金连续两年处于前 50%，17% 的基金连续 3 年表现优于平均水平，4% 的基金连续 4 年表现优于平均水平，3% 的基金连续 5 年表现优于平均水平。这些数字只是关于概率的预测。正如伯顿·麦基尔所言："少数持续表现优异的案例的发生频率并不比概率预期的频率（见图 7-1a）更高。"[24]

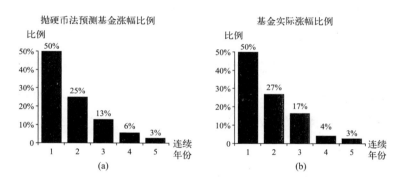

图 7-1　抛硬币法比较共同基金的投资表现。图中显示了连续 5 年表现优于平均水平的主要共同基金的实际涨幅比例，并与抛硬币预测的基金涨幅比例做对比。（来自 W. 谢尔登，《预测业神话：预测买卖的大生意》，copyright © 1998，作者 W. 谢尔登。本材料经 John Wiley & Sons 有限公司许可使用）

所谓优质基金的表现也好不到哪里去。对 1973—1998 年福布斯荣誉表现基金的分析表明，它们的表现逊于标准普尔 500 指数。[25] 20 世纪 90 年代初，《华尔街日报》也因为专家们对市场的预测能力不足而发起了"飞镖比赛"，该比赛是将 4 名专家的选股与向上市公司投掷 4 只飞镖命中的股票进行比较。到了 20 世纪 90 年代末，专家们似乎以微弱优势领先。然而，在《华尔街日报》公布专家们的选股信息之后，如果你衡量他们在相关日期的表现（这样更合适，因为他们的预测可能会影响股价），实际上还是飞镖选股略微领先。[26]

　　上述讨论主要涉及共同基金经理的业绩表现，但这不意味着他们是股市中表现最差的。事实证明，其他投资经理的表现并无二致。许多研究调查了来自保险公司、养老基金、基金会、大学捐赠基金、州和地方信托基金、银行管理的信托基金以及负责个人账户的投资顾问等多种类型的投资经理的业绩，他们的投资业绩表现也不尽如人意。当然，也存在例外，但正如伯顿·麦基尔所指出的那样，没有科学证据表明，专业化管理的投资组合作为一个整体的表现，会比随机选择的一组股票业绩更有优势。[27]

7.2.2　权威人士的预测

　　我们再来看看那些为数不多的准确预测了股市重大走势的权威人士又怎么样。一位股市的权威人士曾准确预言了 1987 年的股灾。威廉·谢尔登分析了他在 1987—1996 年所做的 13 次市场预测（即预测市场的趋势是上涨还是下跌），结果发现他的 13 次预测中只有 5 次是正确的，这比抛硬币的结果还要糟糕。据谢尔登分析，他从来没有做过其他最终被证明是正确的长线预测，他管理的基金在持仓的 6 年中，只有一年的业绩表现超过了股市平均水平。虽然基金增值了 38%，但同期标准普尔 500 指数的增长率是 62%。[28]

　　有几位权威人士声称可以预测市场，他们发行了 5 份简报。虽然其中一位权威人士在 20 世纪 70 年代取得了一些成功，但后来他建议客户在道琼斯指数 800 点时抛售所有股票，而后市场继续上升到 1200 点左右。根据谢尔登的分析，在截至 1994 年 1 月的 8 年里，这位权威人士的表现低于市场平均水平 38%。还有另一位权威人士预言了 20 世纪 80 年代的牛市。然而，1987 年的股灾让他大惊失色，于是他表示牛市已经结束，道琼斯指数将在 20 世纪 90 年代初期跌至 400 点。恰恰相反，到 1994 年，道琼斯指数攀升至 4000 点。在截至 1996 年 12 月的 10 年间，他的表现比市场平均水平低了 64%。[29] 最关键的是，人们每年花费 500 美元购买这 5 份简报作为选股指南，然而指数基金却以 80% 的优势完胜简报选股。[30]

7.2.3　频繁交易收益更低

因为相信自己能够在股市独占鳌头，许多人开始主动管理自己的投资组合。人们频繁买卖股票，试图利用热点问题获利。然而，数据表明这并非良策。看看以下两种说法。

(1) 1984—1995 年，股票共同基金的平均年收益率是 12.3%，而债券基金的平均年收益率是 9.7%。

(2) 1984—1995 年，股票共同基金投资者的平均年收益率为 6.3%，而债券基金投资者的平均年收益率为 8%。

这两种说法都是正确的！[31] 怎么可能呢？事实证明，大多数投资者并不是长期投资并持有一只基金，而是定期更换基金。[32] 通常情况下，投资者会将他们的资金投入近期表现良好的基金。然而，统计数据告诉我们，基金表现会有回归均值。也就是说，如果一只基金目前的表现优于市场，它未来的表现很可能下降并趋于平均水平。因此，如果我们在一只基金刚刚公布最近的收益之后才买入，那么就很可能会面临下跌。实际上，追逐过去的强劲表现通常意味着我们将资金从可能反弹的基金中取出，然后投进了即将下跌的基金中。[33]

事实上，一项非常具有说服力的研究证明，频繁的股票交易会导致不良的投资回报。从 1991 年 2 月到 1996 年 12 月，有研究对 6 万多个家庭的个人投资者的股票投资业绩进行了分析。普通家庭的平均回报率为 16.4%。更重要的是，其中前 20% 交易最频繁投资者的平均回报率为 11.4%。[34] 这些人积极交易他们的股票，因为他们认为自己可以主宰市场，而事实上，这种交易带来的是更低的收益。

7.2.4　为何股市不可预测

许多研究者认为，我们无法预测未来股价的原因在于市场是"有效"的。"有效市场假说"认为，所有可公开获取的信息都会很快被反映在某家公司的股价上，因此我们无法通过发现价格过高或过低的股票来跑赢市场。[35] 虽然这一假说得到了大量的支持，但也有一些反常现象让一些人质疑市场是不是完全有效的。然而，即使"有效市场假说"不适用于所有情况，也不意味着我们可以预测未来的股价。正如麦基尔所说，"尽管我相信有可能实现较高的专业投资回报率，但我必须强调，我们目前掌握的证据并不能证明这种现象存在"。[36]

股市之所以不可预测，是因为即使股价上涨，也不是以循序渐进、稳步推进的方式上涨。相反，一年之中只有几天大幅上涨，而其他时间则相对平稳。正如加里·贝尔斯基（Gary Belsky）和汤姆·吉洛维奇所说："对股市的描述与对战争的描述很像——漫长的平淡无聊被纯粹的恐怖插曲打断。"研究表明，如果你错过了 1963—1993 年的 7802 个交易日中表现最好的 40 个交易日，那么你的平均年回报率将从略低于 12% 下降到略高于 7%。[37] 问题在于，并没有可靠的方法能预测到底哪些天会是股票表现最佳的日子。

是什么导致了股市的重大转变？威廉·谢尔登给出了一个合理的解释，他说："股市显然受到非理性的从众心态和群体心理的驱动。从盈利潜力来看，投机热潮使股价飙升至远超其经济价值的水平。恐慌则会在相反方向造成同样非理性的后果。股市就像是将恐惧、贪婪、希望、迷信及诸多其他情绪和动机融于一碗的迷魂汤。"[38]

我们再来看看黑色星期一。1987 年 10 月 16 日，股市崩盘的那一天突如其来，没有任何征兆。与上一个星期五相比，股价缩水了 30%，没有任何真实可靠的信息可以解释这次下跌。股市的这种非理性状态表明"有效市场假说"并没有揭示股市的全貌。一个更完整的解释是，股市是一个复杂的系统，理性的和非理性的力量在这个系统里共同发生作用。正如谢尔登所言："虽然理性力量推动股市走向合理价值，但投机和恐慌的非理性力量则导致股市偏离合理价值。"这些非理性力量会引发爆炸性的非线性走势，从而使股市不可预测。[39] 然而，我们正在花费数十亿美元大搞预测。

那么，我们能从中汲取什么教训呢？从某种意义上说，股市就像是抛硬币，如果我们把一枚硬币抛 1000 次，那么可以确定大约能抛出一半正面和一半反面的结果，但我们不能判断每一次抛硬币的结果。同样，如果我们投资于股市，可以相当确定的是它会在长期内上涨，但是要持续预测具体哪只股票会跑赢市场则困难重重。[40] 因此，投资指数基金并长期持有该基金也许更有意义，因为这样我们就可以从市场普遍上涨的走势中获得回报。但是那些提供热门建议的股票专家们怎么办呢？你不得不问一问："如果这些人能够预测股市，为什么他们自己没有富可敌国呢？"事实上，如果股票分析师能够预测未来的股价，那么他们把这些有价值的信息留给自己才更合理，因为如果他们这样做了，就可以在股市上大赚一笔，但他们没有这样做，他们把这些信息卖给了你。

7.2.5　但我们仍愿相信

相当多的证据表明，花费大量时间去分析和挑选个股是毫无价值的。当然，如果你只是为了获得乐趣——比如你喜欢这个游戏——那就去做吧。但如果你认为可以选中股票跑赢市场，那就是在自欺欺人。然而，天赋异禀的人仍然深信他们可以做到。

最近，我和一位同事聊天，他是我们学校最具学术修养的一位教授。他说自己可以通过基本面分析来挑选更好的股票，这是一种基于公司潜在经济变量来确定股票内在（真实）价值的技术。该技术假设当股票的市场价格低于其内在价值时，股票估值不足，当市场适当调整时，股价就会上涨。[41] 这似乎很有道理，所以很多人相信基本面分析是有效的。事实上，我的朋友告诉我他有支持这种信念的证据，他还特意提到了基本面分析之父——本杰明·格雷厄姆（Benjamin Graham）的研究。然而，正如伯顿·麦基尔教授指出的那样："学术界已经做出了自己的判断。在让投资者获得高于平均水平的回报方面，基本面分析与技术分析大同小异。[42] 事实上，格雷厄姆自己也不情愿地得出了基本面分析不能再产生优势回报的结论，他说他不再提倡为了找到优势价值机会而使用复杂的证券分析技术。如果说，40 年前，当《格雷厄姆与多德的证券分析》第一次发表时，证券分析还是一项有益的活动，那么现在情况已经改变了……（今天）我怀疑这样巨大的付出是否能产生足够优质的选择来证明其成本的合理性……我现在是'有效市场'学派的一员。"[43]

几天后，我见到了我的朋友并把这段话送给了他，我问他："这不就是你提到的权威吗？"他的反应很强烈，直接撕掉了写着那段话的纸条，大声说："那没有任何意义！"尽管他奉为权威的人都说这个方法不再有效，但我的朋友仍然不肯相信。相反，他再次重申基本面分析让他选到了很多成功的股票。当我继续追问时，他说："有时我选对了，有时我选错了。"我说："如果你 60% 的时候都是错的，你的投资组合价值下跌了怎么办？"他回答："那就是我的错，我会从中吸取教训的。"我问："如果年复一年这样的方法都不奏效怎么办？"他回答："那我就得学习如何把它用得更好。"实际上，即使面对大量相反的经验证据，他也不愿意质疑自己对基本面分析的信念。原因何在？因为他信赖自己的个人经验而不是科学调查，正如我们所看到的那样，信赖轶事证据是错误信念的主要诱因之一。

基本面分析师经常将他们的收益归功于基本面分析，而将损失归咎于其他缘由，比如整体经济的低迷。但有了这个理论基础，基本面分析就是不可证伪的，而任何不可证伪的东西都是不具价值的。如果你决定选择个股投资，应该怎么做呢？跟踪记录你每一笔投资的获利和损失，要同时注意成功和失败的投资。随着时间的推移，你可能会意识到你并不比只投资指数基金赚得更多。正如我的另一位同事最近发现的那样，如果不用这种方法来跟踪记录，你注定会犯下代价极其高昂的错误。这位同事过去一直把钱投在指数基金上，直到他被一个朋友说服去选投了个股——当整个股市上涨时，他的个股却接连损失了 40% 的价值！

7.3　经济预测

有些人花钱聘请占星师来预测未来，有些人付费聘用股票分析师来提供选股建议，而我们作为一个社会整体也在经济预测上耗资高达数十亿美元。许多政府机构和数百家私人组织都在出售经济预测信息。这些预测的准确性到底如何呢？一篇对 1970—1995 年 12 项关于预测准确性的研究综述得出结论，经济学家甚至都无法预测经济的重大转折点。[44] 一项研究针对 6 家主要经济预测机构，包括美联储、经济顾问委员会（CEA）、国会预算办公室（CBO）、通用电气公司、经济分析局和国家经济研究局，分析了他们预测未来 8 个季度的国民生产总值（GNP）增长和通货膨胀的错误率。他们做出的 48 次预测中有 46 次没有预测到经济转折点。[45]

另一项研究显示，美联储以往的预测情况比概率预测的情况还糟糕。1980—1995 年，美联储的 6 次预测中只有 3 次（与概率预测相同）预测对了实际 GNP 增长的重大拐点，并且未能成功预测 2 次通货膨胀的拐点。因此，美联储的预测准确率只有约 38%。经济顾问委员会和国会预算办公室对 1976—1995 年经济拐点的预测表现也不佳，总体准确率分别只有 36% 和 50%。

这些数据表明，主要的经济预测机构无法预测我们的经济是否会出现重大的转折点。正如威廉·谢尔登所说："经济预测者无法预测经济转折点（如严重经济衰退的到来、经济复苏的开始，以及通货膨胀快速上升期或快速下降期的出现等）已经成为常态。事实上，他们没能预测到过去 4 次最严重的经济衰退，非但如此，其中大多数人预测在这些时期经济会增长。"[46]

1987 年 10 月股市崩盘后，大多数经济学家预测会出现严重的经济下滑，但 1987 年的最后一个季度，美国经济出现了强劲的增长。究其根本，大多数经济预测就相当于说明年和今年的经济形势大致相同。事实上，他们一旦预测到变化，情况可能会更糟，因为他们预测的变化方向很可能是错的。[47]

此外，无论是经济学家的专业性还是经济模型的复杂性都不能提高预测的准确性。基于超过 1000 个公式的大型模型的预测并不比只基于几个公式的简单模型的预测来得更准确，无论这些模型多么复杂，仍然无法准确地预测未来。1995 年，随着《经济学人》公布了在 1985 年举行的一场比赛的结果，一项特别有说服力的测试也公之于世。测试让不同背景的人预测未来 10 年英国的经济情况，最后是谁赢了呢？一群环卫工人和一个由 4 名跨国公司董事长组成的小组并列第一。[48] 我们需要的不是没有意义的重申，如果事件本身不可预测，那么我们在专业领域所拥有的知识量对预测本身是没有意义的。蔡斯经济（Chase Economics）的创始人迈克尔·埃文斯（Michael Evans）指出："宏观（经济）预测的问题就在于没人能够做到。"[49]

何况，在预测经济形势的问题上，没有一种特定的经济理念比其他经济理念更优。预测通常会受到经济学家所持假设的影响，而这些假设可能导致经济学家对未来经济做出截然不同的预测。事实上，两个人说法完全对立但都能获得诺贝尔奖，这样的稀罕事恐怕只发生在经济学界，这让人们不得不相信所谓的"经济学家第一定律"——每一位经济学家都有一位与之意见相反的同行。[50] 当不同的经济学家做出非常不同的预测时，人们很难相信这些预测。为什么经济学家的观点如此不同？原因之一可能是经济学通常不使用科学方法，即通过观察经济的发展走势来检验假设。相反，经济学家们经常会发展出复杂的理论，这些理论在逻辑上可能是合理的，但往往建立在不切实际的概念之上。例如，经济学的一个基本假设是，人们的行为始终是理性的。然而，我们是心理和社会意义上的人类，我们的决策经常会出现矛盾和错误。金钱并不是我们唯一的驱动力——我们还会受到从众心理、权力、爱情、报复心理、仁慈、懒惰等因素的影响。你听过下面这个关于经济学家的笑话吗？两位经济学家走在街上，其中一位说："嘿，人行道上有一美元。"另一位说："那不可能——如果有，早就有人捡起来了。"[51]

鉴于预测家们糟糕的表现，有些人说他们的预测非但无用，而且会有反作用，因为他们会对经济造成长期的损害。[52] 人们会依据错误的预测而做出不利的财务决策。有意思的是，最近，越来越多的人开始质疑这些预测的价值。事实上，一些公司已经解散了他们的经济部门。然而，许多经济学家仍然试图预测未来，而制造这些对社会毫无用处的信息的成本高达数十亿美元。那么我们为什么要这样做呢？因为人们预测未来的欲望无比强烈，无论是预测个人生活，还是整个社会的经济形势。

7.4　若不下雨就会阳光灿烂

今晚的天气预报：黑暗。

——乔治·卡林

因为正在计划周末的滑雪旅行，于是你周一就打开气象频道查看最近 5 天的天气预报。天气预报说"周五会下雪"，你满心期待，简直都等不及了。周二，你再次查看天气，想看看周五是不是要下大雪，但现在天气预报说周五是晴天。大雪跑哪儿去了？你备感失望，后来又查了一次天气预报，这次天气预报说周五有雨。我们一向都会收到远期的天气预报而且预报言之凿凿。然而，天气预报却一直在变，这是什么情况呢？事实证明，我们无法预测离现在时间较远的天气情况，只有 24~48 小时的天气预报才算得上准确。[53]

　　然而，我们在耗费数十亿美元开展远期的天气预测。世界气象组织估计，1995 年天气预报的全球预算约为 40 亿美元，其中大约一半由美国国家海洋和大气管理局（National Oceanic and Atmospheric Administration）支付，该机构是美国国家气象局、气候分析中心、强风暴预报中心和国家飓风中心的上级机构。美国国家气象局发布每日天气预报以及 3~5 天、6~10 天的天气预报。气候分析中心为我们提供月度和季度天气预报，预测未来 30 天、90 天，甚至 18 个月的天气情况。天气是一个繁杂混乱的系统，因此预测较远期的天气情况并不可能，但我们却明知不可为而为之。[54]

　　研究表明，美国国家气象局可以提前 12~48 小时对气温、云量和降雨量进行合理准确的预报，大雪则相对难以预测。例如，新英格兰在 1978 年 2 月 6 日经历了一场大型暴风雪，在暴风雪来临的前一天，《波士顿环球报》对此只字未提，只是预测到风将以每小时只有 10~15 英里的速度向东推移。正如威廉·谢尔登所说："在 48 小时开外的时间里，天气预报将进入模糊地带，其准确性和可靠性将会下降到极其有限的程度。事实上，预测超过两天的降水的具体时间和地点与随机猜测并无太大的区别。"[55]

　　因此，毋庸置疑，气候分析中心的长期预测并不比随机预测更有效。如果你想预测美国某个地区未来 3 个月的温度是处于正常水平，还是高于或低于平均水平，正如气候分析中心所做的工作一样，你也可以直接在地图上掷飞镖来预测一下这 3 个结果。[56]

　　有些人认为《老农夫年历》的天气预报相当准确。事实上，《老农夫年历》的编辑声称他们的预测具有 80%~85% 的准确率，这听起来已经很不错了，不是吗？但我们需要看一下这一说法有没有支持的证据。威廉·谢尔登分析了内布拉斯加州奥马哈市过去 30 年的月平均气温，结果发现《老农夫年历》在预测气温高于或低于季节正常水平的准确率为 49%。鉴于预测本身就有 50/50 的概率，我们还不如直接抛硬币决定。此外，《老农夫年历》预测气温的准确率为 73%，接近其编辑宣称的 80%。这听起来也蛮不错的，但要确定该年历预测的真实价值我们就必须将其准确性与一些基准进行比较，例如以最单纯的预测法得出的数据为基准。如果我们只是用季节的平均气温来预测当前的气温，会得到高达 90% 的惊人的准确率。因此，与其依靠《老农夫年历》预测，还不如使用过去的季节平均数据预测，而使用这种季节平均数据根本不需要任何预测技巧。[57]

从天气预报的评估中，我们能学到些什么？近年来，气象学家在 1~2 天时间长度的风暴探测和短期预报方面取得了长足的进步。事实上，谢尔登指出气象学是预测唯一出现发展迹象的行业。然而，长期预测完全靠不住。所以你肯定会问，为什么我们要耗费数十亿美元来做长期预测呢？这似乎更像是一厢情愿。

7.5 技术与社会趋势

科技大师们从未间断对改变人们生活的新设备的预测，他们总是能预测准确吗？巴鲁克学院的斯蒂芬·施纳斯（Stephen Schnaars）教授分析了《纽约时报》《华尔街日报》《商业周刊》等媒体在 1959—

1989 年发表的预测，结果发现 80% 的预测都是错误的。核心智库的预测也好不到哪里去。事实上，《未来》杂志曾经分析了 1556 项技术预测，发现专家预测与非专家预测的准确率不相上下。[58]

在过去几十年里，所谓技术专家们预测了今天多数人将使用视频电话、超声波洗碗机、淋浴器、移动式人行道和喷气式汽车。此外，一些专家甚至预测，到 2000 年，普通人每年只需工作大约 10 个小时。然而，对我们的实际生活产生了重大影响的创新技术，如移动电话、原子能和计算机，却一项都没有被预测到。事实上，早在 1950 年，字典对计算机的定义是"一个会计算的人"。1956 年，美国无线电公司预测截至 2000 年，世界上将只有 22 万台计算机。[59] 实际上，技术的发展复杂多变，人们不太可能预测到下一个突破性创新是什么。正如谢尔登所说："科技预测和科幻小说的主要区别在于，前者是打着事实性的幌子忽悠人。"[60]

要预测哪一种消费产品能够一举成功也很困难，其中一个原因在于——最好的产品未必就能获得最大的成功。例如，索尼的盒式录像机系统 Betamax 与家用录像系统 VHS 几乎同时问世。大部分专家认为 Betamax 是更具优势的产品，但 VHS 在录像带出租市场取得了更多的市场份额，并最终迫使 Betamax 出局。在个人计算机问世早期，许多专家认为苹果公司生产的 Macintosh 操作系统优于 IBM 计算机使用的 DOS 操作系统。然而，苹果公司直到 1995 年才统一授权使用 Macintosh 操作系统，所以其他公司开始大批量生产低成本的计算机时就安装了 DOS 操作系统。[61] 你只需比比这两家公司今天的市场份额就一清二楚了。

此外，那些预测社会主要趋势的未来学家又怎么样呢？可能你已经猜到了，他们通常都是错的。例如，如果你相信保罗·埃利希（Paul Ehrlich）于 1968 年出版的《人口炸弹》（*The Population Bomb*）一书，你就会认为战争、瘟疫和饥荒会在 20 世纪 90 年代围困人类，造成大约 5 亿人死亡。1970 年，阿尔文·托夫勒（Alvin Toffler）在《未来的冲击》（*Future Shock*）一书中预测，由于我们生活中有太多的变化，我们将在 20 世纪 90 年代经历一场心理崩溃，而事实上我们似乎适应得很好。不妨再次强调，此类书籍与虚构小说的唯一区别，似乎就是前者被放在了非虚构小说一类的售书架上。[62]

7.6 明知不可，为何还要预测

正如我们所看到的那样，我们试图预测的很多事情本质上是不可预测的。主要原因有二：混沌和复杂性。因为天气是一个混沌的系统，所以超过两天的天气本身就不可预测。混沌理论适用于有限数量的物理系统，比如天气和流体湍流。基于混沌理论，湍流行为是由非线性定律决定的，非线性定律放大了系统初始条件下的小误差，使其在非短时的情况下极难预测。你可能听说过蝴蝶效应，在某个遥远的地方，像蝴蝶扇动翅膀这样的微小举动，也可能会对你此时此刻正在经历的天气情况产生影响。

经济和其他社会系统错综复杂，因此不可预测。在复杂的系统中，秩序产生于系统各组成部分之间复杂的相互作用，并会受到一个或多个指导原则的影响。例如，生态系统的进化发展，是在自然选择原则的指导下，在许多不同生命形式之间复杂的相互作用之下进行的。复杂系统难以预测，因为在不计其数的交互变量的影响之下，要知晓结果几乎是不可能做到的。这些系统的有序阶段被突如其来的混乱打破，于是它们会进化，表现出不同以往的意想不到的行为。因此，混沌与物理世界的诸多方面息息相关，而复杂性与我们的生物和社会世界时时相伴。无论是哪种情况，准确预测几乎都是不可能的。[63]

那么，我们为什么会相信毫无现实基础的预测呢？正如到目前为止讨论过的许多话题一样，我们相信自己可以预测未来，因为这是我们心中想做到的事。人类讨厌不确定性，喜欢掌控感，而可以预测未来的思想给了我们一种更强的掌控感。此外，我们很容易受到权威人士的影响。我们赋予经济学家、气象学家和股票分析师专家地位，因为他们在各自的领域中经历了多年的训练。但众所周知，无论一个人多么训练有素，有些事情在本质上就是不可被预测的。

这也印证了威廉·谢尔登所说："混沌理论和复杂性理论揭示了未来根本就是不可预测的。这适用于社会经济、股市、商品价格、天气、动物族群（包括人类）和许多其他现象。"[64] 实际上，有些事情就是不可预知的。最好的建议就是效仿温斯顿·丘吉尔（Winston Churchill）的态度，他从来不会尝试预测未来，而且还抱怨未来不过是一件接一件的糟糕事儿。我们越早意识到所处环境中许多事情在本质上难以预测，就能越早地做出明智的决策，知道自己该相信什么，明白自己该如何使用资源。

第 8 章
寻求印证自己的想法

　　1941 年，美国太平洋舰队总司令、海军阿德米拉尔上将金梅尔（Admiral Kimmel）曾多次被警告美国可能会与日本开战。11 月 24 日，他又被告知突袭有可能来自任何方向。然而，金梅尔并不认为美国处于什么天大的危险之中，而且因为报告没有特别提及夏威夷，他没有采取任何预防措施来保护珍珠港。12 月 3 日，他又一次被告知，美国密码学家破译了一条来自日本的信息，该信息要求日本驻世界各地的大使馆销毁"大部分密码"。金梅尔特别注意到"大部分"这个词，而且认为如果日本要和美国开战，他们应该会下令销毁"所有的"密码。在珍珠港被偷袭一小时之前，一艘日本潜艇在珍珠港入口海域潜行。金梅尔没有立即采取行动，而是等着确认它真的是一艘日本潜艇。结果，当攻击来临时，60 艘军舰锚定停泊在港口，飞机比翼停靠，纹丝未动，太平洋舰队就这样被彻底摧毁，金梅尔之后被送上了军事法庭。[1] 面对相互矛盾的证据，我们抓住固有信念死不放手将会产生灾难性的后果。

　　人类天生就有寻求印证自己的想法的信息的倾向，换言之，我们会选择性地关注那些支持我们固有信念的信息。例如，研究表明，我们观看一场总统辩论时，会更关注与自己政治观点一致的信息。迷信超感官知觉的人看到与他们的信念相反的实验结果时，他们记住的数据要少于支持超感官知觉的数据。[2] 就在我写这本书的时候，乔治·W.布什总统正在因基于可疑情报发动伊拉克战争而受到攻击。尽管在战争前联合国调查员并没有发现伊拉克拥有大规模杀伤性武器的证据，而且一些情报人员和政策顾问认为伊拉克对美国并不是一个迫在眉睫的威胁，但布什（和副总统切尼）想要消灭萨达姆·侯赛因。因此，许多专家现在认为，布什和切尼"精挑细选"了证据，把注意力完全集中在任何可能支持战争的证据上，而漠视了那些不支持战争的证据。入侵伊拉克之后，我们发现他们几乎所有的证据都是错误的。[3] 由此可见，采用寻求印证的策略会导致可怕的后果。

寻求印证的策略可以保持人们信念的一致性，原因何在？ 与我们固有信念相一致的新信息无须核实，很快就会被接受。而与我们的固有信念相矛盾的信息往往被忽视，或是被严苛审查和漠视低估。[4] 例如，一组心理学家让人们阅读两项关于死刑制度预防犯罪有效性的研究的摘要。一项研究的结果支持死刑判罚，而另一项则反对死刑制度。事实证明，如果研究结果与一个人的信念吻合，他就认为这项研究完成得很好。相反，如果研究结果与他的信念不符，他就会在研究中发现许多缺陷以降低其相关性。即便我们不忽略与个人信念相矛盾的证据，通常也会找到各种不予考虑的理由。[5]

有时，为了使相互矛盾的证据合理化，我们给出的理由可能非常滑稽。你还记得之前提到的那个通灵师吗，他认为可以不用眼睛就能看见远处的物体。为了证明自己的能力，他说，CIA 花了数百万美元进行遥视研究，这就证明这种能力肯定大有用处。然而，当被问及为什么 CIA 要停掉这样一个成功的项目时，他说，冷战已经结束，所以就不需要了。当然，这是讲不通的，因为这意味着 CIA 不需要在世界各地收集情报了。如果是这样，为什么 CIA 这个机构还在？当这个通灵师被问及如果他有预测股市走势的能力，为什么他还没有大富大贵时，他说，一旦一个人知道自己可以做到这一点，他就会享受生活的平静，就不觉得需要钱。有人还想知道为什么他不利用自己的神奇力量为慈善事业创造大量财富，难道这不是可以很好地利用他的天赋吗？当我听到这样的评论时，我想起了本章开头的那句话。虽然这是一个玩笑，但它表明，人们会不遗余力地为自己想要相信的事情找到合理的借口。

正如迈克尔·舍莫所指出的那样，很多时候我们形成自己的信念不是因为实证证据或逻辑推理。相反，我们的信念偏好是许多心理和情感原因造成的，包括父母或兄弟姐妹的影响、同伴压力、教育和生活经历，然后我们寻找支持这些偏好的证据。事实上，这个过程就是聪明人相信古怪事的一个主要原因。正如舍莫所说："聪明人相信古怪事，因为他们善于为自己因不聪明而形成的信念辩护。"[6]

众所周知，赌徒们会把自己的损失合理化以保持对自己赌博策略的信念。如果你仔细观察，就会发现实际上他们在重写自己的成功史和失败史，自欺欺人地接受自己的成功，并编造理由解释自己的损失。我的朋友在 21 点游戏中使用一种基本策略来决定他什么时候该拿牌。像许多赌徒一样，获胜时他通常把游戏结果归功于他的策略。然而在失败时，他就会找到许多失败的原因，但没有一条与他的水平有关，可能是发牌人换了、有新人坐到赌桌旁打乱了发牌顺序、有太多的玩家，也可能是有人叫了一个臭牌。对于赌徒来说，用这种带有偏见的方式来评估结果已经见怪不怪了。赢牌就解释为自己赌博技巧高超，而输牌就找一些超出自身掌控的外部力量作为解释，以此自圆其说。

有时，赌徒们甚至把他们的失败评价为"接近胜利"。假设一名赌徒押注的某支足球队获胜了，即便这胜利可能只是对方球队在第四节的失误造成的，这名赌徒也很可能会相信这次赢球是他卓越的洞察力和技巧所致。然而，如果他押注的球队输了，他可能不会质疑自己的洞察力或技巧。相反，他会认为输球是偶然失误造成的，如果没有出现失误，他就会赢。实际上，他认为结果不是失败，而是接近胜利。

不要以为只有赌徒在愚弄自己，我们许多人也认为自己的成功是由于付出了努力，而失败则是外部因素造成的。运动员可能把胜利归功于自己的努力，把失败归咎于糟糕的裁判。表现好的学生可能认为测试是对他们能力的有效评估，表现差的学生则可能认为测试是不公平的。教师可能认为学生的成功离不开他们的教学技巧，而学生的失败是由于学生自身缺乏能力或动机。如果一篇论文被拒绝发表，研究人员可能会认为这是某个严苛审稿人的武断选择所致，而不是他们所写的文章质量不高造成的。[7]

因此，我们对证据的评估是有偏的。我们特别注意支持自己的信念的证据，而忽略或者低估与我们的信念相矛盾的证据的重要性。事实上，坚持固有信念的欲望常常会让我们回避那些一开始就出现矛盾证据的情况。我们通常会与志同道合的人交往，阅读符合自己取向的书籍和杂志。如果我们是自由派，则很少会阅读保守派的杂志；如果我们是保守派，也不会阅读自由派的杂志，我们不会寻求加深对相反观点的理解。我曾经建议一个坚定保守派的好友读一下阿尔·弗兰肯的新书《谎言和说谎者》，我说："这本书很有趣，我认为你会喜欢它，即使你不同意它的自由主义倾向。"但他直接拒绝了。我又说："你不用花钱买弗兰肯的书，我把我这本给你读。"没想到，他再一次断然拒绝！这种只关注支持我们的信念的证据的欲望就像是一种过滤机制，这种机制可以带来自我满足感。规避矛盾证据，似乎就有了更多证据支持我们的先入之见，当然，这也强化了我们认为自己一向正确的信念。

8.1　印证假设

理论决定我们能够发现什么。

——阿尔伯特·爱因斯坦

寻求印证自己想法的倾向在我们的认知结构中根深蒂固，即便我们还没有形成某种信念或期望，也会去寻求印证——检验自己的假设。无论我们是否认识到这一点，都会像一位直觉敏感的科学家一样行事，在做出个人专业判断的过程中不断地发展和检验各种假设。例如，医生对病人患病的潜在原因做出假设，然后通过从病人和其他医疗流程处收集信息来检验这些假设。投资者在做投资决策时，会检验一家公司未来的净收入是否会增加（或减少）。在日常生活中，甚至在决定是否喜欢一个人的时候，我们也会进行假设检验。从本质上讲，在形成判断时，我们不断地检验自己的假设。如果我们使用寻求印证的策略，这些判断可能就会出现偏差。

想象一下，你和朋友约翰正在谈论你们共同的朋友巴里。约翰告诉你："我一直认为巴里非常善于交际，他确实是一个外向的人。"你还从没想过这个问题，但你想起来上周巴里参加了一个聚会，他还爱讲笑话，他也喜欢去酒吧放松一下。不久之后，你开始认为巴里肯定是个外向的人。这种思维有什么问题吗？在确定巴里是否外向时，我们会很自然地想到他行事外向的时候。实际上，我们所想到的事情都证实了我们正在检验的假设。如果我们关注巴里表现外向的时候，我们很可能就会得出一个结论——他是不折不扣的外向人。然而问题是，人是复杂的，人会在不同的时间和不同的环境下表现出外向和内向的行为。所以，如果你的朋友一开始就说他认为巴里是一个内向的人，你可能会想到很多他举止内向的例子。你可能会想起他喜欢一个人泡在图书馆里。关注到这些例子之后，你可能就会得出巴里内向的结论。因此，假设的建构方式会对我们最终的判断产生重大影响。

寻求印证的倾向也会影响我们搜索信息的方式。假设你不认识巴里，但你必须通过询问他以下 4 个问题中的 2 个来确定他是不是外向的人。

(1) 你在什么情况下最健谈？

(2) 哪些因素让你难以向别人敞开心扉？

(3) 在聚会上你会做些什么使气氛活跃起来？

(4) 嘈杂吵闹的聚会让你反感的是什么？

你会询问哪 2 个问题呢？大多数人会选择问题 1 和 3。然而，当询问巴里是不是一个内向之人时，人们倾向于选择问题 2 和 4。为什么？问题 1 和 3 与外向行为有关，而问题 2 和 4 则与内向行为有关。[8] 即使是为了做出判断（检验假设）而提出的问题，也会让我们产生偏差，提出利于确定我们的假设正确的问题。如果我们通过问巴里"你在什么情况下最健谈？"来确定他是不是一个外向的人，就会开始聚焦巴里说话很多的情况，而忽略他不怎么说话的情况。鉴于人们在某些情况下行事外向，而在另一些情况下举止内向，因此即便是一个内向的人，我们通常也能找出一些他外向的行为举止。[9]

研究发现，我们在社会交往中会不停地使用寻求印证的策略。事实上，心理学家马克·斯奈德（Mark Snyder）指出，寻求印证的倾向在我们的认知结构中如此根深蒂固，以至于一个假设来源的可信度是高还是低，假设准确的可能性如何，或者是否为提高假设检验准确性而给予了实质性的激励（如金钱奖励），这些似乎都无关紧要了。[10] 我们特别关注支持自己想法的证据，这种根深蒂固的倾向通常最终会胜出。

使用寻求印证策略来判断一个人是外向还是内向只是一种情况，其错误判断的后果并无大碍。但是，那些对一个人的生活具有重大意义的判断又如何呢？电视节目《60 分钟》曾邀请 3 位测谎师（姑且称他们为 A、B 和 C）对 3 位员工（姑且称他们为 X、Y 和 Z）进行测谎，以确定谁在偷公司的钱。A 被告知 X 有嫌疑，B 被告知 Y 有嫌疑，C 被告知 Z 有嫌疑，但他们没有被告知怀疑的理由。你大概可以猜到结果了。测谎师 A 发现 X 有罪，B 发现 Y 有罪，C 发现 Z 有罪。研究表明，测谎仪测试不甚可靠——很容易受到主观解释的影响。如果测谎师对谁有罪已经有了先入为主的看法，他就会通过解读数据来证实自己已经形成的看法，这就给被怀疑的人带来了真正的麻烦。[11]

　　寻求印证的策略真的会影响法庭判决吗？如果陪审团首先考虑的是最严厉的判决或最宽大的判决，这分别会对最终判决产生什么样的影响呢？一项研究就此做了调查。[12] 在大多数刑事案件中，陪审团被要求首先决定被告是否触犯了其被指控的最严重罪行。如果这一指控存在合理的怀疑，他们就会按照指控严重程度逐步降低的顺序，继续往下进行罪名认定。例如，陪审团通常会先考虑被告是否犯有一级谋杀罪，如果不能就此判决达成一致，他们就会评估被告是否犯有二级谋杀罪。这种方法可能会使最终判决产生偏差，因为人们经常会坚持第一个考虑的假设，然后寻找证据来支持这个假设。如果陪审团首先考虑最严厉（或最宽大）的判决，他们可能就会专注于寻找支持对应指控的证据，并做出更严厉（或更宽大）的判决。

　　以下两个实验证实了这一问题。在第一个实验中，参与者担任陪审员，要决定被告是否犯有一级或二级谋杀罪、非预谋故意或非预谋过失杀人罪，或者无罪。案件材料改编自一场真实的谋杀案，当时没有目击证人，而且大部分证据是间接证据。一半的参与者被要求先考虑最严厉的判决（被告犯有一级谋杀罪），然后逐步考虑较宽大的判决，而另一半参与者则被要求从最宽大的判决（无罪）开始。令人惊讶的是，在从最宽大的判决开始的陪审员中，有 87.5% 的人做出了无罪的判决；而在从最严厉的判决开始的陪审员中，只有 25% 的人做出了无罪的判决!

第二个实验调查了更多的陪审员，并增加了一些新的变化（例如，陪审员是否急于做出判决）。判决按照量表等级划分，1 表示无罪，5 表示犯一级谋杀罪。在陪审员不急于做出判决的情况下，从重到轻考虑罪行的判决平均值为 3.26，而从轻到重考虑罪行的判决平均值只有 2.20。其中的差距可能意味着被告是被判故意杀人罪，还是过失杀人罪，由此，被告所受刑罚会大有出入。因此，首先考虑严厉的判决时，被告往往会得到严厉的判决；而首先考虑宽大的判决时，被告就可能得到宽大的判决。这些结果表明，法官最好只提供指控的定义，而无须规定指控的顺序。事实上，有人可能会认为，既然我们有无罪推定的原则，那么首先考虑最宽大的判决更符合我们的司法理念。

8.2 肯定测试策略

寻求有利的证据是我们坚持当前信念的主要方式之一，这也反映了我们在形成判断时使用的一种基本认知策略——"肯定测试策略"。换言之，我们的认知体系主要建立在关注肯定的情况之上，而不是否定的情况。这并不意味着我们是乐观的——总是看到生活中光明的一面。它意味着我们考虑某个问题时，喜欢用"是"而不是"否"的方式来思考。例如，当测试一个人是否外向时，我们更多关注的是表明他外向的证据，如果这些证据表明"是"，则这个人就是外向的。

要知道"肯定测试策略"如何运用，请思考以下 3 个数字组成的序列。

2　　　4　　　6

如果我告诉你这些数字遵循一个特定的规律，而且你必须确定这个规律是什么，那么，要破译这个规律，你可以选择这 3 个数字组成的其他序列，然后你会得到"是"的答案——它们符合这个规律，或者"否"的答案——它们不符合这个规律。想一想这个规律可能是什么，然后写下 3 个数字的序列来检验你的假设。[13]

当我们形成对这一规律的假设时，比如假设是"偶数加 2 的序列"，我们通常会选择 12、14、16 这样符合这个规律的数字。如果我们被告知"是"——它们符合规律，然后我们又选择 50、52、54 这样的序列，又一次得到肯定的答复。在选择了更多符合我们假设的规律的 3 个数字组成的序列后，我们更加确信这个规律是"偶数加 2"。但是，当被告知答案错误时，我们不免吃惊，但还不至于放弃，于是我们再次思考并决定测试一个不同的规律，例如"任意 3 个数字加 2"。在提出 3、5、7 和 21、23、25 的序列之后，我们阐释了自己假设的规律。但是，我们再次被告知错误。这是怎么回事呢？这个规律究竟是什么呢？ 答案是"任意 3 个递增数字的序列"。

为什么发现规律如此之难？ 因为我们总是试图通过寻找能验证主观假设的例子来证明我们的假设是正确的，而不是去寻找驳斥假设的例子。换言之，我们找到的例子都会提供肯定的反馈。这个策略的问题在于，我们可以给出 1000 个符合假设的例子，但仍然无法发现正确规律。为什么？ 如果我们认为规律是"偶数加 2"，并且可以给出许多符合这个规律的数字序列，但这些数字序列也可能符合其他规律，例如"偶数递增"或"任意 3 个数字递增"。因此，不断地寻找印证自己想法的证据并不能让我们离真相更近。另一方面，如果我们选择了一些不符合假设"偶数加 2"的序列，如 7、9、11，但得到"它们符合规律"的答复，就会立即发现这个关于偶数的假设是不正确的。实际上，哪怕只使用一个不符合所测试规律的例子，而不是一味地寻找印证的例子，我们也可以快速获得更多的信息。

正如哲学家卡尔·波普尔所指出的那样，一般的假设永远不可能被完全证实，因为我们可能下一次就会发现一个例外。人们曾经认为所有的天鹅都是白色的，直到在澳大利亚发现了黑天鹅。要确定一个假设可能是真的，我们应该先尝试证明它是假的。为什么？ 我们不可能确定地证明一个假设是正确的，但我们可以用某种观察来证明它是错误的。[14] 因此，否定证据在我们的决策制定中非常有效。

思考一下以下问题。

假设以下字母和数字写在不同的卡片上。每张卡片上一面是数字，另一面是字母。有人告诉你，如果一张卡片一面是元音，那么另一面就是偶数，你需要翻开哪张卡片来判断这个人是否在说谎？

E　K　4　7

如果你和大多数人一样，那你就会选 E 和 4，或者可能只是 E。在回答这一问题的 128 人当中，E 和 4 是最常见的答案（59 人选择），其次是 E（42 人选择）。[15] 原因何在？ 还是同样的道理，我们选择了提供肯定证据的卡片。然而，正确的答案是 E 和 7。用下面这个思路来考虑一下这个问题。如果一张卡片上有一个元音，那么就有一个偶数与之对应（若 X 则 Y）。要证伪"若 X 则 Y"这一说法，唯一的方法就是找到一个若 X 而非 Y 的情况（即一个元音对应一个奇数）。唯一可以否定这一规则的卡片，它的上面应该写有元音或奇数（E 和 7）。偶数或辅音与此无关（偶数与此无关，因为规则并未要求偶数的另一面不能是辅音）。这再次证明，寻找否定假设的证据，而不是确认假设的证据，才是解决问题的正确路径。然而，4/5 的经验丰富的数学心理学家——本来就应知之甚多的人——却不能正确解答这个问题。[16] 由此可见，我们寻求印证自己想法的欲望有多么根深蒂固。

有趣的是，自证预言与寻求印证策略息息相关。当我们对某件事信以为真并开展行动，而这些行动最终使其成真，这个时候自证预言就实现了。由此可见，信念会促成可能产生支持性证据的行为。例如，研究人员告诉小学老师，某些学生将在未来的一年里在学业上崭露头角。8 个月之后，这些学生的成绩比其他学生大有提升。然而，这些

"学霸"最初却是被随机选择的。显然是老师们给予了这些可塑之才更多的关注和赞扬，才促使他们取得了更大的进步。因此，我们不仅能看到我们期望看到的，实际上，我们还能创造自己期望看到的。[17]

8.3 这是怎么回事

与我们讨论过的其他决策策略一样，寻求印证策略在很多情况下可以提供正确答案。显而易见，我们广泛使用这种策略并做出了许多正确的决定。然而，如果我们过度依赖支持性证据，也会做出极其失准的判断，因为对于正被检验的假设来说，通常会有很多既支持又反对的证据出现。如果我们主要关注那些支持性证据，就更有可能接受这个假设，即使与之矛盾的证据可能更具说服力。从本质上讲，我们在使用寻求印证策略时，依据的是不完整的信息，这是糟糕决策的主要源头。[18]

那么，既然寻求印证策略会产生如此负面的后果，人们为什么还要使用它呢？从认知上讲，这是因为人们处理支持性的证据相对容易，而在处理反驳性证据时会遇到诸多困难。事实上，我们对肯定性反应的偏好始于生命的早期阶段。当你允许孩子们通过提出 20 个问题来确定 1~10 000 的一个未知数时，他们会去努力寻求一个"是"的答案。例如，他们问这个数字是否在 5000 到 10 000 之间时，听到"是"的答案就很高兴，甚至会欢呼。如果听到的答案是"否"，他们就会叹息失望，即使这个答案同样有提示性（如果不是在 5000 到 10 000 之间，那么就是在 1 到 4999 之间）。那是为什么呢？因为"否"的反应需要我们做出额外的认知步骤。[19] 实际上，人类似乎有一种内置的脑回路，更偏爱"是"的答案。然而，正如我们所见，过于重视支持性的证据会导致我们相信一些并不真实的事情。

那么，我们如何才能克服总是寻求支持性证据的倾向呢？虽然各方对此尚无定论，但是，一些研究表明，告诫决策者试图去否定其主观假设的做法并不总是奏效。有一项研究发现，即使人们被告知去寻找反驳性的证据，他们也仍会用 70% 的时间去寻找支持性的证据。[20] 然而，以鼓励寻求反驳性证据的方式提出问题不失为一种可行的解决办法。例如，一位顶级投资分析师在做决策之前，会专门收集反驳性证据。如果他认为某个行业的价格竞争力正在下降，就会向高管们提出相反方向的问题，比如"价格竞争真的越来越激烈吗？"。[21] 正如我们前面所看到的那样，提高决策制定水平的最佳方法之一就是考虑可替代的假设。通过考虑其他的竞争性假设，我们可能会把注意力集中在证实这些假设的证据上（而且这可能会否定我们最初的假设），从而形成对证据更均衡的评估。

第9章
如何化繁为简

简化，简化，再简化。

——亨利·戴维·梭罗

做出决策可能会非常复杂。事实上，如果我们想要最大限度地提高判断的准确性，就必须收集海量的信息。我们以找份新工作的决定为例。为了实现新工作带来的愉悦感、满足感和经济回报的最大化，我们需要收集涉及各种职业的数据，包括具体的工作类型、教育背景要求、工资待遇等。在选定了某一职业之后，我们还须调查这个领域中所有可以择业的公司。正如你所了解到的那样，如果我们彻底收集数据以实现最高水平的决策准确性，那么我们就会花费更多的时间来决定究竟去哪里工作，而不是真正地投入工作。我们不能这样生活。因此，制定决策时，我们应该使用启发法。

启发法是我们用来简化复杂判断的通用经验法则，这种方法大有裨益，不仅利于省时省力地制定决策，常常还能形成合理有效的决策方案。虽然启发法提供的是近似解而非精确的解决方案，但近似解通常已经足够有效了。问题是，启发法也会导致系统性偏差，形成极不准确的判断。让我们来看看人们常用的一些启发法及其在使用过程中产生的偏差。[1]

9.1　当然一样啦——看起来一模一样，不是吗

想象一下，你刚刚遇到了史蒂夫，简短交谈后，你对他的性格有了大致了解。他看起来乐于助人，但有点害羞，稍显孤僻。他喜欢一切井井有条，做事细致入微。那么，你认为史蒂夫从事的是什么职业呢？如果要在农民、销售员、飞行员、图书管理员和医生这些职业之中做出选择，大多数人会选择图书管理员。[2] 为什么？因为史蒂夫的性格特点与我们对图书管理员的刻板印象非常相似。我们经常根据相似性做出判断。如果 A 和 B 相似，我们就会认为 A 属于 B。实际上，我们会认为相像即相同。这个策略被称为代表性启发法，因为我们的判断是基于 A 对 B 的代表性程度进行的。

这种启发式的方法对于做出许多决策相当有效——因为相像的事物具有相似性，但这也会导致我们忽略其他的数据从而造成决策失误。例如，在对史蒂夫的职业做出判断时，我们忽略了一个事实，那就是在任意一个城镇中，商店的数量总比图书馆多得多。因此，尽管你可能认为销售员往往不那么害羞内向，但考虑到其相对较大的人员基数，很可能害羞内向的销售员并不在少数。事实上，害羞的销售员可能比图书管理员多，所以更合理的答案应该是销售员。但我们并没有去关注那些背景数据，相反，我们将判断建立在模糊的性格描述上，我们认为这是一个图书管理员的代表性性格。相信相像即相同也会让我们错误地认为一个事件导致另一个事件发生。原因何在？我们认为因果应该具有相似性。许多精神分析也采用类似的思维方法。[3] 例如，精神分析学家认为，一个人小时候吮乳期嘴巴长时间定格会导致其成年期

过多地用嘴，如吸烟、接吻和说话太多。[4] 相像即相同的观念也是占星术的一个基本特征，因此特定星座的人会被认为具有特定的性格特征。如果你是金牛座，人们会认为你意志坚强；如果你是处女座，人们就会认为你很腼腆。这些信念并无实物证据，只是因和果具有相似的特征。

因此，基于相似性的判断可能会产生许多奇怪的信念。为什么？我们在使用代表性启发法时，通常会忽略其他可能影响决策的潜在相关信息。使用这一简化策略，我们会在进行重要的决策时犯以下错误。

9.1.1　忽略基准率

还记得我们之前提到的病毒测试吗？医生给你做了某种病毒的筛查测试，结果显示是阳性，表明你感染了该病毒。这时，如果医生告诉你以下信息，你会作何反应呢？

(1) 当一个人实际感染这种病毒时，测试结果会 100% 准确地显示已感染病毒。

(2) 当一个人实际并未感染病毒时，测试结果仍有 5% 的概率显示已感染病毒。

(3) 每 500 人中就有 1 人感染此病毒。

那么，你感染病毒的概率是多少呢？很多人说是 95% 左右，而正确答案是只有 4% 左右！这怎么可能呢？让我们稍加运用逻辑和数字运算。如果每 500 人中有 1 人感染病毒，那么其他 499 人就不会感染。然而，在 5% 的概率下，测试结果会显示并未感染病毒的人感染了病毒，即测试结果将显示约有 25 个未感染病毒者被感染（0.05 乘以499），这 5% 被称为假阳性率，因为测试结果显示某人感染病毒，而实际上他并未感染病毒。结果，测试结果会显示，每 500 人中有 26 人（25 人是假阳性，1 人是真阳性）感染了这种病毒，而实际上只有 1 人感染了这种病毒。1/26 约为 4%。所以，即使测试结果显示你感染了病毒，但你真正感染的概率只有 4%。[5]

如果你认为概率接近 95%，也不要觉得自己愚笨。哈佛医学院 4所教学医院的 60 名医生、医学院学生和住院医师被询问一个相似的问题时，最多的答案也是 95%。大约一半的执业医生回答了 95%，只有11 人给出了正确答案。[6] 即使在与专业密切相关的领域，医学专业人士也会成为判断失误的受害者。事实证明，很多高智商的人也未接受过以类似这种正确的方式思考问题的训练。

大多数预测性测试通常会出现一些错误。虽然病毒测试的结果表明一个人确实感染病毒的概率为 100%（真实阳性率），但它同时也表明一个人并未感染病毒的概率为 5%（假阳性率）。一个测试的准确率为100%，这是一种理想情况，但总体上准确率几乎永远不会达到 100%。因此，首先我们必须考虑基础率，即背景统计数据，它表明事件发生的频率。我们通常会忽略这些数据，但这是不可或缺的信息。在我们的例子中，每 500 人中就有 1 人感染病毒，即基础率只有 0.2%。其次，应该根据测试结果和"诊断性"来调整基础率。为了评估测试的诊断性，我们必须比较真阳性率和假阳性率。在病毒案例中，真阳性率是100%，而假阳性率是5%，因此我们应该将基准率调整20倍（100% ÷ 5%）。这个数字表示我们从测试中获得的信息——数值越大，测试结果对我们判断的影响就越大。[7]

当我们根据测试信息做出决定时，测试的诊断性就极其重要。例如，许多人依赖测谎仪进行测试。警察和律师利用它们进行刑事调查，联邦调查局使用它们开展雇员筛选。[8]然而，测谎仪的诊断值估计只有2∶1。[9]正如我们在医学案例中看到的那样，在感染病毒基础率非常低的情况下，20比1的诊断性结果只产生了4%的感染病毒的可能性。测谎仪测试的可靠性就更低了，这表明我们能依靠测谎仪得到的有用信息少之又少。然而，律师、警察和联邦机构却对测谎结果十分看重（谢天谢地，这些结果并未被法庭采纳）。事实上，由于成为罪犯的基础率通常很低，所以一些人认为只有在罪名成立的时候才应该接受测谎仪测试。为什么？当基础率很低时，假阳性率就会非常显著，无罪者被认定有罪的情况就会比有罪者被判有罪的情况多出很多。实际上，如果你有罪，你也有机会通过测试；而即使你无辜，你也会有很大的概率被判有罪。

企业领导人也难免会忽视基准率问题。例如，审计师在决定审计报告意见的类型时会使用破产预测模型。一项研究告知审计师们，每个破产预测模型有90%的真阳性率和5%的假阳性率，还有大约2%的公司会倒闭。结合这些信息，如果这个模型可以预测公司的破产情况，那么这个公司的破产概率就是27%。然而，审计合伙人预测的平均概率是 66%，他们给出的最常见答案是 80%。虽然这些专家似乎比新手表现得好一点，但在做概率决策时，他们仍然没有充分领会基准率的全面影响。[10]

　　如果基准率如此重要，我们又为什么会忽略它呢？代表性是其中的原因之一。一项测试告诉我们，当出现的症状与病毒感染者的症状非常相似，或者一家公司的表现类似其他倒闭的公司的表现，我们就会关注这些信息。但忽略基础率也可能是其他原因造成的。因为人类天生爱讲故事，大多数人不是统计学家，所以我们认为背景统计数据并非如此重要，但它们确实重要。那么我们应该怎么做呢？对于关键的决策，我们可能需要正式进行概率计算。然而，即使我们不进行正式的计算，明白应该关注背景统计数据，也有助于我们做出更明智的判断。

9.1.2　忽略回归均值

　　在 2000 年的高尔夫英国公开赛上，泰格·伍兹（Tiger Woods）在最后一天赛程开始时领先 6 杆，但大卫·杜瓦尔（David Duvall）迅速追上，在 5 个洞中打出了 4 个小鸟球，当他距离伍兹的成绩只差 3 杆时，解说员惊呼："杜瓦尔现在势不可当，看来他要追上伍兹了！"但是，解说员所说的杜瓦尔能够保持其飞速追赶之势吗？如果他继续保持这个水平，就将以 59 杆的成绩结束当天的比赛，这在职业高尔夫球界还是前所未有的。因此，杜瓦尔不太可能做到，但解说员并没有考虑到这个事实。实际上，他没有考虑到的是"回归均值"这一统计概念。

对于任何测量来说，在极端值之后通常不会马上出现另外一个极端值。虽然身高很高的父母可能会生出身高较高的孩子，但这些孩子通常没有父母那么高；相反，普遍而言，他们的身高更接近人们的平均身高（也就是说，他们会"回归"到总体人口的平均水平）。[11] 同样，如果杜瓦尔现在比平时打出更多的小鸟球，那么在之后的比赛中他很可能会退回自己的平均水平，也就不会再打出小鸟球。[12] 但我们常常不会考虑到这个事实，我们认为他会连战连胜，势不可当，或者人杆合一，如有神助。

那么，这次英国公开赛的冠军最终花落谁家了呢？原来是伍兹最终以8杆优势获胜。有趣的是，在3轮比赛之后，伍兹以6杆的优势开始了当天的比赛，这意味着他平均每天比其他球员领先2杆。第四轮过后，他又增加了2杆的优势，最终以8杆的优势获胜。虽然比分未必总是这样在意料之中〔例如球员可能会有表现糟糕的一天，就像格雷格·诺曼（Grey Norman）在1996年大师赛的决赛中以大比分领先后发生的那样〕，然而，设想一名球员在短时间内连续击球入洞的表现（例如杜瓦尔在5洞中打出4个小鸟球）能在整场比赛中持续下去是非常不现实的。实际上，设想其表现会回到平均水平才是更合理的。

不理解回归均值的意义对于人们的学习是非常不利的。例如，在一项研究中，飞行教官注意到，当他们称赞一名飞行员的着陆特别平稳后，通常该飞行员下一次的飞行着陆就会变糟糕。相反，在一次颠簸着陆之后，通常飞行员的下一次着陆就会得到改善。由此，飞行教官们得出结论，认为口头奖励对学习是有害的，而口头惩罚是有益的。

但是，对于学习本身来讲，惩罚真的比奖励更好吗？其实，正是由于均值回归现象，我们才更有可能看到这样一连串的情形。[13]

"例外管理"是一种常用的管理方式，这种管理方式也受到了这种偏见的影响。在例外管理过程中，当员工表现过于超常或者过于低效时，管理者就会进行干预。因此，管理者可能会将随后出现的任何变化归因于他们的干预，而这些变化可能仅仅是由于员工回归到他们的平均表现水平。我们还可以思考一下《体育画报》总是带来"厄运"的情形。一位体育明星在其表现出色的年份经常会登上《体育画报》的封面，而在接下来的一年里，其表现通常会有所下降，这就让许多人认为登上《体育画报》的封面是一种诅咒，但其实这只是均值回归现象——任何表现出色的年份之后都可能会风光不再。

9.1.3　忽视样本量

假设你所在的城镇有两家医院，每天大约有 45 个婴儿在规模较大的医院出生，15 个婴儿出生在规模较小的医院里。你还知道，大约 50% 的婴儿是男孩，但确切的比例每天都在变化，有时高，有时低。在过去的一年里，每家医院都记录了本医院男婴出生率超过 60% 的日期。那么，你认为哪家医院记录的天数更多呢？是大医院还是小医院，或者是差不多（即相差 5% 以内）？[14]

当被问及这个问题时，绝大多数人会认为两家医院记录的天数差不多。然而，我们应该预期的结果是小医院记录的天数更多。为什么？因为小样本的结果变化性更大，所以看起来不具有代表性的事件发生的可能性更大。但是我们在做判断时却没有意识到样本量的重要性。相反，我们错误地认为小样本和大样本一样具有代表性。

　　硬币不会带有偏见，如果你把一枚硬币抛 6 次，你认为下面哪个序列更有可能出现？

A　　　　正　反　正　反　反　正

B　　　　正　正　正　反　反　反

　　是 A 还是 B，还是它们有相同的出现概率？大多数人说是 A，但事实上，出现 A 和 B 的概率是相等的。这是为什么呢？因为每次抛硬币都是独立的，与下一次并无关系，所以每次出现正面或反面的概率都是 1/2。为了得到每个特定序列的概率，我们必须将 1/2 本身乘 6 次（我们抛硬币的次数）。对任何一个序列来讲，得到的结果都是 1/64。然而，我们往往相信即使是一个随机的短序列也能代表这个过程。因此，我们认为序列的每个组成部分一定是随机出现的，而且这个随机过程就在正面和反面之间切换，因此选项 A 似乎更具可能性。[15]

　　如你所见，我们存在一个错误的信念，即认为小样本能更准确地模拟整个群体，尽管实际上这行不通。因此，我们做出判断时，就会认为小样本和大样本一样可靠，这可能会导致各种决策错误。例如，一项研究表明，学生在选择课程时往往依赖于几个同学的推荐，而不是几十个学生的正式书面评估。为什么？学生们专注于一些个人陈述并忽略了小样本的不可靠性。[16] 但小样本不太可能代表整个群体——

班里的几个学生可能与全班学生的观点截然不同。认识到小样本不具有大样本那样的代表性，将大大有助于我们形成更合理的信念，做出更合理的决策。

9.1.4　合取谬误

你刚刚认识了琳达，她 31 岁，未婚，直言不讳，聪明伶俐。作为一名哲学专业的学生，她非常关注歧视和社会正义问题，还参加过反核示威游行。根据这些信息，你认为下面哪个选项的描述更有可能？①琳达是一个银行出纳员。②琳达是一个银行出纳员，并积极参与女权主义运动。[17] 或者，再考虑一下这道题：下面哪种情况更有可能发生？①美国和俄罗斯之间爆发全面核战争。②美国和俄罗斯之间爆发全面核战争，两个国家都不打算使用核武器，但双方都被某个其他国家（地区）的行动拖入了对抗冲突。[18]

如果你和大多数人一样，那么两道题你都会选②。事实上，几乎90% 的人认为琳达更有可能是一个奉行女权主义的银行出纳员，而不仅仅是个银行出纳员。另外，很多人认为第三国（地区）引发战争的可能性更大。然而，这些想法违背了一个基本的概率规则，即两个事件（例如，银行出纳员和女权主义者）同时出现的可能性不可能比其中任何一个事件单独出现的可能性更大。只是银行出纳员肯定会比同时是女权主义者的银行出纳员更多，因为有些银行出纳员并不是女权主义者。[19] 但我们认为对琳达的描述符合女权主义者的特点，所以我们在做决定时更加依赖于相似性信息。然而，我们必须记住，随着场景中细节数量的增加，符合所有细节描述的结果的概率只会降低。如果不是这样，我们就会陷入合取谬误，这可能会导致代价高昂的错误决策。正如心理学家斯科特·普劳斯（Scott Plous）指出的那样，美国国防部已经耗费了大量的时间和金钱制订战争计划，而这些计划只是基于细枝末节极其丰富但发生的可能性极低的一些情况。[20]

9.1.5　刻板印象

很多人会用刻板印象来评判别人。刻板印象是一种简化策略，因为我们在使用刻板印象时，无须花费太多时间去考量一个人，然后再判断他将如何行事。我们只是把他对号入座地归为某种类型，然后马上就可以赋予他各种各样的特点。[21]刻板印象之所以一直存在，是因为我们寻求印证的策略总会引导我们注意到支持这种刻板印象的事情。所以，如果我们相信金发女郎只是空有其表，或者爱尔兰人爱喝酒，就更有可能只注意到那些与我们的刻板印象相符的人，而忽略那些不符合的人。不仅如此，我们的刻板印象还会不断强化，因为我们通常会给不同的群体贴上标签，通过贴标签，会发现他们与自己更多的不同之处。例如，一项研究发现，如果我们简单地将较短的线段标记为 A，将较长的线段标记为 B，人们会认为这两条线段在长度上的差异要比完全不做标记的线段的差异大很多。[22]那么想象一下，标签会对我们对他人的主观判断产生怎样的影响呢？

虽然刻板印象用起来很方便，但它们会导致许多决策错误。人是非常复杂的生物。还记得钟形曲线吗？大多数事物有其分布曲线。在一个特定的群体中，会有非常聪明的人，也会有不太聪明的人，有人喜欢喝酒，有人不喜欢喝酒。事实上，一个群体中两个个体之间的品质和特点的差异要比两个群体之间的差异更显著。记住，样本量越小，变化性越大。从任何一个群体中挑选一人，你都可以找到一个与你对这个群体的刻板印象截然不同的人。因此，我们需要特别注意对刻板印象的使用，它们可能会导致对于他人特点属性的错误判断。

9.2 可用性启发法

在美国，你认为更有可能导致死亡的原因是什么？是被坠落飞机的碎片砸死，还是被鲨鱼吃掉？大多数人会说是被鲨鱼吃掉，但实际上被坠落飞机的碎片砸死的可能性是葬身于鲨鱼之腹的 30 倍！[23] 接下来再考虑以下几组潜在的死亡原因：①中毒或肺结核，②白血病或肺气肿，③他杀或自杀，④各种事故或中风。你认为，在每一组中哪一种死亡原因的可能性更高？ 实际上，其中的第二个原因更常见，但大多数人会选择第一个原因。[24] 人们认为死于事故的可能性会是死于中风的 2 倍，而实际上人们死于中风的可能性比死于事故的可能性高出40 倍。[25]

在判断上述事件的发生频率时，我们之所以犯错，是因为使用了"可用性启发法"，即仅根据头脑中闪现的、频率或概率可被轻松预估的事件来进行判断。例如，一个单词以字母 k 开头的概率更高，还是第三个字母是 k 的概率更高？大多数人会认为 k 作为第一个字母出现的概率更高，尽管 k 在单词中作为第三个字母出现的概率是作为第一个字母出现的概率的 2 倍。我们为什么会犯这样的错误呢？因为搜索以 k 开头的单词比较容易，而想到 k 作为第三个字母的单词比较困难。[26] "可用性启发法"通常很管用，因为常见事件通常会比罕见事件更容易记忆或联想。然而，耸人听闻或新鲜生动的事件也很容易被记住，所以"可用性启发法"就会导致我们高估这些事件发生的概率。

假设你即将乘坐飞机开启一段 750 英里的航程，朋友开车 20 英里把你送到机场。你在航站楼下车时，朋友会说"一路平安"，但是，你通常不会回复"回家一路平安"。然而，具有讽刺意味的是，你的朋友在回程中死于车祸的概率是你乘坐飞机死亡的概率的 3 倍。[27] 驾驶汽车比乘坐飞机更危险，然而，开车恐惧症非常罕见，飞行恐惧症却比比皆是。由于媒体的关注，飞机失事的画面更容易出现在人们的脑海中。1986 年，因为几起公开的劫机事件，前往欧洲旅行的美国人数量急剧下降。其实住在城市里的美国人待在家里面临的危险更大。只要想想"9·11"事件对美国旅游业的影响就知道了。人们待在离家更近的地方、开车而不是坐飞机，实际上增加了死亡的风险。

当父母被问及他们最担心孩子可能会发生的事情是什么时，排在第一位的是被绑架，然而，这种事件发生的概率只有 70 万分之一。相对而言，父母对孩子死于车祸的担忧很少，但车祸死亡的可能性要比被绑架的可能性高出 100 倍。[28] 原因何在？因为媒体特别关注绑架案并大肆报道，对车祸却鲜有报道。20 世纪 80 年代中期，谣言四起，人们纷纷传说全美有 7 万名儿童被拐卖，而事情的真相是，该数字指的是离家出走的孩子以及父母因争夺抚养权而带走的孩子的数量。事实上，在那个时候，联邦调查局记录在案的陌生人绑架案件在全美只有 7 起。[29] 但是，耸人听闻的故事总会被大肆传播，进而影响我们对风险的评估。

可用性与媒体的影响

如前所述，我们在头脑中建立起来的信念通常都与媒体报道有关，造成这种影响的一个主要原因就是"可用性启发法"。比如，老布什就任总统后在第一次电视讲话中宣称："我们国家目前面临的最严重的国内威胁是毒品。"在接下来的几周里，网络新闻节目中关于毒品的报道数量增加了两倍。《纽约时报》和哥伦比亚广播公司（CBS）对媒体的猛烈报道进行了两个月的跟踪调查，结果显示，64% 的人认为毒品是美国最大的问题。而 5 个月前，这一数字仅仅为 20%。[30]

研究表明，公众舆论与媒体报道息息相关。在一项研究中，研究人员分析了 10 年来包含"毒品危机"一词的新闻报道数量以及公众舆论的变化。有时候，只有 1/20 的美国人将毒品列为美国最严重的问题，而在其他时间，近 2/3 的人认为毒品是美国最紧迫的问题。事实证明，公众舆论的变化可以用媒体报道的变化来解释。[31] 这是为什么呢？当媒体大肆报道毒品问题时，人们就更容易想到它们，也更容易接触到它们。因此，我们的信念很容易被政客操控，或被任何其他特殊利益集团左右，媒体决定报道什么会产生深远的影响。

为了尽力展示强效可卡因在美国城市中的泛滥程度，老布什在电视讲话中举起一个标有证据的塑料袋说："这是执法人员几天前在白宫对面的一个公园里缴获的强效可卡因。"得知毒品就在白宫旁边交易时，所有美国人都惊呆了。然而，《华盛顿邮报》后来了解到，那是老布什要求缉毒局特工在拉斐特公园搜查强效可卡因的，但当时他们在那里没找到毒贩，后来就从其他地方找了一个年轻的毒贩并约他在白宫对面交易。因为对这个地区不太熟悉，那个毒贩甚至还要问路才能找到公园。[32] 公布这次毒品交易是为了让公众把强效可卡因和其他毒品视为一个严重的国家问题，而真实的情况是美国的毒品使用量在电视讲话之前的 10 年中呈下降趋势。即使外科医生说尝试过强效可卡因的人之中只有不到 33% 的人会上瘾，而 80% 的具有一定烟龄的吸烟者都会吸烟成瘾，但媒体还是报道说强效可卡因是"人类目前所知的最易上瘾的药物"。[33]

这种政治和媒体渲染的结果是怎样的呢？到 20 世纪 80 年代末，美国国会授权对持有强效可卡因的人处以比持有可卡因粉末的人更严厉的判决。由于更大比例的非裔美国人吸食强效可卡因（白人更多吸食可卡因粉末），到 20 世纪 90 年代中期，尽管有更多白人吸食可卡因，但因毒品相关犯罪而入狱的人中有 3/4 是非裔美国人。[34] 再想想"9·11"事件之后媒体对炭疽热恐慌的大肆报道，数百万美元被用来对抗炭疽热，而炭疽热只影响了很小一部分人。与此同时，大量的死亡是由其他感染引起的。[35] 因此，虽然"可用性启发法"可以让我们进行相当准确的概率估计，但它也可能导致出现偏差判断进而影响我们生活的方方面面。总而言之，只要有可能就去关注数据，不要被媒体报道误导！

9.3 锚定与调整启发法

众所周知，许多管理欺诈的案例都没有被发现。那么，你认为在上市公司中高管级别的欺诈现象的普遍性如何呢？你认为重大欺诈的发生率会超过 1%（即 1000 家公司中有超过 10 家存在高管级别的欺诈现象）吗？首先回答"是"或"不是"，之后再估计一下你认为每 1000 家公司中会有多少家存在显著的高管级别的欺诈现象。[36]

如果我先问你是否认为在 1000 家公司中会出现 200 多起欺诈案件，你会如何作答？这种问法会改变你对出现欺诈案例的公司数量的总体估计吗？大多数人会说："当然不会，不会有任何影响。我只是表明自己的估计是高于还是低于这个数字。"但事实上，改变那个"任意数"确实会影响判断。例如，当审计师这样的专业人士对上述两种问法分别作答时，在第一种问法下（即 1000 家中有 10 家），他们回答的平均数量是 16；而在第二种问法下（即 1000 家中有 200 多家），他们回答的平均数量则是 43。虽然 10 和 200 并无关联，但当给出更大的"任意数"时，这些专业人士对高管级别的欺诈现象发生率的判断几乎翻了 3 倍。为什么呢？因为他们使用了一种叫作"锚定与调整启发法"的方法。在使用这种启发法时，人们会选择一个初始的锚点，然后根据接收到的新信息随时调整该锚点。当我们使用一个并不相关的锚点时，或者当我们围绕锚点做出不够充分的调整时，问题就会出现。

现在，你可能会说，也许研究人员在初始问题中暗示了欺诈现象的发生程度，所以审计师们的估计应该受到了影响。但事实并非如此。锚定与调整是一种有强大影响力的现象，即使我们知道锚定完全没有意义，我们的判断也会被它所影响。例如，心理学家阿莫斯·特弗斯基和丹尼尔·卡内曼（Daniel Kahneman）让人们估计联合国成员中非洲国家所占的比例。[37] 在回答问题之前，先旋转一个写有数字 1~100 的轮盘，然后询问参与者他们的答案是高于还是低于轮盘上转出的数字。参与者会受到这个数字的影响，尽管他们知道这个数字完全是偶然得出的。例如，对于转出数字 10 和 65 的两组参与者，他们估计的中位数分别是 25 和 45。

　　还有一个例子，看看下面的情况。不用进行任何实际计算，快速（5 秒内）估计以下乘法算式的结果。

$$8 \times 7 \times 6 \times 5 \times 4 \times 3 \times 2 \times 1 = ?$$

　　你算出来的数是多少？当人们回答这个问题时，他们的答案多是 2250。然而，另一组人被要求给出以下乘法算式的结果。

$$1 \times 2 \times 3 \times 4 \times 5 \times 6 \times 7 \times 8 = ?$$

　　他们的答案多是 512，尽管两种提问方式中的数值是相同的。为什么会这样？因为我们会锁定最初的数字，在第一种情况下最初的数字更大些，所以我们的答案也就更大。[38]

　　锚定简化了我们的决策过程，允许我们一次只关注少量信息，而不是同时考虑与决策相关的所有信息。首先，我们关注一些初始数据，然后根据接收到的任何新信息随时调整最初的印象。虽然这种方法可能适用于许多决策制定，但是当我们锚定的初始数据与即将进行的决策制定毫不相干时，这种方法就可能会导致错误发生。况且，即使初始数据与即将进行的决策具有相关性，我们往往也会过于关注这些数据，从而在获得新信息时无法进行充分的调整。

　　锚定可以影响我们在各个方面的判断。在金融决策中，谈判价格非常容易受到锚定与调整启发法的影响。例如，一项研究发现，当零售商和制造商就汽车零部件的价格进行谈判时，不相关的初始价格 12 美元会导致最终的谈判定价为 20.60 美元，而不相关的初始价格 32 美元最终会导致成交价格为 33.60 美元。[39]

　　你打算花多少钱买新房呢？一项研究调查了房地产经纪人对市场上销售的房屋的估价。[40] 这些经纪人先参观一栋房子，然后收到了一份 10 页纸的信息包，其中包括通常用来评估房价的所有信息。此外，研究者还给他们提供了不同的初始挂牌价格（这价格是不相关的），然后要求他们评估房子的价值。初始挂牌价格为 119 900~149 900 美元，这导致经纪人的估价从 114 204 美元增至 128 754 美元。实际上，仅仅因为房产经纪人使用了一个不相干的初始锚点，你可能就为一套房子多花了 14 550 美元。

　　锚定与调整启发法也会影响股票买卖决策。还记得我那位自认为可以利用基本面分析跑赢市场的同事吗？他曾经告诉我，如果一家公司的股价是 25 美元，然后跌到 3 美元，那么它就值得投资。这就是一个锚定问题——我们买入一只股票时的价格通常会成为我们未来评估这只股票的锚点。事实上，我们甚至不需要购买股票，只需要及时知道它在某个时间点的售价即可。我们只需想想人们对安然（Enron）或世通（WorldCom）股价变化的反应就明白了。2000 年，安然的股票以每股接近 90 美元的价格出售。2001 年初，安然的股价跌至 55 美元左右，与高点相比，这个股价显得很低。许多人在这时大量购买安然的股票，当其价格反弹到 60 美元以上时，看起来他们都做出了明智之举，但我们都知道后来发生了什么。2002 年，安然的股价跌至 12 美分！[41] 因此，我们在决策过程中使用锚定与调整启发法的代价相当大。

　　此外，使用锚定与调整启发法可能还会产生更严重的后果。记得我们之前提及的调查陪审团判决的那个研究吗？相比优先考虑最宽大的判决而言，优先考虑最严厉判决（这是谋杀审判的标准做法）最终会导致更严厉的判决。[42] 因此，我们的简化策略会导致许多灾难性的判断。

9.4　简化策略并非一无是处

　　正如你所看到的那样，我们简化了决策过程，而简化又让我们陷入了麻烦。但情况并非完全悲观。显而易见，我们做出了许多正确的决定，也树立了许多正确的信念。如果没有这些，人类也不能得以生存发展。事实上，在很多情况下，简化策略对我们大有裨益。我们使用可用性启发法时，可以不用费力搜索所有相关信息，只需要从记忆中检索能轻松记忆的数据。这一方法通常很有效，因为我们习惯检索常见的事件，而常见的事件也更有可能发生。我们认为得感冒的概率大于得癌症，因为我们看到的更多是得感冒的人，这就形成了一种正确的判断。然而，我们也很容易回忆起那些罕见却耸人听闻的事件，因而做出其发生可能性超出实际情况的判断。因此，我们高估了来自炭疽、犯罪和许多其他威胁的危险，这些威胁因为媒体的强调，更容易在我们头脑中浮现。

judging 判断代表性也可以发挥作用，因为相似的东西往往相通。然而，如果我们只关注相似性，就会忽略其他相关信息（比如数据的基础率和可靠性），从而影响决策，因此简化策略也会将我们引入歧途。这可能发生在我们日常生活中的个人决定中，也可能出现在我们的职业决策中，这些决策会对更多人产生严重的影响。不过，令人欣慰的一点是，研究表明，当专业人士执行工作相关的任务时，他们的判断中出现的明显偏见通常不像执行抽象任务的新手那样多。[43] 在决策任务中，专业知识似乎可以减少偏见的出现，但不能将其根除。最重要的是，我们需要意识到，在使用简化策略制定决策时，我们稍有疏忽就可能制造问题，认识到这一事实是我们纠正决策错误的第一步。

第 10 章
框架效应与其他决策障碍

> 同样一个杯子，有些人觉得它半满，有些人觉得它半空，而我觉得它太大了。

> ——乔治·卡林

想象一下，美国正在准备应对一场疾病的暴发，这是一种罕见的疾病，预计将导致 600 人死亡。为了对抗这种疾病，人们提出了两种不同的医疗方案，其结果如下。

(1) 如果采用方案 A，将能挽救 200 人的生命。

(2) 如果采用方案 B，有 1/3 的概率 600 人可以获救，2/3 的概率无人获救。

这两种方案你倾向于选择哪一种？如果你和大多数人一样，那你会选择方案 A。现在，请你再想象另一种情形，同样，该疾病的暴发预计会导致 600 人死亡，而另外两种备选方案（C 和 D）可以用来对抗这种疾病。

(1) 如果采用方案 C，将有 400 人死亡。

(2) 如果采用方案 D，有 1/3 的概率无人死亡，而有 2/3 的概率 600 人全部死亡。

对于方案 C 和方案 D，你又倾向于选择哪一种呢？[1] 大多数人会选择方案 D。事实上，心理学家阿莫斯·特沃斯基和丹尼尔·卡内曼发现，当两组不同的人做出决策的时候，看到第一种情形的人中有 72% 的人更倾向于选择方案 A，而看到第二种情形的人中有 78% 的人更倾向于选择方案 D。你可能没有选择 A 和 D，因为你看到了两种情形并列出现，你可以直接进行比较，但是，如果你只看到一种情形，则很有可能在第一种情形下选择方案 A，而在第二种情形下选择方案 D。这存在什么问题吗？方案 A 和方案 C 是完全相同的，而方案 B 和方案 D 也是一模一样的。如果 200 人得以挽救（方案 A），也就是 400 人会死亡（方案 C），所以为了保持一致，如果你选了 A，你就应该也选 C。

这两种决策场景提供了相同的方案，但人们的选择截然不同。为什么？原因是问题的"框架"已经改变了。在第一种情形下，我们专注于拯救生命，处于一个获益框架之中；而在第二种情形下，我们聚焦的是失去生命，处于一个损失框架之中。从本质上讲，如果我们以获益或损失这两种不同的框架来看待问题，就会让我们的决策随之改变，正如本章开篇引用的名言中的杯子，把它看成半满还是半空，确实会影响我们的判断！

这种框架效应在个人和专业决策环境中都会发生。例如，我们让 71 名经验丰富的经理针对商业环境中的相似决策做出选择。在这种情况下，他们要么选择损失 40 万美元，要么选择在接受第一项的基础上节省 20 万美元。当被框定为损失 40 万美元时，只有 25% 的经理选择了这个选项；但当被框定为节省 20 万美元时，有 63% 的经理选择了这个选项。[2]

框架效应甚至可以影响人们的生死决定。一项研究询问了 1153 人（他们分别是患者、医生和研究生），如果得了肺癌，他们会选择放疗治疗还是手术治疗。一些人认为这个决定意味着生存，而另一些人则认为这意味着死亡。例如，大约一半的人被告知，如果接受手术治疗，他们有 68% 的机会再活一年以上。另一半则被告知，如果接受手术治疗，他们有 32% 的概率活不过年底。在生存框架中选择接受手术治疗的占 75%，而在死亡框架中选择接受手术治疗的只占 58%。[3] 即使是面对生死这样重要的决定，许多人也会根据语言措辞的框架不同做出不同的选择。因此，你可以想象一些人在操纵舆论，只是因为他们知道如何设定问题以便得到他们想要的答案。

因此，决策的框架可以影响我们的选择——但为什么呢？事实证明，我们有一种天生的倾向，即为收益规避风险，为损失承担风险。要理解我的意思，请在以下两个选项中做出选择。

A：固定收益 1000 美元。

B：有 50% 的机会获得 2000 美元，也有 50% 的概率一无所获。

对于这两个选项，大多数人是风险规避者——他们希望获得 1000

美元的保证收益，而不是赌博似的要么得到 2000 美元，要么输得精光。现在考虑下面两个选项。

A：绝对损失 1000 美元。

B：有 50% 的概率损失 2000 美元，也有 50% 的机会毫无损失。

在这种情况下，大多数人会选择选项 B，因为我们不想直接要确定损失 1000 美元的经历。如果有可能毫发无损，我们愿意冒险承担更大的损失。从本质上讲，我们一般都是为保收益而厌恶风险（我们追求有把握的事情），为避免损失而承担风险（我们愿意赌一把）。这是人类的内在倾向，但这些承担风险的偏好会给我们带来问题和困扰。正如我们在"拯救生命 / 放弃生命"的例子中所看到的那样，我们对相同选择的判断可能会发生改变，只是因为选项被框定为收益或是损失。所以我们必须意识到决策框架会影响我们的选择。对此，我们能做些什么呢？只要有可能，就用不同的方式来框定决策，看看自己的判断是否会发生改变。如果判断始终不变，我们可以对自己的选择充满信心；但如果它变了，我们就要好好思考自己的偏好。

10.1 损失厌恶

想象一下你刚刚输了 1000 美元，你会有什么感觉？现在再想象一下，你刚刚赢了 1000 美元呢？大多数人都想赢 1000 美元，但如果输了 1000 美元就会反应强烈。我们对 1000 美元的损失比 1000 美元的收益的感受更强烈。这种现象被心理学家称为"损失规避"——对我们大多数人来说，损失显现得比收益更突出。本质上，我们厌恶损失！厌恶损失是我们在明知会有损失的情况下，还心甘情愿承担更多风险的原因之一——我们只是不想接受肯定的损失。

这种规避损失的愿望也会引发许多错误的决定。例如，投资者倾向于迅速卖出获利的资产，而持有亏损的资产。研究表明，我们更有可能卖出价格上涨的股票，而不是价格下跌的股票，但这通常是一个糟糕的决定。事实上，一项研究发现，投资者卖出表现优异的股票，这些股票在随后的 12 个月里会继续增长 3.4%。[4] 那我们为什么要这样做呢？因为我们想要锁定确定的收益，而不想接受确定的损失。所以，我们会卖出价格正在上涨的股票来实现收益，而继续持有价格下跌的股票，希望它们出现反弹。不幸的是，其中一些股票会继续下跌，最终我们的损失要比一开始直接止损时的损失还要多。在试图避免经受损失带来的痛苦时，我们因被这只失败的股票长期套牢而产生了更大的痛苦。

损失厌恶也解释了一个有趣的现象，即"禀赋效应"。请考虑下面这两个场景。

如果你赢得了一张你特别想看的体育赛事的门票，某个陌生人发现你有票，想跟你买。你愿意出售这张门票的最低价格是多少？

现在假设你没有这场体育赛事的门票，但你想去。你愿意花多少钱来买门票？[5]

通常情况下，我们通常会要求以现价的两倍出售这张门票。为什么？因为我们不想失去我们已经拥有的。所以，我们高估了属于自己的东西，而低估了属于别人的东西。[6] 作为示范，理查德·塞勒（Richard Thaler）教授给了一群学生一个印有学校标志的咖啡杯。随后，当学生们被问及他们愿意以什么价格出售这个杯子时，他们给出的平均价格是 5.25 美元。但是其他没有杯子的学生只想以平均 2.75 美元的价格购买这个杯子。[7] 实际上，所有权增加了我们所拥有的事物的价值。

我们高估自己所拥有事物的倾向每天都在被商家利用。营销人员明白，当我们购买一件产品并把它带回家时，禀赋效应就会发生作用，于是我们就不想再退货了。因此，我们会看到家具零售商一再引诱我们今天就把一套新的家具带回家，而且会告知我们第一年都不用支付费用。还有一些类似的情况，比如我们可以获得几个月的免费互联网服务，或享受有线电视或电话服务的折扣。商家以免费试用或较低的初始价格引诱我们购买商品，我们一旦拥有了这些商品，就不愿再放弃。[8]

在一些加油站，如果用现金而不是信用卡支付，燃料会更便宜。信用卡公司鼓励加油站把差价当作现金折扣，而不是信用卡附加费用。[9] 为什么？因为附加费用被视为实际损失，而现金折扣则被视为收益。虽然这两者的收费结构是一样的，但我们对附加费用的反应更大，所以如果涉及附加费用，我们就不太可能使用信用卡。损失厌恶也可能使我们与他人的谈判复杂化，因为各方都认为自己的让步是损失，而这些损失比从对方处获得的收益显得更多。损失厌恶甚至可以用来解释政治家在选举中获得的优势。因为，在领导权利中，与有利的变化带来的潜在收益相比，不利的变化带来的潜在损失可能被认为更多。[10] 因此，我们避免损失的欲望会产生深远的影响。

10.2　心理账户效应

如果你花 75 美元买了一张你钟爱的球队的比赛的票，当你要去球场时，你突然发现把票弄丢了。你会再花 75 美元去看比赛吗？现在假设你去往球场，希望在售票窗口买一张 75 美元的票。当你查看钱包时，你发现你的钱足够买这张票，但你刚刚才损失了 75 美元。你还会买这张票吗？

当人们面临这样的问题时，大多数人会对第一个问题说"不会"，而对第二个问题说"会"。例如，一项研究发现，只有 46% 的人会在第一种情况下买票，而有 88% 的人会在第二种情况下买票。[11] 这是为什么呢？在第一种情况下，我们将两笔 75 美元的支出放在同一个"心理账户"中，因为两笔支出都与购票有关。这样我们就会认为这场比赛花了我们 150 美元，这超出了我们的心理预期。而在第二种情况下，这两笔支出被存入了不同的心理账户，因为我们没有把损失的钱与票联系起来，所以我们就会买票。但是如果我们最终买了票，我们的处境其实是一样的——我们都看了比赛，而且一共都花了 150 美元。然而在两种情况下，我们做出的决策是截然不同的。[12]

根据"心理账户"效应，我们把钱分别放入不同的账户，然后根据账户的类别来区别处理这些存款。事实上，我们会因为心理账户效应浪费我们的钱财。[13] 传统经济学认为，所有的钱都应该是可替代的——不管钱是来自我们的工资，还是收到的礼物。每一种情况下，钱对我们来说都应该具有相同的价值，所以我们花钱的方法也应该是相同的，但事实并非如此。我们容易挥霍的钱是别人的馈赠，而不是我们辛辛苦苦挣来的钱。这甚至也适用于退税，我们常常认为我们的退税是一笔意外之财，所以很可能就把它随意挥霍了。然而，退税实际上是我们工资的延迟支付，是一种强制储蓄。如果我们从工资中节省出一笔钱并将它存起来，通常会仔细考虑如何支配这笔钱；但对于退税，我们不会如此规划。为什么？因为我们把退税存入了一个单独的心理账户。[14]

我经常出差去澳大利亚，在不同的大学进行研究项目的展示和交流。对于因此收到的每一笔津贴，我都花得又快又奢侈——我会买更贵的餐食，花更多的钱点葡萄酒和啤酒。在澳大利亚，我经常会买 75 美元一瓶的葡萄酒搭配我的晚餐，而在美国，我只花大约 25 美元。为什么？因为我认为我的津贴不是正常工资的一部分，所以它存在一个不同的心理账户中。虽然我过得很开心，但与我在家的选择相比，我在澳大利亚做的财务决策完全不同——这都是因为心理账户效应。

心理账户的大小也会影响我们的财务决策。在以下两种情况下，你会怎么做？[15]

你去一家商店，想买一些新的计算机软件，价格是 100 美元。销售人员告诉你，另外一家商店正在打折出售同款软件，售价为 75 美元，开车 10 分钟就到了。你会去另一家商店吗？

　　你正在一家商店购买一台新计算机，价值 1900 美元。销售人员告诉你，另外一家商店正在出售同款计算机，售价为 1875 美元，你会去另一家商店吗？

　　在第一种情况下，大多数人会选择去另外一家商店，但在第二种情况下不会去。价格下降的比例应该不那么重要；在节省的金额相同的情况下，我们应该只对比为了获得这部分节省的金额所需花费的时间。然而，此时我们启用了心理账户，并将节省的金额与账户的规模进行了比较。因为我们想达成一笔好交易，所以我们更愿意在第一种情况下为节省 25 美元开车换店购买，在第二种情况下却不愿意这样做。[16]

　　信用卡也是心理账户的一种类型。不知什么原因，如果使用的是信用卡，我们的钱就会"贬值"，这很讽刺，如果把高额利率计算在内，通常信用卡会让我们花费更多。例如，麻省理工学院的两位教授对波士顿凯尔特人队的一场比赛的门票进行了一次"减价拍卖"。一半参与者被告知，如果他们赢得投标，他们必须支付现金购买门票，而另一半参与者则被告知他们必须用信用卡来支付。令人惊讶的是，使用信用卡支付的参与者给出的平均竞标价格大约是另一半参与者出价的两倍！[17] 这是因为信用卡的心理账户会让我们搭上一大笔钱。

　　心理账户还会影响我们的冒险行为。金融学教授理查德·塞勒询问一组部门经理，如果一个项目有 50% 的机会获得 200 万美元的收益，有 50% 的概率损失 100 万美元，他们是否会投资这个项目。这个项目的预期价值是获得 50 万美元的利润，看起来还可以，但 25 个部门经理中只有 3 个愿意冒这个险。[18] 为什么？因为他们使用了一种狭隘的心理账户，其中只包括一个投资项目，而且他们不愿意冒险在这个项目上失败。但如果他们扩大这个账户，加入其他类似的投资项目，可能就更愿意承担风险。事实上，当公司 CEO 被询问是否会投资 25 个这样的项目时，他激动地回答说会投，因为从长远来看，公司很可能会从中获利。这个故事的寓意是，如果你在商业交易中过于厌恶风险，就应该扩大你的心理账户。[19]

　　心理账户也会让我们以一种错误的方式来评估财务决策的结果。还记得我朋友克里斯的故事吗？他认识的一个人只做了几笔股票投资就大赚了一笔。当我问及他朋友的其他投资时，他就淡化那些投资的重要性——因为都赔了。许多投资者把股票的收益放在一个心理账户中，把损失放在另一个心理账户中。然后，他们就专注于收益的心理账户，而对损失的心理账户轻描淡写。这是典型的专注于收益而淡化损失的案例。如果我们想要对自己的投资表现形成一个准确的评价，就需要扩大自己的心理账户，使之同时包括收益账户和损失账户。

　　心理账户会让你做出糟糕的财务决策吗？问问自己以下两个问题。第一，我的储蓄账户里是否有应急资金或其他资金，而非用于养老的资金？第二，我信用卡上的钱是按月结转的吗？如果你对这两个问题的回答都是肯定的，那你就因为心理账户效应做出了糟糕的财务决策。为什么？因为信用卡债务的利率很高，而储蓄账户的利率很低。你最好把信用卡债务还了，如果之后有事急需用钱，就用信用卡付账。[20]在制定个人财务决策时，尽快还清债务通常是更明智的做法。如果你的信用卡上有 3300 美元的欠款，你会被收取 18% 的利息，如果你每月只支付最低还款额，你需要 19 年才能还清债务。如果你每月只比最低还款额多支付 10 美元，你将在 4 年之内还清债务，并少给约 2800 美元的利息！[21]

　　我们从中能学到什么呢？我们把钱分类存入不同的心理账户，这种做法会引发许多不明智的财务决策。我们怎样才能解决这些问题呢？平等地对待你所有的钱，无论是你的工资、储蓄，还是他人的馈赠。最好的方法之一就是在花钱之前，先把你所有的钱存入储蓄账户或投资账户。这个小小的建议似乎对我的批判性思维课上的一个学生大有启发。他幸运地赢了 800 美元，这对一个本科生来说可是一笔巨款。他在前去挥霍这笔意外之财的路上，停下来想了想他的心理账户是如何影响他的决定的。他当时急需用钱，所以他带着钱回到家，然后存进了银行，靠它生活了几个星期。如果你钱多得可以任意挥霍，这是一回事，但如果没有，平等对待你所有的钱有助于减少鲁莽的支出，并形成更明智的财务决策。

10.3　20/20 后见之明偏误

　　为什么黑人能主宰篮球赛场？人们提出了各种各样的原因，包括基因。一些人认为他们之所以容易成为优秀的篮球运动员，是因为他们跳得更高，跑得更快。依据这种逻辑，黑人在篮球比赛中更胜一筹也就不足为奇了。事实上，有些人除此之外也想不到别的缘由了。但在做出这样的推断时，他们陷入了"后见之明偏误"。无论发生什么事，人们都能想出来的因果解释似乎使其从一开始就显而易见。很明显，很多人就是认为黑人主宰职业篮球赛场是因为基因，但请考虑以下事实。

有一段时间，犹太人曾主导这类体育比赛。20 世纪 20 年代到 20 世纪 40 年代，篮球是一项主要以东部沿海的城市为中心开展的运动，而且当时主要是犹太人参加。调查记者乔恩·昂蒂纳（Jon Entine）指出，当犹太人引领篮球运动时，体育记者们为他们的优越表现想出了许多原因。正如他所言，"作家们认为犹太人在基因和文化上生来就很强大，这使他们在篮球运动的压力和耐力之下屹立不倒"。有人提出他们具有自己的优势，因为他们身材矮小，所以平衡能力更强，跑动速度更快。还有人认为他们眼睛更加敏锐，而且据说他们非常聪明。[22] 20 世纪 30 年代最杰出的体育作家之一保罗·加利科（Paul Gallico）曾说过，篮球运动吸引犹太人的原因是"这项运动重视机敏的心思、筹谋的头脑、炫技的手段、巧妙的躲闪，还有自作聪明"。[23] 尽管这是明显带有侮辱性的刻板印象，但我仍然惊讶于人们是如何认知已知事实背后的原因的，即使这假定的原因看起来相当荒谬。

第二次世界大战、偷袭珍珠港、挑战者号和哥伦比亚号航天飞机惨剧以及越南战争的升级是不可避免的吗？事后幡然醒悟，人们通常会给出肯定的回答。但如果这些事件是不可避免的，为什么人们没有预测到呢？事件发生之前，通常会有许多不确定性因素。但是一旦我们知道了结果，就会忘记那些不确定性因素，认为事情发生的可能性一直存在。心理学家巴鲁赫·菲施霍夫（Baruch Fischhoff）用一份关于英国军队和尼泊尔廓尔喀人之间的战斗的真实记录，生动有趣地展示了这种趋势。[24] 菲施霍夫让参与者阅读了这份记录，告诉其中一些参与者实际上英国军队赢了这场战斗，而没有告诉其他参与者这场战斗的结果。然后，他要求他们必须根据战斗的描述（即假设他们不知道结果）来评估英国军队获胜、尼泊尔廓尔喀人获胜，或者陷入僵局的可能性。那些被告知英国军队赢了的参与者认为英国军队获胜的概率是 57%，而那些未被告知任何结果的参与者认为英国军队获胜的概率只有 34%。

　　一旦我们知道某种结局已经发生，就会出现两件事：①这个结果似乎是不可避免的；②我们很容易明白事情为什么会这样。实际上，如果我们知道了事件的结果，就会重构自己的记忆：我们不记得事件发生前那些明显的不确定性；相反，我们会根据已知的实际发生的事情来重构对过去的认知。[25] 这就是知识的诅咒！

　　为什么"后见之明偏误"如此重要？一方面，它会影响我们如何判断他人。如果我们的公司失去了市场份额，我们的工作岌岌可危，我们可能会想："我们的 CEO 早就应该知道竞争对手会在市场上推广一种新的技术——看看证据就知道了。"但是，如果我们考虑到知晓结果之前存在的各种不确定性，可能就会做出与 CEO 一样的决策。另一方面，"后见之明偏误"还会阻止我们从经验中学习，因为如果某种结果不能带给我们神奇震惊的感觉，我们往往就不会从中收获太多。

　　那么，我们该如何解决后见之明的问题呢？仅仅告诉人们这种"后见之明偏误"的存在通常远远不够。与我们讨论过的许多其他问题一样，减少偏差的最佳方法之一是考虑一下可替代的结果是如何产生的。在这样做的过程中，我们会关注支持另一种结果的信息，这应该会形成另外一种可能性，实际的结果可能在开始时并非那么一目了然。[26]

10.4　过度自信

考虑到决策错误的各种情形，你可能会认为人们应该对自己做出准确判断的能力保持谦卑的态度，实则不然。研究持续表明，人们对自己的判断能力过度自信，其中包括医生、律师、证券分析师和工程师这样的专业人士在内。例如，一项研究表明，当医生做出肺炎的诊断时，他们对自己的诊断有 88% 的信心，尽管病人只有 20% 的概率患有肺炎。多达 68% 的律师相信他们会胜诉，而实际只有 50% 的律师获胜。在根据市场报告预测股价是涨还是跌时，人们预测的正确率只有 47%，但他们自认为的预测准确率平均达到 65%。此外，超过 85% 的人认为自己的开车技术比其他人更好。几乎在生活的每个方面，我们无时无刻不在高估自己的知识和能力。[27]

当然，在某些情况下，超级自信会有助于我们实现一般情况下难以企及的目标。很少有人会在明知不可能成功的情况下着手创业，然而还是有超过 2/3 的小企业在创业的前 4 年就以失败告终。但是，过度自信也会导致灾难性的后果。在挑战者号航天飞机爆炸之前，美国航空航天局估计发生灾难的概率为十万分之一，这相当于连续 3 个世纪每天发射航天飞机的频率！有这样的信心，难怪美国航空航天局认为即使在极端不利的条件下他们也可以正常发射。

过度自信也会导致规划谬误。你会低估完成一个项目所需的时间或经费吗？大多数人会低估。当学生们预估撰写论文所需的时间时，他们平均预估的时间是 33.9 天，远远低于实际所用的 55.5 天。[28] 政府项目特别容易受到规划谬误的影响。1957 年，当澳大利亚政府决定建造著名的悉尼歌剧院时，他们认为项目可以在 1963 年完工，耗资 700 万美元。事实上，缩减规模后的悉尼歌剧院于 1973 年才对外开放，且耗资 1.02 亿美元。波士顿市建造的地下高速公路系统——"大隧道"，最初的预计称该工程将于 1998 年完成，费用为 26 亿美元，而直到 2005 年，该工程的主体部分才完成，且耗资已经超过 140 亿美元！ [29]

　　研究不断表明，我们的自信心与准确性之间几乎毫无关联。例如，在临床心理学家和学生对病人的状况进行反复评估时，随着接收到的信息不断增加，虽然他们对做出准确判断的信心逐步增强，但其准确性始终未变。[30] 尤其令人不安的是，心理学家伊丽莎白·洛夫特斯（Elizabeth Loftus）研究了法庭上目击者的证词和罪犯鉴定准确性之间的关系，她总结道："任何人都不应该把高度自信作为确定任何事情的绝对保证。"[31] 即便目击者对自己的指认有绝对的自信，他们还是经常出错。此外，研究还发现，当神经外科医生诊断脑损伤，内科医生诊断癌症或肺炎时，其自信心与准确性互不相关。[32] 实际上，对于误诊的病例和诊断正确的病例，内科医生的自信是一样的。我们自恃知晓一些事情，并不意味着我们真的知之甚多。

　　造成人们过度自信的一个原因，是人们总是记住预测准确的时候而忘记预测失误的时候——就像我们经常记住成功的瞬间，而忘记失败的时刻一样。然而，这个问题有点复杂，因为有的时候，我们对失败也是记忆深刻。事实证明，即使我们对自己的失败刻骨难忘，也还是会用支持自己信念的方式来解读失败。哈佛大学心理学家艾琳·兰格（Eileen Langer）将此现象称为"要么是我赢了，要么是运气不好"。[33]这与我们看到的赌徒做派如出一辙。如果成功了，我们就会认为是自己的知识和能力成就了积极的结果。如果失败了，我们则认为消极的结果是由自己无法掌控的因素造成的。因此，我们会对自己的能力总体保持积极的信念并重新解读自己的失败。

那么，如何解决过度自信的问题呢？ 我们可以尝试思考判断可能出错的原因。在某种意义上，这类似于考虑替代性假设。如果我们评估可替代的假设以及这些假设可能是正确的原因，就会暗自考虑与自己当前所持信念或判断相反的证据，这应当可以抑制我们的过度自信。要对抗问题重重的判断偏见，考虑其他选项是最有效的方法之一。

10.5　直觉判断

由于我们常常过度自信，所以往往认为自己的直觉判断相当准确。我们凭直觉判断时，就会收集各种各样的信息，评估信息的重要性，然后以某种主观的方式把这些信息结合起来，最后做出决定。我们愿意相信这些直观的判断会比凭统计数据得出的判断更加准确，因为在决策过程中，主观评估会让个人的专业知识获得用武之地。当然，这些判断有时会相当不错，但正如你所预料的那样，它们也可能导致错误和严重的后果。当专业人士做出对我们的生活有重大影响的直觉判断时尤其如此，我们来看看大学招生的例子。

当申请大学时，我们的命运就掌握在招生委员会的手中。虽然招生人员会认真检查确凿的统计数据，如学生以前的平均绩点和 SAT 分数，但是他们（对于一些学校来说）也非常看重学生的面试表现。招生委员会成员往往认为他们可以在面试中看到一些无形的品质，从而据此预测学生是否会在大学表现优秀，然后他们会主观评价所有信息，并形成对申请人的直觉判断。

　　众所周知，面试在预测一个人未来是否会成功的问题上并不可靠。正如心理学家罗宾·道斯（Robyn Dawes）所指出的那样，相比考量能反映学生 4 年来表现的平均绩点，认为通过半小时的面试更能了解一个学生的能力的想法就是自以为是。[34] 事实上，面试中的个人评估可能是有害而无益的，因为它们缺乏可信度和有效性。许多研究表明，面试官的评估意见并不是申请人未来成功与否的标准——因为不同的面试官甚至常常对评估意见难以达成共识。[35] 然而，许多大学将面试表现作为决定是否录取的主要因素。

　　为什么我们要继续相信面试的价值呢？因为我们认为自己的直觉判断比依靠统计数据得出的判断更好，以及人们只记住获胜的时候而忘记失败的时候。一名招生委员会成员可能念念不忘他曾经凭直觉录取了一个成绩很差的学生，但后来这个学生的学业表现非常优秀。这样的记忆只能增强他对自己直觉判断的信心。不幸的是，这名招生委员会成员很可能忘记了有些时候他也是凭直觉录取了一个学生，而这个学生的表现令人失望。难怪我们认为自己有特殊的技能，而且这种技能靠统计数据是无法复制的。此外，我们还认为仅仅基于统计数据来制定重大决策是不对的——我们认为这是没有灵魂的。如果申请大学时仅仅因为过去的数据而遭到拒绝，许多学生会愤愤不平、激烈争辩，认为他们需要通过面试被发掘作为学生的真正潜力。

然而事实是，大量的研究表明，如果我们依靠统计数据判断而不是直觉判断，会做出更加准确的决定。在统计数据判断中，我们不会使用自己的直觉判断来评估和组合不同的信息。相反，我们用统计学和数学的方法将这些信息结合起来。例如，在大学招生的例子中，我们可以把一个学生的平均绩点、SAT 分数和推荐信的量化数值加起来，然后用得出的数值来预测学生未来在大学里能否成功。[36] 数值越高，学生表现优异的可能性越高，根本无须进行全面的主观评估。

几十年的研究表明，在许多决策情景中，这种简单的统计模型比直觉判断效果更佳。事实上，在 100 多项研究中，统计数据判断已被证明比直觉判断更胜一筹。这些研究包括预测学生在大学里能否成功、精神病人的自杀企图、工程师的工作满意度、企业的成长发展、被假释者何时会违反假释规则、病人是神经质还是精神病、精神病人需要住院的程度以及病人对电击疗法的反应。[37] 在以上大多数情况下，专家们都进行了直觉判断。

例如，一项研究调查了俄勒冈大学研究生招生委员会的准确性。该委员会使用他们的专业判断来预测学生未来的成功情况，主要结合学生的本科平均绩点（GPA）、研究生入学考试（GRE）分数和本科院校质量评估信息进行判断。[38] 然后，研究人员对招生委员会的判断结果与学生在 2~5 年之后的在校表现（基于当时的教师评分）进行相关性分析。结果显示，它们的相关性系数仅为 0.19，这证明招生委员

会的判断准确率非常低。相比之下，仅将与学生成绩有关的相关变量
（如 GPA、GRE 分数等）相加，得到的相关性系数为 0.48。因此，如
果我们不依赖专业人士的直觉判断，仅仅依靠极简的方式把基础统计
数据组合起来，这样得出的判断会更加准确。[39]

　　你知道关于准予刑事假释的决定是如何做出的吗？假释委员会在
很大程度上依赖于对罪犯的面谈。一项研究显示，有 629 名获得假释
的罪犯，其被假释的决定除一项之外，都与面谈者的建议一致。但是
面谈者的直觉判断真的准确吗？假释委员会认为，在假释一年的时间
内，大约有 25% 的假释决定被证明是失败的，因为被假释者犯下了另
一项罪行或违反了其他假释条件。但是，有一个统计模型，只使用背景
统计数据，如罪犯最初犯罪的类型、过去犯罪的次数、违反监狱规则的
次数，这个模型在预测假释失败的问题上要比面谈的方法准确得多。[40]

　　与统计数据判断相比，医生的直觉判断也可能不够准确。一项研
究要求医生判断 193 名霍奇金淋巴瘤患者的预期寿命。尽管医生们认
为他们能够准确地做出判断，但他们的判断与患者的预期寿命完全无
关，而一个统计模型的表现要好得多。[41] 统计数据判断广泛应用的一
个领域是贷款申请。大约 90% 的消费贷款和所有的信用卡发行都是基
于统计模型的，这可能是一件好事，因为当资深的银行职员给客户的
信用评级时，与那些由统计模型选择的客户相比，他们选择的客户最
后会出现更多的违约行为。[42] 大量的研究表明，专业人士的直觉判断
与仅凭统计数据判断得到的结果相比，通常不会增加更多价值。事实
上，在被调查的大多数决策中，直觉判断的结果相对更糟，但我们仍

然对自己的直觉判断信心满满。

　　为什么这些专家的判断如此靠不住？有些事情因为我们掌握的信息的数量和质量不达标而很难被预测。例如，可能就没有什么能判定一个人是否有某种心理或生理障碍的可靠测试，尽管如此，人们通常还是试图做出预测。在有些情况下，我们掌握的信息是有用的，但我们可能会误读或误用这些信息（例如，我们经常高估并不重要的信息，或低估更为重要的数据）。此外，如果我们必须做出大量的决定，就像大学招生的例子，我们使用的决策策略可能不会始终保持一致。人不是机器，有自己的生活。我们有时感觉无聊，有时分心走神，有时感到疲倦。因此，我们可能会在不同的时间做出不同的决定，而这种不一致性增加了决策错误的可能性。[43] 相较而言，统计模型不会无聊、分心或感到疲倦——它们总是始终应用相同的决策规则。

　　因此，依靠统计数据判断而不是直觉判断做出的许多决定会更加准确。当然，我并不是提倡我们永远不要依赖专业判断。我们生活中要面对的许多决定显然都需要医生、律师和其他专业人士的建议，尤其是医生对当前医学实践专业知识的掌握可以挽救生命。但是，我们也必须认识到预测能力的局限性。正如我们所看到的那样，预测许多不同类型的未来事件非常困难，特别是涉及人类的行为时。研究表明，直觉判断并不能为这些决策提供深刻的见解。虽然许多专业人士认为他们有专家的洞察力，可以做出这些决定，但事实是，依靠统计数据预测会产生更好的决策。正如心理学家斯图尔特·萨瑟兰（Stuart Sutherland）所说："要质疑任何自称直觉强大的人。"[44]

10.6　对个人与对群体的判断

你可能听过这句话："统计数据不适用于个人。"例如，我们可能知道，70% 患有某种疾病的人将在一年内死亡，但这并未告诉我们患有这种疾病的某个特定的人是否会死亡。或者我们可能听说过 "60% 来自某个特定的社会经济背景的人会犯罪"，同样的道理，我们不知道具有这种背景的某个特定个人是否会走上犯罪道路。但别忘了，人们有预测事物的内在欲望。因此，包括专业人士在内的许多人相信他们可以利用自己的直觉洞察力预测一个人的行为。

以临床心理学领域为例。一些临床心理学家声称专业训练让他们对个体的行为方式有了独特的见解，这超出了我们从普通统计数据中获得的信息。他们经常被带到法庭上就一个人的心理状态提供专家证词，而且在发表宣告证词时信心十足。[45] 但问题是，心理学领域以及一般的社会科学并没有给我们提供那样的信息。心理学不允许我们对个体做出决定性的预测，它表明的是存在于一个群体中的倾向。[46] 因此，对个人的直觉判断经常会出现错误。再次重申，要做出这样的判断，我们能够借助的最佳信息还是一般的统计数据。

我们是从何了解到临床预测并不比仅依靠统计数据进行判断的效果更好的呢？因为，没有证据表明拥有多年经验的心理治疗师会为病人带来更好的治疗结果。此外，研究还发现，有执照的临床心理学家并不比无执照的从业人员（如社会工作者）的表现更为出色。[47] 事实上，心理学家罗宾·道斯指出："治疗的有效性与治疗师参与的培训或所拥有的证书无关。我们应该认真对待这些研究发现，即对未来行为的最佳预测指标是过去的行为加上在严谨的标准化测试中的表现，而不是对罗夏墨迹测试的反应或在面试中留给人的印象，尽管任何预测都不如我们所期望的那样准确。"[48]

归根结底，我们只能对总体的预测保持合理的自信，即对一个群体的行为取向做出合理的预测。任何试图对个体行为做出的预测都容易出现许多错误和不确定性，因此，要么我们根本就不该这样做，要么应该在做的时候提高警惕。[49] 正如道斯所言，"一个精神健康专家如果对某个人未来可能的行为（如发生暴力行为）表达了自信的观点，严格意义上讲这是不称职的，因为研究已经证明，无论是精神健康专家还是其他任何人都无法做出这样一个准确的预测，无法做到如此自信"。[50] 然而，这类专业意见在我们的法庭上天天都会出现。

由于心理学发现的是群体的倾向，并不能使我们准确地预测群体中的个体行为，所以这里讨论的结论只与群体的倾向有关。例如我们为了获得收益而规避风险，为了避免损失而不惜冒险，寻找印证自己想法的证据，或者看到并不存在的关联，都指的是我们有以这些方式行动的倾向，但无论我们如何努力去预测，都无法准确地预测我们之中任何一个人的行为。我们能采取的最好的方法，就是根据普遍的统计数据进行概率评估。[51] 虽然统计数据并不适用于个人，但它能够让我们这样说："根据过去的统计数据，患有这种疾病的患者有 70% 的概率活不过一年。"这一结论固然不完美，但已经是我们能做到的最佳程度。任何其他预测都只是在自欺欺人罢了。

第 11 章
错误记忆

我有照相机式的精准记忆，只是偶尔会忘记取下镜头盖。

——米尔顿·伯利（Milton Berle）

你还记得前面讨论的被压抑记忆的例子吗？一名警察来到你家门口，向你宣读你的权利，随后给你戴上了手铐。你被押送进监狱时，得知你 28 岁的女儿指控你曾在她 8 岁时虐待她。她为什么会对此深信不疑呢？原来是她最近因一些情绪问题开始接受治疗，治疗师认为童年时遭受过虐待可能是她目前存在的问题的诱因。你的女儿并没有之前被虐待的记忆，但治疗师对她进行催眠之后，她开始"记"起一些你虐待她的清晰场景。警察被叫来了，根据她对 20 年前的记忆的证词，你被送进监狱——30 年——尽管你知道你什么也没做过！这听起来很疯狂，但类似的事件在美国确实发生过。这是怎么发生的？这一切都与我们的记忆形成过程密不可分。

11.1 我记得就是这样

许多人认为我们的记忆是对过去经历的永久储存。例如，以下两种观点中哪一种最能反映你对记忆的看法？[1]

（1）我们了解的一切事情都在大脑中永久储存，尽管有时我们无

法想起某些特定的细节。但通过催眠疗法或其他特殊技术，这些难以
追忆的细节最终可以得到恢复。

（2）我们了解的一些细节可能会在记忆中永久丢失。这些细节无法
通过催眠疗法或其他特殊技术得以恢复，因为这些细节根本已不复存在。

如果你选择了第一种观点，那也并非特例。当心理学家向来自美
国各地的人提出这个问题时，大约有 75% 的人选择了第一种观点。我
们似乎认为记忆就是我们经历的真实快照。当然，我们不可能记住所
有的事情；事实上，我们经常抱怨自己的记忆力差。但是我们说自己
记忆力差，通常是指自己当时想不起来以前的事情。我们认为记忆被
储存在某个地方——只是现在我们想不起来。而且，一旦确实想起某
件事情，我们就会对这种回忆信心十足，会认为这段记忆准确无误。
但其实我们的记忆并非如此运行。

随着时间的推移，新的经历可以改变我们对过去经历的记忆，而
我们自己甚至毫无觉察。实际上，我们的记忆是对过去的重构。每次
我们回忆一段往事，我们就会重构关于那段往事的记忆，而且随着每
次连续重构，我们的记忆会离真相越来越远。正如伊丽莎白·洛夫特
斯和凯瑟琳·凯查姆（Katherine Ketcham）所说，我们的记忆可能被
改变，"通过接连发生的事件、其他人的回忆或建议、增强的理解或新
的背景环境……通过我们记忆的过滤，真相与现实已不再是客观的事
实，而是经过主观诠释的现实"。[2] 因此，我们对过去的回忆并非坚如
磐石，一成不变。记忆是不断变化的——一些记忆消失了，而另一些
记忆则被转化了。

为了说明这一点，两位英国心理学家秘密记录了剑桥心理学会会议上的一次讨论。两周后，参与讨论的人被要求写下他们能记住的一切。事实证明，他们省略了 90% 讨论过的具体要点，当回忆起某个事件时，有近一半的事件基本上不准确。这些人把即兴评论的内容当成了全面讨论的话题，而他们记得听到过的评论却从未真正出现过。[3]

甚至对于那些让人感到惊讶震撼和充满情感的事件，我们的记忆也可能出现错误。你还记得你是如何听说挑战者号和哥伦比亚号航天飞机失事的灾难，或是世贸中心大厦倒塌的惨剧的吗？这些闪光灯式的记忆细节，每每回忆起来时都栩栩如生。我们记得听到消息的地方、是谁告诉我们消息的、听到消息时我们的感受，等等。事件发生多年后，这些"事实"在我们的记忆中仍然根深蒂固。但是它们总是像我们想象的那样准确无误吗？

1986 年 1 月，挑战者号航天飞机发生爆炸后不久，研究者询问了一些学生他们第一次听到的这个消息的内容。[4] 两年半后，他们又询问了这些学生同样的问题。大多数学生说他们这时的记忆是准确的——但他们没有一个人的记忆是完全准确的，而且超过 1/3 的人的记忆是非常不准确的。除此之外，学生们对自己的记忆自信满满，当他们得知自己的记忆不准确时，仍然不敢相信自己修正后的记忆是错误的。事实上，他们坚持认为自己目前回忆的内容比当时挑战者号爆炸之后所说的更加准确！正如心理学家乌尔里克·奈尔（Ulric Neisser）所指出的那样，原始记忆并非只是封存不变——它们会被新生的、重构的现实所取代。[5]

那些记忆精准人士的回忆又如何呢？你知道发生在尼克松总统任期内的水门事件吗？当白宫法律顾问约翰·迪恩（John Dean）在调查这一丑闻的众议院委员会面前作证时，他提供了许多与尼克松对话的细节，几乎是对实际情形的逐字记录。当时，人们认为迪恩简直有些不可思议——他显然具有照片式的精准记忆。但他真的如此神奇吗？迪恩仍然记得 1973 年 9 月 15 日他与尼克松和罗伯特·霍尔德曼会面时所有的内容：

> "总统让我坐下。他们两个人看起来神采奕奕而且亲切热情地接待了我。接着总统告诉我，鲍勃——指的是霍尔德曼——已经把我处理水门事件的情况向他做了汇报。总统告诉我，我做得非常出色，他知道这是一项多么艰巨的任务，总统很高兴这个案子在利迪（Liddy）那里结束了。我回答，此事不能归功于我，因为别人做的事情比我所做的要困难得多。当总统讨论目前局势时，我告诉他我所能做的就是压制这个案子，并尽力不让它影响白宫。"[6]

然而，总统当时录下了他们的谈话，这对我们而言是幸运的（对尼克松却不是）。回放录音带时，人们发现尼克松并没有请迪恩坐下，没有让霍尔德曼向他汇报情况，也没有说迪恩做得很好，更没有提到戈登·利迪。实际上，迪恩只记住了谈话的要点——尼克松知道掩盖真相的事——但是很多具体细节被修改或增加了。最重要的是，我们的记忆并不是对现实的精确复制。我们可能会忘记一些已经发生过的细节，也可能在不知不觉中改变关于另外一些细节的记忆。更麻烦的是，我们甚至可能会创造出对从未发生的事件的全新记忆，而这些错误的记忆可能会导致许多严重的后果。

11.2　如果你这么说——暗示的力量

看看下面这个真实的故事。1987 年，一名年轻女子遭到侵犯。行凶者被抓获，并被判处入狱 18 个月的刑罚，但这名女子继续受到噩梦的困扰。为了消除悲伤和愤怒的情绪，她向治疗师寻求帮助。在治疗过程中，她开始相信她的父母在孩童时期侵犯过她，而且她持续的梦魇就是那些被压抑的记忆的表现。这名女子告诉她的妹妹和嫂子让她们的孩子远离他们的祖父母。出于担心，姑嫂俩带着自己的孩子去看了一位专门研究猥亵儿童的治疗师。在接受治疗期间，其中一个孩子开始做噩梦，梦到一些惊恐骇人的生物，而且认定这些生物就是她的祖父母。治疗师因此诊断这些孩子患有创伤后应激障碍（PTSD），据说就是猥亵引起的后果，于是他们的祖父母就被逮捕了。

在审判中，一个孩子说，她的祖父母把她关在地下室的一个巨大的笼子里，并威胁她如果她告诉别人，他们就会用刀捅进她妈妈的心脏。因为这些记忆，他们的祖父母被判犯有强奸罪、猥亵罪和殴打罪等，尽管没有任何物证能证实任何指控。然而，这对祖父母最终分别被判处 9 年和 15 年的监禁，仅仅是因为有人做了一个噩梦，而在此之前这些记忆并不存在。[7]

20 世纪 80 年代和 20 世纪 90 年代，一些治疗师宣称，受害者往往会压抑童年时期遭受猥亵的记忆，然而这些记忆可以通过催眠和其他暗示性的技术被唤醒。这些治疗师认为，如果一段往事不能被回忆起来，那么这个人一定是在尽力抑制它以保护自己不受这种情绪失控事件的打击。他们还认为，当一段不愉快的记忆被人有意识地埋藏时，一旦与这段记忆相关的情绪冒出来，就会对他的日常生活造成破坏性的打击。治疗师们认为只有恢复这些记忆才能解决这些问题。

为了恢复这些所谓失去的记忆，人们使用了各种各样的方法。治疗师会让这些人进入催眠状态，要求他们视觉想象这个事件，并询问一些暗示性和引导性的问题。他们还让这些人阅读有关恢复记忆的书籍，观看有关恢复记忆的谈话节目，并组织他们与那些据称已经恢复记忆的人一起参加团体咨询。这些人通常在开始阶段对猥亵没有任何记忆，但经过几周或几个月的治疗后就会出现这些记忆。[8]

这些暗示性的技巧让很多人以为他们真的在童年时遭受过猥亵。1988 年，埃伦·巴斯（Ellen Bass）和劳拉·戴维斯（Laura Davis）合作出版了《治愈的勇气》，大卖了 75 万册，并且掀起了一场恢复记忆的运动热潮，随后相继出现了几十本相关书籍，还有各种脱口秀节目和杂志文章。这个问题看似已经蔓延，根据巴斯和戴维斯的估计，甚至多达 1/3 的女性在儿童时期遭受过猥亵。[9]当然的确有一些猥亵事件发生，但是他们的估计真的合理吗？这些恢复的记忆真的准确无误吗？许多人对此深信不疑，而且事实上，许多人被判有罪，只是因为所谓"恢复的记忆"。

错误的记忆真的能被创造出来吗？大量的研究表明，记忆可以通过他人的暗示产生，尤其是使用催眠术和其他暗示性技巧时。例如，世界顶尖的催眠术专家马丁·奥恩（Martin Orne）曾让受试者在熟睡一整晚之后再进入催眠状态。在催眠状态下，他询问受试者是否在夜间听到了两种巨大的噪声（实际上这些噪声并没有出现）。受试者通常会说，他们听到了噪声，然后醒了，接着就去调查发生了什么。如果奥恩又问噪声是什么时候出现的，他们就会给出一个具体的时间。就这样，虽然一切从未发生过，但奥恩却获得了对事件非常具体的反馈，仅仅是因为在催眠期间询问了引导性问题。当受试者从催眠状态中醒来时，他们认为事情真真切切地发生了。从本质上讲，正是奥恩的引导性问题制造了这些错误的记忆。[10]

在另外一系列的研究中，成年人被催眠并被告知他们前世生活在一个异域文化中，而且是与现在不同的性别和种族。他们中相当一部分人确实出现了"前世身份"的反映，这与研究者的暗示相吻合。当另外一些人被告知他小时候曾遭受虐待时，这些人报告的受虐情况比那些没有被告知的人更多。[11] 可见，通过催眠术、引导性提问和其他暗示性技巧，错误记忆的植入就是如此轻而易举。

这些暗示性技巧的力量如此强大，以至于那些被告都可能开始相信他们自己犯了罪。例如，想想那个令人错愕不已的案例，一名年轻女子指控她的父亲在她小的时候猥亵过她。[12] 这名女子向警方调查人员讲述了一个细节详尽的故事，还声称猥亵从她小学时就开始了，而且她的父亲还猥亵过她的妹妹。女孩的父亲没有猥亵孩子的记忆。然而，在审讯过程中，侦探们告诉他，他隐藏了自己的记忆，因为他无法面对自己对亲生孩子所做的事情。他们根据他女儿的叙述提供了一些信息给他，希望能唤醒他的记忆，并不断地向他重复 3 个陈述：
①他的女儿不会在这样的事情上撒谎；②猥亵犯罪者往往压抑自己的
犯罪记忆；③如果他承认这些指控，他的记忆就会恢复。[13] 经过几个小
时的审讯，他开始回忆起类似于侦探描述的事件。这些幻象有时遥远
缥缈，但一旦他萌发一种意象，侦探（或主治治疗师）就会提出一个
引导性问题，使之聚焦。最终，他承认自己多次猥亵两个女儿，并致
使其中一个女儿在 15 岁时怀孕。

在后来的两个月里，指控从猥亵发展到撒旦仪式虐待。后来，两
名女孩还指控她们的母亲和另外两人属于邪教组织，并多次猥亵他们。
但没有任何物证表明，这两名女孩遭受过猥亵或其他形式的虐待。同
时，也没有证据证明谋害婴儿的行为或是残害动物的行为确有发生，
此外，两名女孩的记忆还经常相互矛盾。[14]

在 1692 年的塞勒姆女巫审判冤案中，19 人被绞死，1 人被压死，
数百人被监禁。我们总认为这样的事情在今天不会发生，但这种令人
难以置信的事情其实每天都在发生。那些被压抑记忆的案例就是现代
版的女巫审判冤案。即使没有虐待或其他犯罪行为的物证，人们也会
因为被恢复的错误记忆而被关进监狱。幸运的是，这些抓女巫的人通
常还会遵循一定之规。科学最终得以介入，诉讼被存档。例如，据美
联社报道，陪审团要求治疗师和保险公司向一名妇女的家人支付 500
万美元，因为他们让这名妇女错误地认为自己受到了亲属的虐待。[15]
在这类事件之后，诸如恢复记忆这样的运动就消失了，但许多人却不
得不继续支离破碎地生活。

11.3　其他的错误记忆

现在你可能会说："我同意，如果你对一个人进行催眠，就会创造错误的记忆，但是这些事不会在我们的日常生活中发生。"事实是，我们不需要经过治疗、催眠或严厉的审问就能将记忆植入我们的大脑。错误的记忆通过简单地暗示和引导性提问就可以产生。例如，一些研究要求成年人回忆可能在他们童年时期发生的事件，其中一些事件是真的（由家庭成员提供），还有一些是假的（由研究人员编造）。虚假的事件包括在购物中心迷路，或是因可能的耳部感染在医院治疗。在这些研究中，人们通常被要求用几天时间来回想这些事件，或者写下事件的详尽描述。几天之后接受采访时，有 20%~40% 的人认为虚假的事件确实发生了。事实上，在大约 1/3 的受试者中，那些经历过严重创伤性事件的人，确实会产生错误的记忆。因此，确有可能让一些人植入完全错误的记忆，只要让他们记住、写下或不断地思考这件事就可以。[16]

记忆重构不仅仅适用于重构发生在童年早期的事件，也可以重构最近的经历。为了说明这一事实，学生们观看了交通事故的影片，然后被问道："当两辆汽车'猛烈相撞'时，它们的速度有多快？"一些学生回答这个问题时，将动词"猛烈相撞"改为"撞上""撞击""碰撞"或"碰上"。那些使用动词"猛烈相撞"的学生估计汽车的速度为 40.8 英里 / 时，而用"碰上"等动词的学生估计汽车的速度为 31.8 英里 / 时。[17] 因此，仅仅是使用极端的动词暗示就会提高人们对速度的估计水平。但这会影响记忆吗？在一项后续研究中，学生们再次观看了一场车祸的录像，并被问及以下其中一个问题："当两辆汽车'猛烈相撞'

时，它们的速度有多快？"或者"当两辆汽车'撞'在一起时，它们的速度有多快？"。一周后，他们被问及是否在车祸录像中看到了玻璃碎片（事实上，其中并没有玻璃碎片）。当问题包含"猛烈相撞"这个词时，32% 的学生说他们看到了玻璃碎片，而问题包含"撞"这个词时，只有 14% 的学生记得玻璃碎片了。因此，那些认为碰撞程度更为严重的学生实际上重构了他们的记忆，并在重构过程中加入了玻璃碎片。[18]

在另一项研究中，受试者观看了一部有汽车停在停车标志前的影片。然后，一些受试者被询问，当第一辆车停在停车标志前时，第二辆车是否超过了第一辆车，而另外一些受试者被问的问题中"停车标志"被改为了"让行标志"。当问题提到停车标志时，79% 的受试者在之后正确地识别出这个标志是停车标志。然而，当问题提到让行标志时，只有 41% 的受试者能准确地认出这个标志是停车标志。在随后的问题调查中，措辞上的一个简单改变就会造成不准确的记忆。[19]

这类由暗示性提问引发的记忆重构甚至还会发生在现实生活中。1992 年，以色列航空公司的一架货机起飞之后就坠毁了，造成 43 人死亡。研究人员就此次坠机事件询问了 193 人，问他们是否看过拍摄飞机撞上公寓楼那一刻的电视节目。超过一半的人（107 人）报告看过，但是其实压根儿就没有关于飞机撞上公寓楼的电视节目！[20]

11.4　混为一谈——错误归因问题

有一天，我和同事一起吃午饭，我的朋友迪克开始给我们讲述一个发生在他妻子身上的神奇故事。我们都在笑他妻子所处的荒唐境地，这时同桌的另一位同事说："这不是上周《辛普森一家》(the Simpsons)中发生的事吗?"原来实际情况是,迪克把电视节目《辛普森一家》里发生的事情与他妻子的经历混为一谈。这看起来虽然有些难以置信,但其实是一种非常常见的记忆错误,被称为错误归因。[21]

我们有一种倾向,爱把过去的经历混为一谈。我们会把某个人的评论归于他人名下,或者认为我们在某时某地做了某件事,而事实是,这件事实际上发生在其他的时间或其他的地点。当被问到暗示性和引导性的问题时,这种错误归因就会导致记忆错误。例如,人们可能会回忆起在电视上看到以色列航空公司的飞机坠毁,因为他们误以为自己看过的另一部坠机电影的内容就是以色列航空公司的坠机事件。人们可能认为他们确实在商场里迷路了,因为他们把自己在某个地方迷路的真实经历与对商场的真实记忆混合起来了。[22]

美国前总统罗纳德·里根有一个习惯,就是把虚构故事和事实混为一谈。在 20 世纪 80 年代初的总统竞选中,他反复讲述了第二次世界大战期间空袭轰炸欧洲的故事。一架 B-1 轰炸机被防空炮火击中后,炮手大叫表示他无法从弹射座椅上弹出逃离。为了安慰他,机长说:"没关系,孩子,我们一起飞。"里根在故事结束时特别指出,这位机长因其英勇表现而被追授了国会荣誉勋章。一位好奇的记者调查了这一事件,但并没有发现有关该奖项的记录。然而,他在 1944 年的一部名为《飞翼与祈祷者》的电影中发现了一个场景,看起来与里根的讲述非常相似。在这部电影中,一架海军轰炸机的机长和他受伤的无线电通讯员一起驾驶的飞机坠毁时,那位机长就喊出了"我们一起飞!"。当白宫被问及里根是否把故事当作事实，发言人回答:"如果你把同一个故事讲 5 遍，那它就变成真的了。"[23]

11.5　目击者法庭证词

错误归因会在生活的方方面面产生严重的后果。以美国陆军中士蒂莫西·亨尼斯的案件为例。1986 年 7 月，亨尼斯被判谋杀 3 人罪名成立，尽管谋杀发生时，他的不在场证明无懈可击。[24]他为什么会被定罪呢？因为一名目击者确定地指认，亨尼斯就是案发当晚凌晨 3 点 30 分左右，在受害者遇害的车道上走过的男子。另一名目击者证明，在他看到亨尼斯使用银行自动取款机的同一时间，有人使用了一张受害者被盗的银行卡并从她的银行账户里取走了现金。

当时完全没有任何物证可以证明亨尼斯有罪——没有指纹或头发样本与他匹配。专家们认为，在房子里发现的血迹脚印与 8 号半~ 9 号半的鞋子相符，而亨尼斯穿的是 12 号鞋。他的衣服上没有血迹，车里也没有物证。事实上，一位专家告诉陪审团，没有任何一丝证据可以将亨尼斯与犯罪现场联系起来。

经过两天的审议，陪审团最终认定亨尼斯的谋杀罪名成立，法官对他判处了注射死刑。两名目击者的证词就这样决定了他的命运。但是目击者真的看到了亨尼斯吗？在审判之前的 6 个月中，一名目击者曾经承认他可能认错了人，他甚至为此签署了一份宣誓书。事实上，在看到一组照片之前，他最初描述这名男子的头发是棕色的，身高 6 英尺，体重约 167 磅①，而亨尼斯是金发，身高 6.4 英尺，体重 202 磅。此外，

① 　1 磅 ≈ 0.45 千克。

另一名目击者最初告诉警方和律师，他那天在银行并没有看到任何人。

那为什么这两个人在审判中如此确定地指认亨尼斯就是那个人呢？他们是在说谎吗？不一定。电视和报纸一连几个月都在报道他们可能见过这名凶手，因此他们可能重构了记忆。事实上，目击者在自动取款机处看到的某个人，很可能是他在其他时间见过的长相与亨尼斯相似的人，然后他就把这段往事错误地归为自动取款机记忆，而且当他向警察重述这段重构的记忆时，他开始把它当作事实来接受。[25]与此类似，另一名目击者因要向警察和律师汇报自己记得的事情，可能会感到压力很大，起初本是模糊的记忆内容，但经过几个月的反复重述之后，他可能就开始坚定地相信他确实看到了亨尼斯走在车道上。亨尼斯是幸运的，他获得了重新审判的机会，最终由于缺乏物证，他被判无罪释放。更有趣的是，他在死囚牢房等待时收到了几张匿名的纸条，内容为感谢他为此承担罪责，服刑坐牢。

这一切太可怕了！没有人真正知道有多少人是因为错误的目击者证词而被送进了牢房，但请考虑以下几点。据估计，美国每年有超过75 000 起刑事审判是基于目击者的证词做出的。此外，最近的一项研究分析了 40 起案例，DNA 证据证明这些案例中被关押的人都是被冤枉的。其中 36 起，即 90% 的案件，都涉及错误的目击者证词。[26]

然而，我们却对目击者的表述给予了高度的重视。伊丽莎白·洛夫特斯进行了一项研究，让参与者作为陪审员，听一段关于抢劫／谋杀的描述，还有控方与被告的辩论。当陪审团只听取案件的间接证据时，18% 的陪审员认为被告有罪。然而，当他们听到完全相同的证据，但有一点不同——一份来自一名目击者的证词——结果 72% 的陪审员认为被告罪名成立。这就是目击者证词的力量。正如洛夫特斯总结的那样，"世界上任何人都有可能被判犯罪，即使他并未犯下此项罪行……仅仅基于目击者的证据，陪审团就可以相信目击者对目击情况的记忆是正确的"。[27]

为什么目击者证词如此有影响力？如上所述，许多人往往认为记忆会被永久地保存，就像计算机磁盘或录像带保存的内容一样始终如一。但正如我们所见，我们的记忆不是某个事件的直接复制或快照；恰恰相反，它呈现的是一种支离破碎的现实，甚至常常是被扭曲的现实。[28] 不幸的是，我们特别容易受到目击者描述中错误归因的影响。例如，研究表明，当人们看完两张不同面孔的照片后，他们会记得看到了一张从未见过的新面孔。为什么？这张新面孔具有他们见过的两张面孔的一些特征。我们会犯记忆连接的错误，也就是我们会从不同的面孔中提取标志性的特征（如眼睛、鼻子、嘴巴），并将它们组合成一张新的面孔。[29]

从本质上讲，我们通常只是对自己看到的面部特征形成了一个大致熟悉的感觉——这可能就是出现目击辨认灾难的一个原因。想想警察是如何开展刑事调查的。如果你对罪犯的长相有一些印象，你通常还要仔细辨认一排罪犯或者查看一组照片来确定他们的身份。心理学家加里·威尔斯（Gary Wells）已经证明，这些常见的警务程序实际上会促进错误归因的形成，因为目击者会被促使依赖熟悉的情况。威尔斯发现，当目击者看到所有的嫌疑人，然后必须从中指认罪犯时，他们就会基于相对的判断做出决定。也就是说，他们会在成排的嫌疑人中挑选一个相比他人长得最像罪犯的人。这里的问题是，目击者通常会选择一个看起来最像罪犯的人，即使真正的罪犯并不在其中。解决这个问题的一个方法是让目击者对每个嫌疑人分别做出一个"是"或"否"的评估。事实上，结合这些科学发现，一些警察机关正在采用这种程序，力求提高目击者辨认的准确性。[30]

　　目击者证词之所以如此有力，是因为目击者通常对自己的指认非常自信。然而，正如我们所看到的那样，自信心和准确性并不一定是一致的。事实上，仅是警察和律师的建议就能影响自信的程度。例如，一项研究让受试者观看一名男子进入百货公司的安全监控视频。他们被告知这名男子枪杀了一名保安，并被要求从一组照片中指认此人（这组照片中没有枪手）。一些人收到了确认反馈——他们被告知对嫌疑人的指认是正确的。其他人则收到了否定的反馈，或者根本没有任何反馈。那些得到确认反馈的人对自己的决定更有信心，更相信自己的记忆是准确的，并表示实际上他们对枪手看得很清楚。当然，他们错了，但他们的自信会在法庭上得到充分发挥。正如心理学家丹尼尔·沙克特（Daniel Schacter）所说："目击者的自信心与其准确性之间充其量只存在微乎其微的联系，高度自信的目击者往往并不比信心不足的目击者的指认更准确。"[31]

11.6　我们能学到什么

　　正如我们对外部世界的感知一样，我们对过去事件的记忆也具有

建构性。记忆会受到暗示性和引导性问题的影响，我们可以通过混合
过去的经历，创造出新鲜的、重构的记忆。与感知一样，我们的记忆
也会受到我们想要和期望相信的事物的影响，出现偏差。例如，一项
研究向人们展示了一张照片，上面是一个白人和一个黑人在地铁里交
谈。其中，白人手里拿着一把笔直的剃刀。后来人们被要求回忆这张
照片的内容，有一半的受试者说剃刀在黑人的手里。一种错误的记
忆就因为这些人心中期望看到的景象而产生了。[32] 正如心理学家丹尼
尔·沙克特所说："回忆过去并不仅仅是激活或唤醒大脑中某个休眠状
态的踪迹或图片的画面，相反，它会涉及与当前环境更为复杂的相互
作用，包括人们期望要铭记的事物，还有那些要保留的过去。"暗示性
技巧使这些因素的天平发生了倾斜，因此在决定人们最终能记住什么
事情时，当前的影响会比过去真正发生过的事情发挥更大的作用。[33]

　　当然，我们不可能在这里全面讨论记忆错误的诸多不同方式。但
是我相信有一个观点是明确的：我们不能把记忆当成现实。即使我们
对一段记忆非常笃定，我们仍然可能错误百出。然而，就像我们在书
里探索的许多主题一样，这一切都不是坏事。我们常常对事情记得非
常清楚。此外，就像决策启发法一样，我们记忆出现的一些问题恰恰
是使用了相当有效的策略的结果。如果我们对过去经历的每一个细节
都能如数家珍，很快就会遇到信息过载问题而使大脑难以正常运转。
尽管我们的记忆存在缺陷，但它仍然能让我们运转良好。然而，我们
必须意识到我们的记忆可能会出现错误，而这些错误会对我们的信念
和决定产生重大影响。

第 12 章
他人影响

一桩蠢事，即便 5000 万人都在说，仍然是一桩蠢事。

——阿纳托尔·法朗士

你坐在一间窄小又没有窗户的房间里。你面前的桌子上放着一个巨大的电击发生器，上面水平放置了 30 个开关。开关上分别有 15 伏～ 450 伏的标记，表明一旦激活将要生成的电压水平。上面也有从"轻微电击"到"危险：严重电击"的文字描述，而最后一个开关只简单地标记了"XXX"。在隔壁房间里，一个人被绑在椅子上，手腕上绑着一个电极。你看不见他，但你能听到他的声音，在被绑电极之前，他告诉你他有心脏病。

有个身穿实验室白大褂的男人站在你旁边。他说："这是一个关于学习惩罚效果的实验。你要对坐在另一个房间的人提问。如果他回答错误，你就要电击他，从最低的电压开始，每答错一次就要增加电击的电压。"为了让你对电击的疼痛有亲身感受，穿白大褂的男人对你进行了一次 45 伏的电击，这让你感到震颤。他说："尽管电击可能会非常疼，但都不会造成永久性的组织损伤。"

实验就这样开始了。另一个房间里的人最初正确地回答了几个问题，但随后就开始出现一些错误。他每答错一题，你就开始增加电击发生器上的电压。当电压达到大约 75 伏的时候，你一电击他，他就开始发出哼声。他又答错了几道题，这时电压已经达到了 120 伏，于是他开始大喊："啊，太疼了。"当电压达到大约 150 伏的时候，他开始恳求你，说道："住手！我拒绝继续实验。"此刻，你转头请示那个穿着白大褂的男人，但他只说："你需要继续进行实验。"虽百般不愿，但你还是继续提问。在 270 伏的电压下，这个人被电击后开始大声尖叫。你变得非常焦躁，并再次转向那个穿着白大褂的男人，他依旧声色俱厉地对你说："你别无选择，必须继续！"就这样，你继续电击。在 300 伏的电压下，另一个房间的人尖叫道："我不能再回答了！"站在你旁边的男人说："没有答案就是错误的答案——你必须继续电击。"你变得非常担心，在按下下一个开关时，你的手开始颤抖。当你施加更高的电压时，你会听到那个人拼命敲打墙壁并乞求你放他出去。但你还是按下了开关。最后，隔壁房间里一点声音也没有了。

　　现在，你可能会说："我绝对不会那样做。只要另一个房间的人说他想离开，我就会停止。你怎么可能在听到他撕心裂肺地喊'停手'的时候，还对他狠狠地电击呢？这是不人道的。"但大量研究表明，你很可能会这么做。心理学家斯坦利·米尔格拉姆（Stanley Milgram）按照上面给出的脚本，进行了一系列关于服从的经典实验。[1] 米尔格拉姆首先询问了 40 位精神科医生："你们认为人们在拒绝继续电击之前能坚持多久？"精神科医生认为，一旦有受害者哀求释放，大多数人会在 150 伏左右就停止电击。然而事实上，参与实验的大约 62% 的人，都会继续电击到最后！

这些人与我们有什么不同吗？那倒不一定。他们不是虐待狂，也并非麻木不仁。事实上，在他们进行电击时，许多人开始出汗、颤抖，甚至结结巴巴——但是他们还会继续。此外，性别不同、职业不同、教育背景不同的人都会这样做。研究也在其他许多国家（地区）发现了类似的结果，包括澳大利亚、西班牙和德国。[2]

我们为什么会这样做？因为我们有一种服从权威人物的潜在倾向。米尔格拉姆最初的实验是在耶鲁大学进行的。学校、环境和实验人员（穿着实验室白大褂）都散发着权威的气息。当类似的研究在一个破旧的商业中心开展时，表现出服从的受试者比例下降到 48%。更能说明问题的是，当实验人员不是权威人物时（例如，当随意代替实验人员的某个人提出了加大电压的想法时），只有 20% 的受试者会将电击进行到底。

以或顺从或服从的名义，暴行普遍存在。如果我们认为自己在执行权威人物的意愿，我们很快就会解除自己的罪责。米尔格拉姆实验中的一名被试在被问及为什么会继续执行近乎残酷的命令时，他说："我本想停止，是他（实验人员）让我继续的。"

我们的服从倾向也会影响我们在职业生涯中所做的决定。例如，一项研究的内容让一个陌生人给医院的护士打电话。打电话的人自称是医院的一名医生，他让护士给病人服用 20 毫克的阿斯波腾药物。这一剂量是药物标签上规定的最大剂量的 2 倍，而且医院有一条规定，除非医生签署处方表格，否则不能给药。然而，95% 的护士都遵守了医生的这一要求。这就是权威的力量。[3]

虽然我们倾向于不加质疑地接受权威人物的主张，但我们确实不应该这样做。事实上，仅仅因为一个人有权威就相信他的主张是一种逻辑谬误，这被称为"诉诸权威"。毕竟处于权威地位的人可能只是想推进他们自己的个人发展或者政治谋划。当尼克松总统进行连任竞选时，他认为美国人应该选他连任，因为他有一个结束越南战争的秘密计划，但他不愿透露该计划的细节。他认为我们应该信任他，因为他有总统的权威。在伊拉克战争之前，许多人〔和国家（地区）〕都批评乔治·W. 布什总统没有拿出有力的和可靠的证据来支持这场战争。政府的态度是"相信我们就可以了"。于是数百万人附和跟随，只是因为总统说战争是必要的，不管有没有证据。

权威人士的主张可能根本就是错的。还记得哈佛大学的精神病学家约翰·麦克吗，那位相信确有外星人遭遇的专家？我们应该相信这种奇怪的说法吗，因为一个处于权威地位的专业人士相信确有其事？有时，一个领域的专家会对另一个领域提出一些主张。虽然专家拥有的知识在他们的专业领域很可能是正确的，但他们对于自己的专业领域之外的知识可能没有更多优势。例如，两次诺贝尔奖的获得者莱纳斯·鲍林（Linus Pauling）曾多次宣称服用大剂量维生素 C 的好处，他没有专业的医学知识，也没有大量的研究证据来支持这种说法，但是许多人因为他的建议开始大量服用维生素 C。

请记住，小样本会产生很大的差异性。与大批专家的一致观点相比，一个或少数专家的观点更容易出错。因此，在建立信念时，我们应该寻求某一领域中专家的共识。对于某些问题，专家很少或根本没有达成共识。这对我们应该有所提示，一些非常坚定的信念背后可以用来支持的证据却很少。更重要的是，持有某种信念的专家比例越大，我们对该信念的准确性就越有信心。[4]

由此可见，权威人物对我们的信念和行为会产生重大的影响。事实上，我们服从和相信权威的倾向会导致我们做出许多自己都觉得不妥的决定，意识到这种倾向是做出更明智的决定的第一步。但服从权威并不是他人影响我们的唯一方式，我们也会寻求与同龄人保持一致。

12.1　我就是这样做的，你为什么不呢

看一看图 12-1 中的线段。[5]线段 A 的长度是否与线段 1、2 或 3 相等？大多数人会认为线段 A 和线段 3 的长度是相等的，但是如果跟你在同一个房间里的另外 7 个人说线段 A 和线段 1 的长度相等呢？你会开始认为线段 A 和线段 1 一样长吗？大多数人会说："当然不会，很明显它们的长度不相等。我不会在乎有多少人说它们的长度相等。"然而，我们有一种顺从他人的倾向，尤其是当其他许多人的观点一致的时候。

为了说明这个观点，心理学家所罗门·阿希（Solomon Asch）让7~9 名大学生围坐在桌旁来判断这几条线段的长度。有趣的是，他只关心其中一个学生的判断——其他的学生都是阿希的同谋，并已经被告知该说些什么。同谋们先给出他们的判断，然后被试再做出回应。有时同谋们的判断是正确的，而有时他们又一致做出错误的判断。例如，在一个例子中，他们都认为 3 英寸的线段和 3.75 英寸的线段是一样长的。阿希发现，在许多决定中，被试在大约 1/3 的情况下都与不正确

的观点一致，其中 3/4 的情况下被试至少有一次与错误的观点一致。即使面对清晰明了的任务，我们也会做出错误的判断，只是因为其他人都做出了这样的判断。

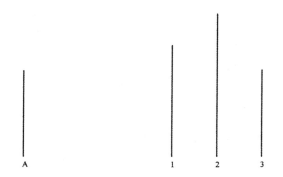

图 12-1　从众的例子。比较线段的长度。线段 A 和线段 1、2、3 的长度相等吗？如果众人说线段 A 与线段 1 长度相等，许多人都会认同

　　需要多少人共同影响才能让某个人从众呢？当学生只与 1 名同伴搭配成组时，他们的回答几乎总是正确的；当与 2 名同伴搭配时，他们的回答错误率为 13%；当与 3 名同伴搭配时，他们回答一致的概率为 33%。因此，仅仅 3 个错误的判断就会对被试的决定产生重大影响。有趣的是，他人回答的一致性至关重要。例如，当小组中只有 1 名同伴给出了正确答案，而其他人都给出了错误答案时，从众观点的比例只占小组意见全部一致时的 1/4。比起 3 人意见全部一致的小组，8 人为多数派和 1 人为反对派的小组则会产生更大的影响。实际上，当我们与他人在一起时，一个单独的异议者也能对我们的信念产生重大的影响。

其他关于从众性的实验也显示了类似的结果。当别人断言一些惊人的说法时，我们倾向于同意他们的说法，比如大多数美国人超过 65 岁，美国人的平均寿命是 25 岁，或者美国人平均每天吃 6 顿饭。事实上，从众甚至会使我们质疑我们最基本的权利之一——言论自由。考虑一下下面的说法：言论自由是一种特权，而不是一种权利，因此，当社会受到威胁时，暂停自由言论是适当的。没有同伴压力的人中只有 19% 同意这一说法，而 58% 有同伴压力的人都同意这一说法。[6] 再来考虑一下股市中的群体性投资现象。投资者经常跟风为他们不了解的股票支付越来越高的价格，只是因为其他人在支付这样的价格。[7] 许多人因为随大流而失去了积蓄。

正如你所看到的那样，服从性和从众性会导致形成一些几乎没有证据支持的信念。事实上，那些原本不被重视的信念，一旦经过一个权威人士讲述或几个人同时表达，往往会变得确凿可信。这是为什么？也许是因为我们的从众倾向是天生的。我们形成信念的一种方式是模仿我们的行为模式样板，也就是我们的父母。如果我们的父母在我们很小的时候就告诉我们天使、魔鬼、天堂和地狱都是真实存在的，我们就会有强烈的倾向认同他们的观点。事实上，我们在以后的生活中不认同这样的信念似乎才是不可理解的。而且，我们还可能认为其他的冲突信念相当荒诞不经，比如轮回转世。换个角度说，如果我们的父母从小就教导我们轮回转世是真切存在的，那么我们关于天堂和地狱的信念就很容易被颠覆。[8]

12.2 那不关我的事

天色已晚，你已经上床睡觉了。就在你快要睡着的时候，你听到一名女性在大声呼救。你走到窗旁，发现许多人也因为这突然的骚动打开了灯。你大吃一惊，看到街角处一名袭击者正在不停地砍刺一名女性。你尖声喊道："放开那个女孩！"袭击者闻声逃跑了。你以为这就没事了，于是就回去睡觉了。几分钟之后，你听到那名女性又在哭喊："我要死了！我要死了！"你起身下床，发现袭击者又回来了，再次用刀砍刺她。这次整个社区的灯都亮了，袭击者第二次跑掉了。你再次回到了床上。而后，袭击者第三次返回，最终杀死了那名女性。

如果知道这名女性需要帮助，你还会回去睡觉吗？大多数人会说："当然不会！"我们倾向于认为如果有人陷入困境，我们就会伸出援手。但如果你知道还有很多人也目睹了这次袭击呢？这会改变你的行为吗？我们大多数人会说不会，但研究表明你的行为确实会改变。当我们知道还有其他人在场时，我们就会觉得自己没有那么大的责任要采取行动，这种现象被称为"责任分散效应"。事实上，上述案例于 1964 年发生在一位名叫凯蒂·吉诺维斯的女性身上。凯蒂在她纽约的公寓住所外遭到 3 次袭击后不幸身亡。警方调查结果显示，有 38 名市民目睹了这次袭击事件，但在袭击发生期间无一人报警。事实上，第一个报警电话是在袭击发生 30 分钟后才拨出的。[9]

如果我们认为周围有其他人可以一起分担责任，我们的行为就会发生巨大的变化。一个有趣的例子是，有一项研究，研究人员让学生在房间里等待，要么自己独自等待，要么和另外两名学生（研究人员安排的同谋）一起等待。就在他们等待的时候，一股烟从通风口涌进来。独自一人等待时，有 75% 的学生在两分钟之内就报告了冒烟的情况。然而，在与他人一起等待时，当共处一室的其他人都保持不动时，只有 10% 的学生报告了烟情。他们咳嗽、揉眼睛、打开窗户，但并没有报告这个事件。[10] 在另一项研究中，研究人员让一个人在电梯里故意掉下铅笔，以观察是否有人愿意帮忙捡起来。电梯里的人越多，愿意帮忙的人就越少。事实上，在针对这个问题进行的 56 项研究中，有 48 项研究表明，有他人在场时旁观者提供的帮助会更少。一般来说，一个人独处时，平均有 75% 的时间会帮助他人；而与群体共处时，只有 53% 的时间会向他人提供帮助。有趣的是，只有一组人群似乎对这种效应有"免疫能力"—— 9 岁以下的儿童。[11]

　　研究还发现，当置身于团队中时，我们往往不如独自一人时工作那么努力。例如，一项研究发现，与参加 8 人一组的拉绳子活动相比，人们独自一人拉绳子时要多用 47% 的力气。[12] 此外，他人在场会对我们在简单任务和复杂任务中的表现产生不同的影响。例如，在有人观看时，高于平均水平的台球运动员成功击球的次数会更多，而低于平均水平的运动员成功击球的次数会更少。事实上，一份对 200 多项研究的审阅综述表明，观众的出现会削弱复杂任务的准确性，却可以略微提高简单任务的准确性。[13]

　　正如你所看到的那样，我们的行为和决定会因为其他人的出现而发生重大变化。在某些情况下，我们的表现可以得到提高，而在其他情况下，我们的状态会变差。此外，他人在场会导致我们做出一些自己单独面对时通常不会做出的决定，即使我们认为这些决定不够妥当。

12.3　是否负责

想象一下，在办公室里，你必须做一个重要的决定。再想象一下，你必须要向你的上级证明你的决定是正确的。你会改变你的决定吗？事实证明，事后追究责任会对我们的决策制定过程产生重大影响。研究表明，在不知道上级的观点时，相比非责任人，责任人倾向于使用更认真、更复杂和更具分析性的决策策略。[14] 例如，当受试者被告知他们必须为自己的贷款和产品营销决策进行辩护时，与那些不需要为自己立场辩护的人相比，他们会选择更加精准和更具分析性的决策策略。必须要证明自己的债券评级决策合理正确的审计人员，与无须证明的审计人员相比，他们所做的决定更加准确并且更具连贯性。[15]

因此，问责制可以为我们的决策制定带来许多重大利益，但它也有消极的一面。当我们得知被负责人的观点和偏好时，有害的影响就会产生。例如，心理学家理查德·泰特洛克（Richard Tetlock）要求受试者报告他们对 3 个具有争议的问题的看法：平权运动、死刑惩罚和国防开支。[16] 其中一些人被分配到"无责任"组，并被告知他们的回答将被保密。另外 3 组则被告知，他们必须要向持有自由派观点、保守派观点或者未明确观点的人士证明自己的回答具有合理性。

接下来发生了什么呢？当一个人要向一个未明确观点的人证明解释时，他们会更多地考虑问题的两面，并使用复杂的认知策略。然而，当一个人要向一个已明确观点的人说明时，他们倾向于向那个人所持的观点转变。这些结果再次表明，我们倾向于服从处于权威地位的人。这里的关键在于——作为上级，如果你想让员工的工作质量更高，偏见更少，就不要在工作完成之前让别人知道你的观点。

12.4 　他人证据的可靠性

我从来都不知道我说的有多少是真的。

——贝特·迈德尔

如前所述，我们的信念和决定会在很大程度上受到他人的影响。在许多情况下这是对的，因为其他人可以是一个重要的信息来源。我们去看了别人说好看的电影，读了别人说值得读的书，我们常常庆幸自己听取了他人的意见。然而这时，问题也可能出现，因为我们从别人那里得到的信息可能不是最可靠的或最公正的。这是为什么呢？因为我们会选择性地让自己接触某些类型的信息和某种类型的人。如果我们是自由派，我们通常会看自由派的杂志；如果我们是保守派，我们往往就会阅读保守派的杂志。我们也会根据自己的政治观点倾向于与自由派或保守派建立联系。所以，我们从别人那里得到的观点可能会偏向我们自己的信念，这让我们觉得这些信念具有压倒性的支持力量。因此，我们就不太可能质疑或改变自己的观点。[17]

此外，我们都是爱讲故事的人，都有一种欲望要把故事讲好。我们希望自己讲述的内容是既有信息量又有娱乐性的，这样别人才会愿意听我们的故事。因为我们的听众都想获得娱乐，所以他们经常允许我们"美化"事实。就像我的朋友罗恩喜欢说的一句话：永远不要让事实阻碍一个好故事。就这样，错误信息得以从一个人传递给另一个人，只要想想那些被当作真实事件的都市传说就知道了。你可能听说过以下内容。

- 巨型短吻鳄居住在纽约的下水道里。
- 乔治·华盛顿（George Washington）有木制牙齿。
- 一名女子用微波炉烘干她的贵妇犬致使贵妇犬意外死亡。
- 保罗·麦卡特尼去世了，取而代之的是一个长相酷似他的人。
- 一个飞碟在新墨西哥州坠毁，空军把外星人的尸体存放在一个仓库里。
- 一名手持钩子的罪犯从当地监狱越狱后，一群年轻人在他们的车门上发现了一个钩子。[18]

这些都市传说没有一个是真的，但许多人仍然对此深信不疑，因为他们是从一个大名鼎鼎的人那里听到这些故事的。然而，消息的可靠性还是难以判断。故事可能已经讲了四五遍了，人们每次再讲的时候都会增加一些修饰过的细节。即使你是从一个值得信任的人那里听到了一个故事，那个人讲的故事也可能出自一个不可靠之人。此外，要增强故事的即兴感，就要使其更具娱乐性和可信度——发生在朋友办公室的事件通常会被传为发生在你朋友身上的事件。因此，某个故事原本仅是道听途说，但随后就开始带有一种不争事实的气氛。

　　此外，我们并不是逐字逐句地传递信息或转述故事，我们传递的只是主旨。故事的主旨包含了故事的基本内容，故事的细节往往会有丢漏和变化，在很多情况下甚至会变得更加异乎寻常。为什么呢？因为异乎寻常的信息才会有更多的听众。我的朋友迪克最近身体抱恙。一天早上，我们都认识的一个朋友告诉我，迪克打算当天晚些时候去看医生。一个小时后，我的朋友纳尔逊告诉我，迪克住院了。我大吃一惊——迪克病得这么严重了？才过了一个小时就要紧急送往医院？不会如此吧！事情的真相是，不到一个小时这个故事就传开了，而且被大大地添枝加叶。故事的要点是正确的——迪克感觉不舒服——但细节被大肆渲染了。一个故事在从一个人传给另一个人的时候就会发生很大的变化。让几个人围坐在一张桌子周围，先对着一个人小声讲述一个故事，然后让他们依次对着下一个人小声讲述。你最后会听到什么？最后一个人讲述的可能是一个完全不同的故事。

　　我们对娱乐的渴望会导致信息被严重扭曲。即使是国家级的新闻机构，也会在客观性和娱乐性之间小心游走。正如汤姆·布罗考（Tom Brokaw）所说："既要激发理解与洞见，又要兼顾娱乐因素，这可不好对付。"[19] 有线电视和国家电视网在播出有关 UFO、超感官知觉、大脚怪和其他伪科学现象的节目时就多次越过这条界线。就在最近，美国广播公司在黄金时段播出了一档名为《与逝者交谈》的节目，据说节目中有一个通灵师与名人的已故亲属进行了交流，其中包括演员罗伯特·布莱克被谋杀的妻子。节目采访了通灵师，却没有采访任何一位怀疑主义者。

当我们接触大量的错误信息时，做出恰当合理的决定就变得愈发困难。美国异性恋者患艾滋病的风险就是一个很好的例子。如果你是一个不使用静脉注射药物的异性恋者，你患艾滋病的风险有多大呢？在 20 世纪 80 年代，媒体告诉我们："现在的研究显示，在未来 3 年内，也就是到 1990 年，1/5 的异性恋者可能会死于艾滋病。1/5 死亡。艾滋病不再只是一种同性恋者患的疾病……到 1991 年，1/10 的婴儿将成为艾滋病受害者……正如我们所知，艾滋病的流行将成为人类文明所面临的最大的社会威胁——甚至会比过去几个世纪的瘟疫还要严重。"[20]如果我们相信这些耸人听闻的报道，我们就会彻底告别性生活。

最后到底发生了什么？新闻来源夸大其词地渲染了艾滋病在异性恋者之中传播的说法，强调这是一种源自非洲和海地的异性恋疾病。但他们通常没有注意到，大多数异性恋者传播中会出现一个来自高风险群体的人（如同性恋者、双性恋者、静脉注射吸毒者、血友病患者），而且非洲和海地的公共卫生实践与美国的情况截然不同。节目并没有告知公众很多美国艾滋病风险的信息，但是耸人听闻的故事已足够带来更高的收视率。

那么我们如何判断是否应该相信某人传递的信息呢？这里有一些建议。[21]首先是斟酌信息来源。对于艾滋病的问题，我们必须要寻求流行病学家的观点，以获得那些试图理解和预测传染病扩散的信息，而不应该参考演员或脱口秀主持人的观点。而且，请务必记住，记者可以扭曲专家的观点。其次，更要重视过去的统计数据，而不是对未来的预测。正如我们所见，即使是专家也很难预测未来。最后，对轶事信息保持谨慎。众所周知，新闻会专注于报道某种个人问题，因为我们都是故事的讲述人，所以我们会特别关注这种信息。但是正如前面所提到的那样，个人经历并不能为我们的信念形成提供合情合理的证据。

12.5 群体决策

到目前为止，我们已经看到了其他人是如何影响我们的信念和决定的。然而，在所有这些情况下，我们仍然必须做出自己的个人判断。那么需要群体决策时又当如何呢？在很多情况下，我们都是群体的组成部分，群体必须做出一个整体的判断，而不是做出一个个人决定。群体动力学会对最终的判断产生什么影响呢？有一句老话叫"人多智广"。但是等一下，还有一句"人多误事"。那么到底哪一种说法对呢？正如所预期的那样，在某些情况下，群体可以比个人做出更准确的决定，但在某些情况下也可能使问题恶化，从而导致灾难性的结局。

12.5.1 群体迷思

当紧密团结的群体与外界的不同观点相对隔开时，群体中的人就会成为心理学家欧文·贾尼斯（Irving Janis）所说的"群体迷思"（groupthink）的牺牲品。正如他所言，群体思维是"由群体内部压力所导致的思维效率、现实验证和道德判断的恶化体现"。[22] 当群体具有高度凝聚力时，这种情况发生的可能性更大。群体成员相互了解并且相互喜爱，由于保密需要或其他原因，他们与其他人互不往来，而且他们拥有一位强有力的领导者，这位领导者非常善于预先表达他自己的观点。在这样的一个群体中，顺应一致的压力会非常明显，如果群体领导者提前给出了他的观点，结果可能就是一群人随声附和达成一致，不会有一点反对的声音。这种类型的群体通常给人一种刀枪不入的幻觉，这会使他们过度乐观并做出过度冒险的行为，他们往往也相信自己的内在固有道德标准；与此同时，刻板地认为他们的对手都是邪恶不轨、软弱无能，或者愚笨迟钝的。[23]

群体迷思可以在许多灾难性的决策中看到。例如，希特勒的高级顾问之一阿尔伯特·施佩尔就把希特勒的核心集团描述为一群完全顺从的人。在这种情况下，凶狠残暴的行为就会发生，因为根本没有人提出任何不同的意见。在水门事件中，尼克松的"宫廷卫队"掩盖自己作伪证的事实，收买行贿，还犯下了其他种种罪行，尽管他们知道何为是非曲直（其中许多人是律师）。为什么？因为要团结起来保障以总统为中心的共同利益，他们就要压制不同的意见。群体迷思最著名的案例之一就是 1961 年猪湾事件的惨败。肯尼迪总统建议入侵古巴，但古巴军队很快击退其进攻。美国因此蒙受了奇耻大辱，这也让肯尼迪开始反思："我怎么可能如此愚蠢，就让他们这样贸然行事呢?"[24] 1986 年美国航空航天局发射挑战者号的决定也是群体迷思的恶果。由于前 24 次的成功发射，他们信心高涨，同时还面临着发射的政治和公众压力。尽管数据表明 O 形推进器接驳密封环会在低温下失效，而且发射当天的气温接近冰点，但美国航空航天局官员在重压之下根本不想听到任何不同的观点。[25]

乔治·W.布什发动伊拉克战争的决定也是如此。许多华盛顿知情人士和记者一致认为，近些年，布什执政时期的白宫是最为神秘、封闭、思维统一的政府。事实上，"水门事件"的核心人物约翰·迪安认为，布什政府对保密性的追求"比水门事件还要高"。[26] 当思维相似的一群人把自己与不同的观点隔离开来时，他们很可能在对一些偶然事件没有充分计划的情况下，就冒险采取行动。布什政府确信他们信念的正确性——布什实际上还告诉鲍勃·伍德沃德（Bob Woodward），他不会"遭受怀疑"。[27] 如此毫不质疑地接受自己的信念，难怪他们认为伊拉克人民会张开双臂欢迎美国。可结果是，他们对战争的后果根本没有合理的估计，最终造成了上千人丧生和数十亿美元的损失。

那么我们该如何缓解群体迷思的问题呢？最好的方法之一就是团队领导者明确地鼓励大家发表不同的观点。一个团队领导者甚至可以指定一个小组成员代为唱反调者，并明确要求其意见应该被认真考虑。领导者不应该一开始就表明自己的立场。根据这一建议，日本的公司在会议上会让级别最低的管理人员先发表意见，这样他们就不用担心发表的意见与上级不同。此外，还可以成立另一个小组来调查同一问题，然后比较两个结论，或者可以引入外部专家并鼓励他们对一致同意的观点提出质疑。[28] 如果不采取这些措施，当我们身处一个紧密联系的群体中时，我们顺从的自然倾向就会加剧。

12.5.2　群体极化

如果有一天你的朋友找到你并询问："我能听听你对这件事的看法

吗？我的医生刚刚告诉我，我有严重的心脏病，如果我不做手术，我就不得不放弃我的事业，改变我的饮食习惯，并告别我最喜欢的运动。你怎么想？我应该做手术吗？"如果手术成功，他的心脏状况就会好转。但没人能保证一定成功，实际上这个手术也可能是致命的。如果医生说手术成功的概率是 90% 呢？如果是 80%、70%、60% 或者 50% 呢？你能接受并仍然建议进行手术的最低概率是多少？[29]

假设你是一个冒险者，你说 60% 就可以接受。如果你的团队里还有其他冒险者，你认为你的决定会改变吗？研究表明，你会改变你的决定。如果你和其他志同道合的人在一个团队中，这个团队的最终决定可能会比成员的个人判断更加极端。如果你和其他冒险者讨论这个问题，团队可能会接受 50%，甚至是 40% 的成功概率。事实上，两极分化的情况会发生——群体讨论将会放大群体中的个体成员的现有倾向。

例如，有一项研究，研究人员让人们先分别对 12 种假设的风险场景做出反应，就像上面提到的那样。[30] 然后他们被分成 5 人一组，每个小组被要求做出一个统一的判断。当小组成员是抗风险能力较高的个体时，小组讨论往往会做出承担更大风险的决定；当小组成员都小心翼翼时，小组讨论的结果则会更加谨小慎微。研究还发现，有严重偏见的学生在共同讨论种族问题之后会更加带有偏见，而偏见程度不高的学生在互相交谈后偏见会更少。[31] 基于较弱的定罪证据，模拟陪审团在小组讨论之后会更加宽容，而基于有力的定罪证据，他们在讨论之后会更加严厉。因此，最初的立场在小组讨论之后出现了极化现象。[32]

群体极化的现象让很多人感到惊讶，因为我们认为群体讨论可以缓和极端的观点。当两个强大的派系进行关于支持和反对的争论时，这种情况确实会发生。然而，如果大多数成员最初就倾向于某一观点，那么这个群体的判断就会更加倾向于那一观点。为什么？因为支持这种观点的论点往往会得到更多的考量，而个人对决策的责任则被分散了。只需要想想暴民私刑的现象就能理解群体极化的灾难性后果了。[33]

12.6　并非都是坏事

我们要在群体中做很多决定，显然这些决定并不都是糟糕的。事实上，群体决策往往比个人决策更加准确。看看下面的问题。[34]

一个人用 60 美元买了一匹马，以 70 美元卖掉了它。然后他又用 80 美元把马买了回来，再以 90 美元卖了出去。他买卖这匹马赚了多少钱？

正确答案是 20 美元，但很多人算错了。有几种方法可以解答这个问题。这个人以 60 美元买入，以 90 美元最后卖出，差价是 30 美元。然而，当他第二次买这匹马时，他不得不再投入 10 美元，所以最后只剩下 20 美元；或者把这笔交易当成两次买卖马的生意，每次净赚 10 美元，两次的总利润为 20 美元。

当单独答题时，学生回答的正确率只有 45%。然而，当学生们以 5 人或 6 人为一组答题时，领导不积极（只是坐在那里）的小组合作答题的准确率为 72%，而领导积极的（鼓励所有成员参与）小组合作答题的准确率为 84%。当小组中只有一名成员最初得出正确答案时，积极的领导者特别有用。在这个案例中，领导者不积极的小组中有 36% 的人回答正确，而领导者积极的小组中有 76% 的人回答正确。正如我们从群体迷思中发现的那样，提高群体决策准确性的最佳方法之一，就是有一个能鼓励发表不同意见的领导者。

为了进一步研究群体决策制定，心理学家里德·黑斯蒂（Reid Hastie）针对 3 种不同类型判断中的群体和个体进行了比较，包括一般常识、脑筋急转弯和数量判断（如一个罐子里有多少颗豆子的问题）。在 3 种类型中，群体判断比个体判断的平均水平更高，但群体中表现最佳的个体的判断要优于群体的判断。也就是说，群体表现通常会优于个体表现，但群体中的最佳成员在其单独完成任务时会比群体表现得更好。50 多年来对群体决策制定的研究，为这一结论提供了有力支持。[35]

因此，群体判断通常比许多个体的判断更为准确，但这并不包括所有的个体。群体判断的准确性取决于许多因素，如任务难度、群体中个体的能力以及群体中个体之间的互动等。考虑到所有可能影响群体判断的变量，我们很难对群体决策的优势得出全面的结论。总体而言，能把不同个体的资源集中起来通常是个好方法，但这并不能保证成功。当然，我们必须要意识到并努力防止因群体动力而产生的特殊问题，如群体迷思和群体极化现象。

结语
最后的思考

我们的知识只能是有限的，而无知则必定是无限的。

——卡尔·波普尔

当今世界的麻烦产生的根本原因在于聪明人充满疑惑，而蠢人坚信不疑。

——伯特兰·罗素

以上就是本书所探讨的内容，我们穿越思维和决策雷区的探索之旅即将结束。正如我们所看到的那样，有许多认知倾向导致我们形成荒谬的信念，做出错误的决定。当然，这并非都是坏事。在这个我们称为家园的旋转星球上，我们生存得不错，但还可以更好。让我们花几分钟回顾一下经常让我们陷入困境的六大认知陷阱。

偏爱故事胜于数据。由于我们已经进化成会讲故事的生物，我们的思维自然地被故事所吸引而远离统计数据。因此，我们在形成信念和制定决策时，会过分强调轶事证据。我们对轶事证据的偏好怎么估计都不为过。事实上，你可能已经注意到我在本书中讨论了许多个人故事。我了解人们更关注趣闻轶事，所以我认为故事是传达主要观点的最佳方式。当然，本书得出的结论有严格的科学调查的支持。问题是，当我们在日常决策中完全依赖轶事证据时，通常会忽略与轶事证据冲突的统计数据。拒绝依据统计数据导致我们相信顺势疗法、寻水术、辅助沟通以及其他许多奇怪或错误的主张。

寻求印证自己的想法。为了做出公正和明智的决定，我们对支持信息和矛盾信息应该给予同等的关注。但是我们并没有这样做。相反，我们强调那些能证实我们现有信念和期望的信息，而忽略或重新解释那些相悖的信息。本质上，一旦我们形成一种偏好或期望，就会形成一种根深蒂固的倾向，以支持我们的偏好或期望的方式来解释新的信息。正如我们所看到的那样，这种对证据的偏见评估是形成无数错误信念的主要原因。

忽略机缘巧合的作用。我们是寻找因果关系的动物。从进化的角度来看，这种倾向对我们很有好处，因为当发现某些事情发生的原因时，我们的知识就会增加，我们的生存机会也会增加。然而，我们追根溯源的倾向是如此强烈，以至于我们能看到根本不存在的关联——我们开始把随机事件或纯粹巧合都解释为因果关系。因此，我们相信热手效应能影响篮球比赛的结果，相信对过去股价的评估可以用来预测未来的股价，相信迷信行为可以影响我们的表现。

错误感知世界。我们喜欢认为我们所感知的世界是真实的，但我们的感官可能会被欺骗。我们可以看到和听到并不存在的东西。大量研究表明，我们的感知在很大程度上受到我们心之所愿和心之所想的影响。因此，我们的偏见会导致我们产生幻觉——如果我们相信鬼魂或外星人的存在，就更有可能看到他们。对世界的错误感知是令轶事证据把我们引入歧途的罪魁祸首之一。

过度简化思维。因为我们的现实生活纷繁复杂，所以我们一直在寻找使事情简化的方法。简化也发生在我们决策之时。我们在做决定时，会使用许多简化的启发式方法，虽然这些启发式方法通常能产生作用，但它们也可能导致严重的错误。例如，我们在根据相似性评估做出决定时，就会忽略其他相关信息，比如基本率、样本量和回归均值的影响。当我们依赖于头脑中轻松想到的东西时，我们就高估了耸人听闻的事件发生的可能性。因此，我们形成信念和做决定时可能会受到不可靠信息的巨大影响，而未能充分考虑相关和可靠数据的影响。

存在错误记忆。虽然我们经常抱怨自己健忘，但我们倾向于认为，我们对所能记住的事情的回忆是相当准确的，特别是当我们对自己的记忆力信心十足的时候。但研究表明，即使在非常自信的时候，我们的记忆也可能是非常离谱的。这甚至发生在有轰动效应和悲剧后果的事件中。你是怎么听说世贸中心的灾难的？对于这个问题，在悲剧发生的3年后和悲剧发生的3天后，你做出的回答可能截然不同。当前的信念、期望，甚至是暗示性的问题都可能影响我们的记忆。实际上，我们可以重构自己的记忆，并且随着每次重构，记忆会离真相越来越远。考虑到我们在思考和决策时使用的很多信息是从记忆中获取的，这些错误的记忆可能会对我们的信念和决策产生重大影响。

当然，我们也讨论了许多其他的认知陷阱，但以上6个是主要的类别。正如我所强调的那样，如果你犯了这些错误，不要感到难过——我所认识的每个人都犯过这些错误。为什么？因为大多数问题是我们进化发展的结果，或者是出于我们简化思维的欲望和需要。我们不可能注意到所有对我们狂轰滥炸的信息。幸运的是，我们的简化策略在很多情况下都很奏效——让我们做出了足够好的决定。但问题是，当不应该依赖简化策略的时候，我们仍在依赖它，这就导致我们形成错误至极的信念并可能引发灾难性的决策。

还有一点务必记住。了解这些陷阱是改善我们的信念和决策形成过程的第一步。但这些知识并不能确保我们的决策会产生最佳的结果。正如我们所看到的那样，机遇对我们的影响极其重要，所以即使我们采用了最好的决策策略，决策结果仍然可能错得离谱。想想现在人们对高赌注扑克的兴趣就明白我的意思了，他们几乎每晚都在 ESPN（娱乐与体育电视网）、Bravo（精彩电视台）和旅游频道上玩扑克。在一档节目中，播音员评估马克和史蒂夫两名选手拿到的牌时说道："在这一点上，马克有 90% 的可能赢得这手牌。"他是怎么知道的？当时马克有很强的制胜优势，而史蒂夫唯一能打败他的机会就是中张顺子，但这基本是不可能的事。因此，马克下了很大的赌注。史蒂夫决定留下继续跟，不可思议的是，他真的凑上了顺子，最终赢了。马克输了，是因为他下大赌注的糟糕决策吗？当然不是。考虑到当时的信息，他的决策是正确的，尽管结果很糟糕。生活中的许多决策都是如此。当判断某人是不是一个好的决策者时，我们必须判断他决策过程的质量（他是如何制定决策的），而不是决策结果的质量。

我一再强调，改善我们的信念和决策形成过程的最好方法是采取怀疑和批判的方法。但不幸的是，我们往往会在不完整或不恰当的证据基础之上很快就相信了某件事情——批判性思维并不是我们与生俱来的。正如心理学家阿尔弗雷德·曼德（Alfred Mander）在 1947 年所说："思考是一个技术活儿。有人说人们天生就具有清晰的逻辑思维——无须学习，无须实践……，这并非事实。对于头脑未经训练的人，我们不应该期望他们能清晰而有逻辑地思考，就像从未学习和练习过的人不会期望自己能成为优秀的木匠、高尔夫球手、桥牌选手或钢琴家。"[1]

最重要的是，必须牢记一件事。人类是有信念的生物——我们想相信些什么。但正如西奥多·希克和刘易斯·沃恩指出的那样，如果我们有充分的理由质疑一种信念，就不能把它当作真理来接受。无论我们多么努力地尝试，我们心之所想也并不意味着真的能够梦想成真。我们能做的就是把我们相信某种信念的程度和支持这个信念的证据的程度互成比例地关联起来。如果证据不能强有力地支持一种信念，空中楼阁的信仰永远不会有助于我们了解这种信念是否正确。[2]令人惊讶的是，人类本性的一个悖论是，我们反而会对一些人类最不了解的领域持有最坚定的信念。

我们想要相信，因为我们想要生活的确定性。但是生活是错综复杂和不可预测的。虽然我们可能会发现，确认自己的信念会让我们更自在、更舒服——以非黑即白的方式思考——但我们必须学会接受还有诸多未知的事物。有时候，我们必须学会与知识中的各种灰色地带共存。这一点尤其重要，因为错误的信念会比决不相信造成更多的问题。正如心理学家汤姆·吉洛维奇（Tom Gilovich）所说："有时候，让我们陷入麻烦的并不是我们对事情的无知，而是我们知道事情原本并非如此。"[3] 因此，我们必须对自己的信念保持谨慎——直到获得令人信服的支持证据。虽然这可能与我们根深蒂固的天性相悖，但毫无疑问，这是我们能做的最为重要的事情之一。在个人层面以及在社会整体层面，我们都将受益于这种怀疑的立场，并做出更明智的判断和决定。

注释

前言 6个认知陷阱

1. 要研究股票市场的不可预见性。参见 B. Malkiel, *A Random Walk Down Wall Street* (New York: Norton, 2003), p. 187; W. Sherden, *The Fortune Sellers: The Big Business of Buying and Selling Predictions* (New York: John Wiley and Sons, 1998), p. 85。虽然有些人说，专家选股在很多情况下比飞镖选股表现更好，但麦基尔指出，如果把专家建议对市场的影响因素考虑在内，情况就不是这样了。

2. 关于这些影响的讨论，参见 M. Shermer, "Why Smart People Believe Weird Things," *Skeptic* 10, no. 2 (2003): 62。

3. S. Vyse, *Believing in Magic: The Psychology of Superstition* (New York: Oxford University Press, 1997), p. 24.

4. Skeptic News, "Prayer an Issue in Death," *Skeptic* 5, no. 3 (1997): 25.

5. B. Glassner, *The Culture of Fear* (New York: Basic Books, 1999), p. xxvi.

6. Michael Shermer，怀疑论者协会会长、《怀疑论者》(*Skeptic*)杂志主编，有效地阐述了这一观点。参见 M. Shermer, "The Belief Module," *Skeptic* 5, no. 4 (1997): 78。

7. C. Sagan, *The Demon-Haunted World* (New York: Random House, 1995), p. 214. 如果没有极端情况，其中一半将低于平均水平。

8. 这件事真的发生过。参见 A. Harter, "Bigfoot," *Skeptic* 6, no. 3 (1998): 97。

9. A. Hastorf, H. Cantril, "They Saw a Game: A Case Study," *Journal of Abnormal and Social Psychology* 49 (1954): 129.

10. R. Bartholomew, "Penis Panics: The Psychology of Penis Shrinking Mass Hysterias," *Skeptic* 7, no. 4 (1999): 45.

11. 参见 E. Loftus 和 K. Ketcham 所著的 *The Myth of Repressed Memory: False Memories and Allegations of Sexual Abuse* (New York: St. Martin's, 1994)，本书提供了许多令人信服的案例。

12. E. Loftus, G. Loftus, "On the Performance of Stored Information in the Human Brain," *American Psychologist* 35, no. 5 (1980): 409.

第 1 章　离奇的信念与伪科学思维

1.　M. Gardner, "The Magic of Therapeutic Touching," *Skeptical Inquirer* 24, no. 6 (2000): 48; Committee for the Scientifi Investigation of Claims of the Paranormal, "'Therapeutic Touch' Fails a Rare Scientifi Test," *Skeptical Inquirer* 22, no. 3 (1998): 6; D. Swenson, "Thought Field Therapy," *Skeptic* 7, no. 4 (1999): 60.

2.　T. Schick and L. Vaughn, *How to Think about Weird Things* (New York: McGraw-Hill, 2002), p. 276; L. Rosa et al., "A Close Look at Therapeutic Touch," *Journal of the American Medical Association* 279, no. 13 (April 1998): 1005; J. Enright, "Testing Dowsing: The Failure of the Munich Experiments," *Skeptical Inquirer* 23, no. 1 (1999): 39.

3.　M. Gardner 的 "Facilitated Communication: A Cruel Farce," *Skeptical Inquirer* 25, no. 1 (2001): 17 中报道的研究。也可参见 G. Green, "Facilitated Communication: Mental Miracle or Sleight of Hand," *Skeptic* 2, no. 3 (1994): 73。

4.　同上。

5.　参见 *Skeptical Inquirer* 29, no. 5 (2005): 5。

6.　百慕大三角地区的航线比周边地区更多，因此发生事故的可能性更大。参见 M. Shermer, *Why People Believe Weird Things* (New York: Freeman, 1997), p.55.Also see L. Kusche, *The Bermuda Triangle Mystery—Solved* (New York: Harper and Row, 1975)，获取百慕大三角 "神秘" 失踪之谜的解释。

7.　例如，向阿拉巴马大学伯明顿烧伤中心（University of Alabama Birmington Burn Center) 提供了 355255 美元用于测试治疗性触摸。参见 Schick 和 Vaughn 的 *How to Think about Weird Things*，了解更多怪诞现象研究费用划拨的详情。

8.　Ben-Shakhar et al., "Can Graphology Predict Occupational Success? Two Empirical Studies and Some Methodological Ruminations," *Journal of Applied Psychology* 71, no. 4 (1986): 645; S. Sutherland, *Irrationality: Why We Don't Think Straight* (New Brunswick, NJ: Rutgers University Press, 1992), p. 167.

9.　D. Regan, *For the Record* (San Diego: Harcourt Brace Jovanovich, 1988), p. 3, reported in S. Vyse, *Believing in Magic: The Psychology of Super-stition* (New York: Oxford University Press, 1997), p. 24. 虽然里根的许多行为受到了占星术的影响，但他的迷信程度尚不清楚。占星术对总统产生影响的一个主要原因是总统的妻子——南希。

10.　T. Gilovich, *How We Know What Isn't So* (New York: Free Press, 1991), p.2; Vyse, *Believing in Magic: The Psychology of Superstition* (New York: Oxford University Press, 1997), p. 16; M. Gardner, in foreword to Schick and Vaughn, *How to Think about Weird Things*, p. vii.

11.　J. Mack, *Abduction: Human Encounters with Aliens* (New York: Maxwell Macmillan International, 1994).

12. 参见 J. Randi, *Flim-Flam* (Amherst, NY: Prometheus Books, 1982); J. Nickell, *Real-Life X-Files* (Lexington: University Press of Kentucky, 2001); M. Gardner, *Science: Good, Bad, and Bogus* (Amherst, NY: Prometheus Books, 1989), 其中详细调查了鬼屋、千里眼、外星人绑架和许多其他不同寻常的信念。

13. 有关暴力罪行的资料参见 B. Glassner, *The Culture of Fear* (New York: Basic Books, 1999)。

14. B. Bushman and R. Baumeister, *Journal of Personality and Social Psychology* 75, no. 1 (1996): 219.

15. 参见 K. Stanovich, *How to Think Straight about Psychology* (Boston: Allyn and Bacon, 2001); B. Glassner, *The Culture of Fear*, 书中列举了大量被研究证明是错误的信念。也可参见 W. Niemeyer, I. Starlinger, *Audiology* 20 (1981): 503; R. Paloutzian, *Invitation to the Psychology of Religion* (Glenview, IL: Scott, Foresman, 1983); D. Buss, "Human Mate Selection," *American Scientist* 73, no. 1 (1985): 47; E. Lawler, *Motivation in Work Organizations* (Monterey, CA: Brooks/Cole, 1973)。

16. Stanovich, *How to Think Straight about Psychology*, p. 19.

17. 事实上，如果你相信这些广告，你也可以成为一个远程观看者。正如 *Psychology Today* (December 2000, p. 63) 上的一则广告所说："发现你潜意识的惊人力量，可以助你在宇宙中的任何地方旅行，检索有关人物、事物或事件的准确数据，不受时间和空间的限制。"书上还写道："直到最近，这项技术才被五角大楼列为最高机密……中央情报局和美国陆军都有遥视工作单位，已经成功运作了 10 多年，并一直执行秘密任务，如定位在伊朗被关押的美国人质，发现隐藏的核武器和生物武器，以及确定飞机失事的原因……现在，你可以一步一步地学习同样的遥视工作协议。"只需 279.95 美元，你就能获得这样的神奇力量，也就是区区几盘磁带的钱。

18. Committee for the Scientific Investigation of Claims of the Paranormal, "Science Indicators 2000: Belief in the Paranormal or Pseudoscience," *Skeptical Inquirer* 25, no. 1 (2001): 12; G. Sparks, T. Hansen, R. Shah, "Do Televised Depictions of Paranormal Events Influence Viewers' Beliefs?" *Skeptical Inquirer* 18, no. 4 (1994): 386; K. Parejko, "A Biologist's View of Belief," Skeptic 7 no. 1 (1999): 37; G. Sparks, "Paranormal Depictions in the Media: How Do They Affect What People Believe?" Skeptical Inquirer 22, no. 4 (1998): 35.

19. R. Ehrlich, "Are People Getting Smarter or Dumber?" *Skeptic* 10, no. 3 (2003): 50.

20. C. MacDougall, *Superstition and the Press* (Amherst, NY: Prometheus Books, 1983), p. 558; Stanovich, *How to Think Straight about Psychology*, p.203. 当那些节目报道经过充分研究的故事的同时，也夹杂报道琐碎的伪科学话题，问题就变得严重了。例如，通灵者已经出现在 CNN 的"拉里金现场"，NBC 的"日期线"和"今日秀"，以及 CBS 的"早间秀"。

21. 数据源自国家科学委员会的报告 *Science and Engineering Indicators 2000*，小节标题为 "Belief in the Paranormal or Pseudoscience"，发表在 *Skeptical Inquirer* (January/February 2001): 12 上。

22. K. Feder, "Trends in Popular Media: Credulity Still Reigns," *Skeptical Inquirer* 12, no. 2 (1988): 124.

23. Glassner, *The Culture of Fear*, p. xxi; K. Frost et al., "Relative Risk in the News Media," *American Journal of Public Health* 87 (1997): 842.

24. Glassner, *The Culture of Fear*, p. xxi.

25. D. Fan, "News Media Framing Sets Public Opinion That Drugs Is the Country's Most Important Problem," *Substance Use and Misuse* 31 (1996): 1413–21; Glassner, *The Culture of Fear*, p. 133.

26. Glassner, *The Culture of Fear*, p. xxii.

27. 同上。

28. 同上，p. xiv。

29. 同上。

30. S. Gabriel et al., "Risk of Connective Tissue Diseases and Other Disorders after Breast Implantation," *New England Journal of Medicine* 330, no. 24 (1994): 1748.

31. 例如，参见 J. Sanchez Guerrero 等的 "Silicone Breast Implants and the Risk of Connective Tissue Diseases and Symptoms," *New England Journal of Medicine* 332 (1995): 1666，以及 C. Burns 等的 "The Epidemiology of Scleroderma among Women: Assessment of Risk from Exposure to Silicone and Silica," *Journal of Rheumatology* 119 (1996): 1940。

32. M. Angell, "Evaluating the Health Risks of Breast Implants," *New England Journal of Medicine* 335, no. 15 (1996): 1154; M. Angell, *Science on Trial: The Clash of Medical Evidence and the Law in the Breast Implant Case* (New York: Norton, 1996), pp. 21–23, 101–102; Glassner, *The Culture of Fear*, pp. 164–74.

33. Stanovich, *How to Think Straight about Psychology*, p. 65.

34. E. Borgida, R. Nisbett, "The Differential Impact of Abstract vs. Concrete Information on Decisions," *Journal of Applied Social Psychology* 7, no. 3 (1977): 258.

35. J. Randi, "The Project Alpha Experiment: 1. The First Two Years," *Skeptical Inquirer* 7 (1983): 24; Stanovich, *How to Think Straight about Psychology*, p. 69.

36. 事实上，我在本书中使用了许多个人故事来表达不同的观点，同时意识到我们自然会关注这样的故事陈述。当然，本书提出的观点通常都得到了大量研究的支持，正如全书通篇出现的引用所示。

37. Shermer, *Why People Believe Weird Things*, p. 33.

38. C. Sagan, *The Demon-Haunted World* (New York: Random House, 1995), p. 43.

39. S. Carey, *A Believer's Guide to the Scientific Method* (New York: Wadsworth, 1998), p. 94.

40. 参见 Schick, Vaughn, *How to Think about Weird Things*; P. Kurtz, "The New Paranatural Paradigm: Claims of Communicating with the Dead," *Skeptical Inquirer* 26, no. 6 (2000): 27。

41. S. Blackmore, "What Can the Paranormal Teach Us about Consciousness?" *Skeptical Inquirer* 25, no. 2 (2001): 24.

42. Stanovich, *How to Think Straight about Psychology*, p. 197.

43. Sagan, *The Demon-Haunted World*, p. 14.

44. 例如，研究图书馆里有许多书是关于凯西和他的预言。他被称为"沉睡的先知"，他会坐在椅子上，闭着眼睛，谈论小天使和大天使、占星术对地球经历的影响等。

45. Sagan, *The Demon-Haunted World*, p. 4.

46. K. Dillion, "Facilitated Communication, Autism, and Ouija," *Skeptical Inquirer* 17 (Spring 1993): 281; Stanovich, *How to Think Straight about Psychology*, p. 95.

47. Glassner, *The Culture of Fear*, p. 210.

第 2 章　我肩头的小精灵

1. 最近的研究表明，许多诡异的感觉（如脊背发冷、颤抖、厌恶和恐惧的感觉）通常被解释为在低频（10~20 赫兹）声音中可能出现鬼魂。这种次声波，可以存在于"闹鬼"的地方，人类听不到它，但可以感觉到它。参见 Skeptic News, "Infrasound as a Possible Source of Sensations of the Paranormal," *Skeptic* 10, no. 3 (2003): 10。

2. 有趣的是，许多人相信有鬼，因为他们认为我们有一个"能量场"，这个能量场在我们的肉体死亡后很长一段时间内仍然存在。然而，你不得不问，为什么这样的能量场对我们的衣服也适用？毕竟鬼魂几乎从来没有裸体出现过。他们的衣服是从哪里来的？他们为什么要去到另一个世界？也许一个更好的解释是，人们看到了他们期望看到的东西——全副武装的幽灵通常穿着"幽灵般的"白色的飘逸长袍。

3. C. Sagan, *The Demon-Haunted World* (New York: Random House, 1995), p. 109.

4. T. Schick, L. Vaughn, *How to Think about Weird Things* (New York: McGraw-Hill, 2002), p. 15.

5. 有些人相信某件事，不是因为有证据支持它，而是因为缺乏证据反驳它。他们的立场是，如果你不能证明它是假的，那它一定是真的。然而，这是一种逻辑谬误，叫作诉诸无知。例如，由于没有人证明没有遭遇外星人，一些人就说它们一定发生了。但如果我们这样设定自己的信念，我们就不得不相信各种疯狂的事物，比如仙女和我的小精灵的存在。

6. See M. Shermer, *Why People Believe Weird Things* (New York: Freeman, 1997); "What Is a Skeptic?" *Skeptic* 11, no. 4 (2005): 5.

7. 心理学家特伦斯·海恩斯提出了一个很好的论点，他认为相信超自然现象的人并非思想开放，事实上，他们的思想极其封闭。正如他所指出的那样，科学家指定了他们需要的确切类型的证据来接受占星术、超感官知觉或外星人造访的现实。如果证据确实存在，他们就愿意改变观点，接受这种现象的存在。相反，在没有可信的证据（或有大量否定证据）的情况下，相信这些现象就是不折不扣的思想封闭。为什么？笃信者们实际上是在说："没有任何可信的证据能让我改变主意！"参见 T. Hines, *Pseudoscience and the Paranormal* (Amherst, NY: Prometheus Books, 2003), p. 15。

8. C. Sagan, "The Burden of Skepticism," Pasadena lecture, 1987, in Shermer, *Why People Believe Weird Things*, p. vi.

9. 请记住，一个说法不是不真实，只是因为目前没有可靠证据证明它。缺乏证据并不意味着我们应该选择连续体最左端的强烈怀疑态度，它只是意味着我们不应该偏离中点。

10. Schick, Vaughn, *How to Think about Weird Things*, p. 252.

11. K. Popper, *The Logic of Scientific Discovery* (New York: Harper and Row, 1968).

12. C. Sagan, *The Demon-Haunted World*, p. 171. 再举一个例子，"上帝创造了宇宙"的假设是无法检验的。这并不意味着上帝不存在，这只是意味着我们无法检验上帝是否存在。另一方面，"向上帝祈祷可以治愈疾病"的假设是可以验证的，因为我们可以进行对照实验，看看人们在祈祷后是否会好转。我们无法检验上帝是否创造了宇宙，但我们可以检验他是否在 10 000 年前创造了宇宙，这正如一些神创论者所坚持的那样。实际上，我们正在围绕假设能否被检验的主题进行批判性思维的讨论。

13. Schick, Vaughn, *How to Think about Weird Things*, p. 179.

14. 或者再想想，我的小精灵。我们已经从神经生物学研究中得知，我们的思维起源于大脑中的电化学活动。事实上，如果我们大脑的某些部位受伤，我们的思维过程就会严重受损。因此，小精灵引发了我所有的想法的假设是站不住脚的，因为它要求我们假设小精灵是思维活动所需要的，而思维可以通过神经脉冲活动得到解释。

15. W. Jarvis, "Homeopathy: A Position Statement by the National Council against Health Fraud," *Skeptic* 3, no. 1 (1994): 50; V. Mornstein, "Alternative Medicine and Pseudoscience: Comments by a Biophysicist," *Skeptical Inquirer* 26, no. 6 (2002): 40; P. Stevens, "Magical Thinking in Complementary and Alternative Medicine," *Skeptical Inquirer* 25, no. 6 (2001): 32.

16. 同上，不要轻易相信顺势疗法就像疫苗，仅注射少量的致病因子就能建立一个人对疾病的免疫力。根据顺势疗法的无穷小量定律，剂量越小，效果越强。疫苗不是这样起作用的。你不可能将一种疫苗的推荐剂量减半，而获得更强的效果，而这正是无穷小量定律做出的预测。那么，为什么顺势疗法会受到追捧呢？记住，在早期的医学史上，我们使用出血、水蛭及有毒药剂进行治疗。当塞缪尔·哈内曼在 19 世纪创立顺势疗法医学院时，他的方法实际上比当时可用的方法更好，因为他的治疗方法效果甚微，基本没有发挥任何作用，病人实际是自愈的。

17. Schick, Vaughn, *How to Think about Weird Things,* p. 255, 讨论了另外两个判断假设是否适当的标准：结果和范围。结果提出的问题是，假设是否给我们解释新现象提供了预测？它是开辟了新的研究方向，还是预测了以前未知的现象？如果是这样，它就是富有成效的。例如，爱因斯坦的相对论预测，光线在大质量物体周围会弯曲，因为它们周围的空间是弯曲的。而之后的测试证实了这一情况。范围提出了这样一个问题：假设能解释多少种不同的现象？一个假设解释的现象越多，它就有越多支持性的证据，因此它越有可能是正确的。爱因斯坦的相对论优于牛顿的万有引力和运动定律，因为爱因斯坦的理论范围更广。虽然这些都是科学进步的重要标准，但我将讨论简化为那些我认为对确立我们日常信念最重要的问题。

18. 例如，美国卫生与公众服务部向布法罗的一个护理中心提供了 20 万美元，用于研究治疗性触摸，而国防部向阿拉巴马大学提供了 355225 美元，用于研究治疗性触摸对烧伤患者的作用。虽然对替代医学的主张进行测试是件好事，但事实证明，这些测试在很大程度上依赖于轶事证据，而不是基于科学的控制对照实验。我们还必须质疑，是否应该花费大量资金来调查与有力证据支撑的科学知识背道而驰的主张。

19. L. Rosa et al., "A Close Look at Therapeutic Touch," *Journal of the American Medical Association* 279, no. 13 (April 1998): 1005. 也可参见 L. Rosa, "Therapeutic Touch," *Skeptic* 3, no. 1 (1994): 40; and M. Gardner, "The Magic of Therapeutic Touching," *Skeptical Inquirer* 24, no. 6 (2000): 48。

20. J. Dodes, "The Mysterious Placebo," *Skeptical Inquirer* 21, no. 1 (1997): 44; W. G. Thompson, *The Placebo Effect and Health* (Amherst, NY: Prometheus Books, 2005).

21. N. Postman, *Conscientious Objectives* (New York: Vintage Books, 1988), p. 96; K. Stanovich, *How to Think Straight about Psychology* (Boston: Allyn and Bacon, 2001), p. 59.

22. A. Roberts et al., "The Power of Nonspecific Effects in Healing: Implications for Psychosocial and Biological Treatments," *Clinical Psychology Review* 13, no. 5 (1993): 375; J. Turner, R. Gallimore, C. Fox Henning, "An Annotated Bibliography of Placebo Research (Ms. No. 2063)," *JSAS Catalog of Selected Documents in Psychology* 10, no. 2 (1980): 22; L. White, B. Tursky, G. Schwartz, "Placebo in Perspective," in *Placebo Theory, Research and Mechanisms*, ed. L. White, B. Tursky, G. Schwartz (New York: Guilford, 1985), p. 3.

23. Stanovich, *How to Think Straight about Psychology*, p. 59.

24. S. Vyse, *Believing in Magic: The Psychology of Superstition* (New York: Oxford University Press, 1997), p. 112.

25. Schick, Vaughn, *How to Think about Weird Things*, p. 257.

26. D. Eisenberg et al., "Unconventional Medicine in the United States: Prevalence, Costs, and Patterns of Use," *New England Journal of Medicine* 328, no. 4 (1993): 246; US Congress House Select Committee on Aging, *Quackery: A $10 Billion Scandal* (Washington DC: US Government Printing Office, May 31, 1984); Stanovich, *How to Think Straight about Psychology*, p. 219.

27. 双盲研究和对照组的相关性将在后面讨论。

28. K. Atwood, "The Ongoing Problem with the National Center for Complementary and Alternative Medicine," *Skeptical Inquirer* (September/October 2003): 23; S. Green, "Stated Goals and Grants of the Office of Alternative Medicine/National Center for Complementary and Alternative Medicine," *Scientific Review of Alternative Medicine* 5, no. 4 (2001): 205; L. Jaroff, "The Solution Is Not in the Solution: Homeopathy and the Office of Alternative Medicine", *Skeptic* 5, no. 3 (1997): 51.

29. M. Shermer, "The Knowledge Filter," *Skeptic* 7, no. 1 (1999): 67. 我并不是在暗示所有的"替代医学"都是胡扯，只是说它应该和传统药物一样严格地进行测试。如果一项技术被证明是有用的，那它就应该是医学的一部分——没有必要将其区分为"替代"药物。如果它有用，那就是药物；如果它没用，那就是无稽之谈。

30. R. Carroll, *The Skeptic's Dictionary* (Hoboken, NJ: John Wiley and Sons, 2003), p. 146.

31. Shermer, *Why People Believe Weird Things*, p. 4.

32. R. Hyman, "Cold Reading: How to Convince Strangers That You Know All about Them," *Zetetic,* now *Skeptical Inquirer* (Spring/Summer 1977): 18.

33. J. Randi, "John Edward and the Art of Cold Reading," *Skeptic* 8, no. 3 (2000): 6. 关于暖读的讨论，也可参见 J. Nickell, "John Edward: Hustling the Bereaved," *Skeptical Inquirer* 25, no. 6 (2001): 19.

第 3 章　像科学家一样思考

1. 这则广告登在《今日心理学》2001 年 4 月刊第 91 页上。有趣的是，这则广告指出，许多潜意识磁带不起作用（也许是为了对付那些表明潜意识磁带无用的可信研究）。然而，它接着说，随着一项新的技术突破，这些特殊的磁带可以发挥作用。当然，它并没有提到这项技术突破到底是什么。

2. A. Greenwald et al., "Double-Blind Tests of Subliminal Self-Help Audiotapes," *Psychological Science* 2, no. 2 (1991): 119.

3. K. Stanovich, *How to Think Straight about Psychology* (Boston: Allyn and Bacon, 2001), p. 102.

4. National Science Board, *Science and Engineering Indicators* (2004), p.7–3.

5. 本章对科学的大部分讨论基于斯坦诺维奇的杰出著作 *How to Think Straight about Psychology*，以及 C. Sagan, *The Demon-Haunted World* (New York: Random House, 1995); M. Shermer, *Why People Believe Weird Things* (New York: Freeman, 1997)。对于那些想要更详细地讨论科学及其益处的人，我强烈推荐这些书中的每一本书。

6. K. Frazier, "Science and Religion 2001: Introductory Thoughts," *Skeptical Inquirer* 25, no. 5 (2001): 23.

7. M. Shermer, "The Unlikeliest Cult in History," *Skeptic* 2, no. 2 (1993): 81.

8. Sagan, *The Demon-Haunted World*, p. 27.

9. Stanovich, *How to Think Straight about Psychology*, p. 33.

10. 同上。事实上，从多个不同的研究中获得证据比从一个大型研究中获得证据更好，因为不同的研究不太可能有相似的弱点，这使相互矛盾的解释更有可能得到消除。

11. 另一方面，根据我们对世界的了解，神创论提出了许多站不住脚的断言（例如，许多严格的神创论者认为地球只有 6000~10 000 年的历史，这一观点显然与科学证据相矛盾）。为了克服这种矛盾，智能设计理论最近被提出。智能设计理论的支持者通常认为，虽然进化已经发生，但生命是如此复杂，它一定是由一个强大的实体创造的。然而，这一论断本质上是无法检验的，因此不属于科学范畴。

12. 我们从科学中获得的知识还有其他的局限。科学只告诉我们关于自然世界的知识，它不能告诉我们某些事物是不是道德的、公正的、美丽的。

13. T. Kuhn, *The Structure of Scientific Revolutions* (Chicago: University of Chicago Press, 1970).

14. Stanovich, *How to Think Straight about Psychology*, p. 37. 也可参见 I. Asimov, "The Relativity of Wrong", *Skeptical Inquirer* 14 (1989): 35.

15. 参见 "The Hamster: Think Progress 'Interviews' Jerry Falwell"。

16. M. McClosky, "Intuitive Physics," *Scientific American* 248 (1983): 122.

17. 同上。

18. 另参见 Stanovich, *How to Think Straight about Psychology*, p. 99。

19. 参见 A. Kohn, *You Know What They Say—The Truth about Popular Beliefs* (New York: HarperCollins, 1990); S. Della Sala, ed., *Mind Myths: Exploring Popular Assumptions about the Mind and Brain* (West Sussex, UK: John Wiley and Sons, 1999)。

20. Stanovich, *How to Think Straight about Psychology*, p. 101.

21. 同上，p. 101; Sagan, *The Demon-Haunted World*, p. 290.

22. Stanovich, *How to Think Straight about Psychology*, p. 144.

23. 同上，p. 138。

24. 同上，p. 139; I. Lazar et al., "Lasting Effects of Early Education: A Report from the Consortium of Longitudinal Studies," *Monographs of the Society for Research in Child Development* 47 (1982); S. Ramey, "Head Start and Preschool Education: Toward Continued Improvement," *American Psychologist* 54, no. 5 (1999): 344.

25. 参见 Sagan, *The Demon-Haunted World*, p. 20，了解关于这些差异的更深入的讨论。

26. 同上，p. 31。

27. S. Vyse, *Believing in Magic: The Psychology of Superstition* (New York: Oxford University Press, 1997), p. 211.

28. S. Thompson, "Penn and Teller Part 2"，Onion A. V. Club (June 4, 1998).

29. T. Schick, L. Vaughn, *How to Think about Weird Things* (New York: McGraw-Hill, 2002), p. 251.

第 4 章　偶然与巧合的作用

1. M. Shermer, "The Belief Module," *Skeptic* 5, no. 4 (1997): 78; 也可参见 Shermer, *Why People Believe Weird Things* (New York: Freeman, 1997)。

2. E. Langer, "The Illusion of Control," *Journal of Personality and Social Psychology* 32 (1975): 311; C. Wortman, "Some Determinants of Perceived Control," *Journal of Personality and Social Psychology* 31 (1975): 282; S. Plous, *The Psychology of Judgment and Decision Making* (New York: McGraw-Hill, 1993), p. 171.

3. Shermer, *Why People Believe Weird Things*; also see Shermer, "Deviations," *Skeptic* 1, no. 3 (1992): 12.

4. Shermer, *Why People Believe Weird Things*, p. 70.

5. S. Blackmore, "Belief in the Paranormal: Probability Judgments, Illusion of Control, and the Chance Baseline Shift," *British Journal of Psychology* 76 (1985): 459; S. Vyse, *Believing in Magic: The Psychology of Superstition* (New York: Oxford University Press, 1997), p. 102.

6. 事实上，前几次旋转的结果会显著地显示在轮盘赌轮的旁边，这样赌徒就可以跟踪前几次的结果。

7. T. Gilovich, R. Vallone, A. Tversky, "The Hot Hand in Basketball: On the Misperception of Random Sequences," *Cognitive Psychology* 17 (1985): 295.

8. 同上。

9. 你可能会说，等一下，热手效应不是一直发生的，只是偶尔发生一次，所以总体概率可能变化不大。但基于这种观点，热手效应是不可证伪的。你会说，这种情况只会在球员投中几个球后发生，而在其他时候不会发生，我们不知道它什么时候会发生。如果是这样的话，热手效应就无法得到检验，这与通灵者的推理类似，通灵能力无法在受控条件下被证明，因为研究人员会释放负能量——这只是事后事实的理论。

10. Gilovich, Vallone, Tversky, "The Hot Hand in Basketball," p. 295; T. Gilovich, *How We Know What Isn't So* (New York: Free Press, 1991), p. 16; Plous, *The Psychology of Judgment and Decision Making*, p. 114.

11. Gilovich, Vallone, Tversky, "The Hot Hand in Basketball".

12. G. Belsky, T. Gilovich, *Why Smart People Make Big Money Mistakes* (New York: Simon and Schuster, 1999), p. 116.

13. K. Stanovich, *How to Think Straight about Psychology* (Boston: Allyn and Bacon, 2001), p. 99.

14. W. Weaver, *Lady Luck: The Theory of Probability* (New York: Dover, 1982); S. Plous, *The Psychology of Judgment and Decision Making*, p. 153.

15. R. Blodgett, "Against All Odds," *Games* (November 1983): 14; Plous, *The Psychology of Judgment and Decision Making*, p. 155.

16. 例如，参见 Plous, *The Psychology of Judgment and Decision Making*, p. 153 关于这个案例的讨论。

17. Penn Jillette 著，M. Shermer 在 "The Fearful Angels of Our Nature" *Skeptic* 7, no. 3 (1999): 94 中引用。

18. Shermer, *Why People Believe Weird Things*, p. 72.

19. Vyse, *Believing in Magic: The Psychology of Superstition*, p. 3.

20. D. Albas, C. Albas, "Modern Magic: The Cases of Examinations," *Sociology Quarterly* 30 (1989): 603; Vyse, *Believing in Magic: The Psychology of Superstition*, p. 30.

21. See M. Shermer, "The Belief Module," *Skeptic* 5, no. 4 (1997): 83.

22. Vyse, *Believing in Magic: The Psychology of Superstition*, p. 199.

23. B. F. Skinner, "'Superstition' in the Pigeon," *Journal of Experimental Psychology* 38 (1948): 168; Vyse, *Believing in Magic: The Psychology of Superstition*, p. 70.

24. Vyse, Believing in Magic: The Psychology of Superstition, p. 27.

25. 同上，p. 137。

第 5 章　看到不存在的事物

1. 例如，参见 V. S. Ramachandran, S. Blakeslee, *Phantoms in the Brain* (New York: Quill - William Morrow, 1998), p. 67。

2. S. Coren, J. Miller, "Size Contrast as a Function of Figural Similarity," *Perception and Psychophysics* 16 (1974): 355. 当体育节目播音员站在一匹大型赛马旁边时，他并没有发生真正的改变，所以对比效应似乎主要发生在项目相似时。对比效应也会发生在我们的判断中。我们会以认识的其他人为基准来判断我们认识的某人是否诚实，甚至幸福也取决于环境。研究发现，与非中奖者相比，中奖者从各种日常活动（如看电视、和朋友聊天、吃早餐等）中获得的幸福感更少。参见 P. Brickman, D. Coates, R. Janoff Bulman, "Lottery Winners and Accident Victims: Is Happiness Relative?" *Journal of Personality and Social Psychology* 36 (1978): 917。相比之下，这些活动带来的幸福感都比不上中奖的幸福感。

3. S. Sutherland, *Irrationality: Why We Don't Think Straight* (New Brunswick, NJ: Rutgers University Press, 1992), p. 135.

4. J. Bruner, L. Postman, "On the Perception of Incongruity: A Paradigm," *Journal of Personality* 18 (1949): 206. 在某些情况下，当我们的认知与我们的期望不一致时，我们会感到困惑，所以我们会采取妥协的立场。例如，红色的黑桃 6 有时会被视为紫色的黑桃 6 或红桃 6。

5. L. Zusne, W. Jones, *Anomalistic Psychology: A Study of Extraordinary Phenomena of Behavior and Experience* (Hillsdale, NJ: Erlbaum Associates, 1982).

6. T. Schick, L. Vaughn, *How to Think about Weird Things* (New York: McGraw - Hill, 2002), p. 37.

7. A. Harter, "Bigfoot," *Skeptic* 6, no. 3 (1998): 97.

8. Schick, Vaughn, *How to Think about Weird Things*, p. 57; I. Kelly, J. Rotton, R. Culver, "The Moon Was Full and Nothing Happened," in *The Hundredth Monkey*, ed. K. Frazier (Amherst, NY: Prometheus Books, 1991), p. 31.

9. S. Asch, "Forming Impressions of Personality," *Journal of Abnormal and Social Psychology* 41 (1946): 258.

10. H. Kelly, "The Warm Cold Variable in First Impressions of Persons," *Journal of Personality* 18 (1950): 431; E. Thorndike, "A Constant Error in Psychological Ratings," *Journal of Applied Psychology* 4 (1920): 25–29; K. Dion, E. Berscheid, E. Walster, "What Is Beautiful Is Good," *Journal of Personality and Social Psychology* 24 (1972): 285; D. Landy, H. Sigall, "Beauty Is Talent: Task Evaluation as a Function of the Performer's Physical Attractiveness," *Journal of Personality and Social Psychology* 29 (1974): 299.

11. C. Ross, "Rejected," *New West* 12 (February 1979): 39.

12. M. Frank, T. Gilovich, "The Dark Side of Self and Social Perception: Black Uniforms and Aggression in Professional Sports," *Journal of Personality and Social Psychology* 54, no. 1 (1988): 74.

13. Frank, Gilovich, "The Dark Side of Self and Social Perception" 中也发现了证据，表明穿黑色队服实际上会导致攻击行为。

14. L. Egbert et al., "Reduction of Postoperative Pain by Encouragement and Instruction of Patients," *New England Journal of Medicine* 270 (1964): 825; Sutherland, *Irrationality*, p. 180.

15. I. Kirsch, L. Weixel, "Double Blind versus Deceptive Administration of a Placebo," *Behavioral Neuroscience* 102 (1988): 319.

16. S. Vyse, *Believing in Magic: The Psychology of Superstition* (New York: Oxford University Press, 1997), p. 136.

17. A. Hastorf, H. Cantril, "They Saw a Game: A Case Study," *Journal of Abnormal and Social Psychology* 49 (1954): 129. Also see S. Plous, *The Psychology of Judgment and Decision Making* (New York: McGraw-Hill, 1993), p. 18.

18. R. Vallone, L. Ross, M. Lepper, "The Hostile Media: Biased Perception and Perceptions of Media Bias in Coverage of the Beirut Massacre," *Journal of Personality and Social Psychology* 49, no. 3 (1985): 577.

19. D. Russell, W. Jones, "When Superstition Fails: Reactions to Disconfirmation of Paranormal Beliefs," *Personality and Social Psychology Bulletin* 6, no. 1 (1980): 83.

20. Schick, Vaughn, *How to Think about Weird Things*, p. 38.

21. T. Gilovich, *How We Know What Isn't So* (New York: Free Press, 1991), p. 77.

22. P. Cross, "Not Can but Will College Teaching Be Improved?" *New Directions for Higher Education* 17 (Spring 1977): 1; N. Weinstein, "Unrealistic Optimism about Future Life Events," *Journal of Personality and Social Psychology* 39 (1980): 806; N. Weinstein, "Unrealistic Optimism about Susceptibility to Health Problems," *Journal of Behavioral Medicine* 5 (1982): 441.

23. P. Glick, D. Gottesman, "The Fault Is Not in the Stars: Susceptibility of Skeptics and Believers in Astrology to the Barnum Effect," *Personality and Social Psychology Bulletin* 15 (1989): 572; Vyse, *Believing in Magic: The Psychology of Superstition*, p. 135.

24. C. Sagan, *The Demon-Haunted World* (New York: Random House, 1995), p. 104.

25. 怀疑论者新闻报道，"A Skeptic in the Trenches", *Skeptic* 7, no. 3 (1999): 11. Joe Nickell，其他证据表明，这些幻觉可能是受试者的暗示性的结果，而不是磁场刺激。参见 J. Nickell, "Mystical Experiences: Magnetic Fields or Suggestibility?" *Skeptical Inquirer* 25, no. 5 (2005): 14。

26. Ramachandran and Blakeslee, *Phantoms in the Brain*, p. 188.

27. P. McKellar, *Imagination and Thinking* (New York: Basic Books, 1957)，p. 29. 入睡催眠意象和觉醒催眠意象可以是视觉、听觉或触觉的，有些可能很快消失。然而，正如麦凯勒所说，"意象"和生动的幻觉之间的区别是模糊的。在某些情况下，意象可以相当生动，可以被称为幻觉。

28. S. Wilson, T. Barber, "The Fantasy-Prone Personality: Implications for Understanding Imagery, Hypnosis, and Parapsychological Phenomena," in *Imagery: Current Theory, Research in Application*, ed. A. Sheikh (New York: John Wiley and Sons, 1983); K. Basterfield, R. Bartholomew, "Abductions: The Fantasy Prone Personality Hypothesis," *International UFO Review* 13, no. 3 (1988): 9.

29. L. Zusne, W. Jones, *Anomalistic Psychology: A Study of Extraordinary Phenomena of Behavior and Experience* (Hillsdale, NJ: Erlbaum Associates, 1982).

30. R. Bartholomew, E. Goode, "Phantom Assailants and the Madness of Crowds: The Mad Gasser of Botetourt County," *Skeptic* 7, no. 4 (1999): 50.

31. R. Bartholomew, "Monkey Man Delusion Sweeps India," *Skeptic* 1, no. 9 (2001): 13.

32. R. Bartholomew, E. Goode, "Mass Delusions and Hysterias Highlights from the Past Millennium," *Skeptical Inquirer* 24, no. 3 (2000): 20.

33. Ramachandran, Blakeslee, *Phantoms in the Brain*, p. 72.

34. 同上。

35. 同上，pp. 106–109。

36. O. Sacks, *The Man Who Mistook His Wife for a Hat* (New York: Summit Books, 1985), p. 10. 有趣的是，大脑表面的映射对应身体的不同区域。当某个大脑表面受到刺激时，你可以感觉到它在你的手、脚等部位。有时，当损伤发生时，相邻的大脑区域可以混合。参见 Ramachandran and Blakeslee, *Phantoms in the Brain*, p. 36。

37. Ramachandran, Blakeslee, *Phantoms in the Brain*, p. 162.

38. R. Restak, *The Brain: The Last Frontier* (New York: Warner Books, 1979).

39. 同上。

40. Ramachandran, Blakeslee, *Phantoms in the Brain*, p. 47.

41. Zusne, Jones, *Anomalistic Psychology*.

42. R. Abelson, "Beliefs Are Like Possessions," *Journal for the Theory of Social Behaviour* 16 (1986): 222.

43. Plous, *The Psychology of Judgment and Decision Making*, p. 21.

第 6 章　看到不存在的关联

1. B. Malkiel, *A Random Walk Down Wall Street* (New York: Norton, 2003), p. 136. 一个公司的典型图表会产生一根垂线，顶部表示当天股票的高价，底部表示低价。一根线被水平标记表示当天的收盘价。

2. 同上，p. 130。

3. 同上，p. 150。

4. A. Moore, "Some Characteristics of Changes in Common Stock Prices," in *The Random Characteristics of Stock Market Prices*, ed. Paul H. Cootner (Cambridge, MA: MIT Press, 1964), p. 139; E. Fama, "The Behavior of Stock Market Prices," *Journal of Business* 38, no. 1 (1965): 34; W. Sherden, *The Fortune Sellers: The Big Business of Buying and Selling Predictions* (New York: John Wiley and Sons, 1998), p. 86.

5. Malkiel, *A Random Walk Down Wall Street*, p. 166.

6. 诊断采用某种类型的评分系统。尽管已经开发了许多评分方案，但埃克斯纳综合系统获得了较多的认可〔参见 J. Exner, *The Rorschach: A Comprehensive System* (New York: John Wiley and Sons, 1986)〕。

7. L. Chapman, J. Chapman, "Illusory Correlation as an Obstacle to the Use of Valid Psychodiagnostic Signs," *Journal of Abnormal Psychology* 74 (1969): 271.

8. 同上。

9. 同上。

10. 在某些情况下，当一个事物存在，而我们不期望看到这个事物存在时，我们就看不到某种相关性（即不可见的相关性）。例如，许多吸烟者多年来都没有看到吸烟和肺癌之间的相关性。

11. 例如，研究表明，用来给罗夏墨迹测试打分的埃克斯纳综合系统不能可靠地预测心理健康问题。14 项研究测试了该系统的抑郁指数能否准确预测抑郁症诊断结果。其中 11 项研究没有发现显著的相关性，2 项研究结果混杂，只有 1 项研究结果为正向。此外，该测试过度病态。也就是说，研究表明，它错误地将大约 75% 的正常人识别为具有情绪障碍。J. Wood et al., *What's Wrong with*

the *Rorschach?* (San Francisco: Jossey Bass, 2003); J. Wood et al., "The Rorschach Inkblot Test, Fortunetellers and Cold Reading," *Skeptical Inquirer* (August 2003): 29; T. Hines, *Pseudoscience and the Paranormal* (Amherst, NY: Prometheus Books, 2003), p. 188; S. Lilienfeld, "Projective Measures of Personality and Psychopathology: How Well Do They Work?" *Skeptical Inquirer* 23, no. 5 (1999): 32.

12. J. Wood et al., *What's Wrong with the Rorschach?*

13. L. Chapman, J. Chapman, "Genesis of Popular but Erroneous Psychodiagnostic Observations," *Journal of Abnormal Psychology* 72 (1967): 193，给那些从未听说过个人抽签测试的大学生发放随机配对的患者的绘画作品和描述。大学生们报告了与临床医生相同的错觉相关性（例如，大多数大学生认为可疑的患者会画出非典型的眼睛）。

14. L. Chapman, J. Chapman, "Test Results Are What You Think They Are," *Psychology Today* (1971): 18.

15. G. Ben-Shakhar et al., "Can Graphology Predict Occupational Success? Two Empirical Studies and Some Methodological Ruminations," *Journal of Applied Psychology* 71, no. 4 (1986): 645.

16. S. Sutherland, *Irrationality: Why We Don't Think Straight* (New Brunswick, NJ: Rutgers University Press, 1992), p. 167.

17. T. Gilovich, *How We Know What Isn't So* (New York: Free Press, 1991)，p. 3.

18. J. Smedslund, "The Concept of Correlation in Adults," *Scandinavian Journal of Psychology* 4 (1963): 165.

19. M. Matlin, *Cognition* (Chicago, IL: Holt, Rinehart and Winston, 1998), p.413.

20. 计算的方法可以在任何入门级的统计学书中找到。

21. 下面几个小节的大部分讨论基于 K. Stanovich, *How to Think Straight about Psychology* (Boston: Allyn and Bacon, 2001), 我强烈推荐这本书给那些想要对这些话题进行更深入讨论的人。

22. R. Dawes, *House of Cards, Psychology and Psychotherapy Built on Myth* (New York: Free Press, 1994), p. 246; J. Kahne, "The Politics of Self-Esteem," *American Educational Research Journal* 33 (1996): 3; Stanovich, *How to Think Straight about Psychology*, p. 82.

23. Stanovich, *How to Think Straight about Psychology*, p. 79.

24. 先进的统计方法，如回归分析和路径分析，已经发展起来，它们可以表明当其他变量被删除或剔除时，两个变量关联的强度。

25. E. Page, T. Keith, "Effects of U.S. Private Schools: A Technical Analysis of Two Recent Claims", *Educational Researcher* 10, no. 7 (1981): 7; D.Berliner, B. Biddle,

The Manufactured Crisis: Myths, Fraud, and the Attack on America's Public Schools (Reading, MA: Addison - Wesley Publishing Company, 1995); C. Jencks, "How Much Do High School Students Learn?" *Sociology of Education* 58 (1985): 128; Stanovich, *How to Think Straight about Psychology*, p. 79.

26. J. Finn, C. Achilles, "Tennessee's Class Size Study: Findings, Implications, Misconceptions," *Educational Evaluation and Policy Analysis* 21 (1999): 97.

27. 例如，Stanovich, *How to Think Straight about Psychology*, p.83。

28. B. Powell, L. Steelman, "Bewitched, Bothered, and Bewildering: The Use and Misue of State SAT and ACT Scores," *Harvard Educational Review* 66, no. 1 (1996): 27; Stanovich, *How to Think Straight about Psychology*, p. 83.

29. Powell, Steelman, "Bewitched, Bothered, and Bewildering".

30. B. Powell, "Sloppy Reasoning, Misused Data," *Phi Delta Kappan* 75, no. 4 (1993): 283; Stanovich, *How to Think Straight about Psychology*, p. 84.

31. Powell, Steelman, "Bewitched, Bothered, and Bewildering".

第 7 章 预测不可预知的情况

1. W. Sherden, *The Fortune Sellers: The Big Business of Buying and Selling Predictions* (New York: John Wiley and Sons, 1998), p. 2.

2. E. Marshall, "Police Science and Psychics," *Science* 210 (1980): 994.

3. M. Yafeh, C. Heath, "Nostradamus's Clever 'Clairvoyance'", *Skeptical Inquirer* (September/October 2003): 38.

4. 同上。

5. 同上。

6. T. Schick and L. Vaughn, *How to Think about Weird Things* (New York: McGraw - Hill, 2002), p. 61.

7. S. Madey and T. Gilovich, "Effects of Temporal Focus on the Recall of Expectancy - Consistent and Expectancy - Inconsistent Information," *Journal of Personality and Social Psychology* 65, no. 3 (1993): 458.

8. B. Holland, "You Can't Keep a Good Prophet Down," *Smithsonian Mag azine* (April 1999): 69.

9. J. Dixon, *My Life and Prophecies* (New York: Morrow, 1969).

10. 人们经常说："通灵侦探呢？"如果他们没有用，警察就不会寻求他们的帮助。"但请记住，我们都是自己固有思想偏见的牺牲品，包括警察。仔细研究，数据显示通灵侦探毫无价值。参见 T. Hines, *Pseudoscience and the Paranormal*

(Amherst, NY: Prometheus Books, 2003), p. 73; W. Rowe, "Psychic Detectives: A Critical Examination," *Skeptical Inquirer* 17 (1993): 159。

11. H. Johnson, *Sleepwalking through History: America in the Reagan Years* (New York: Anchor Books, 1991); K. Stanovich, *How to Think Straight about Psychology* (Boston: Allyn and Bacon, 2001), p. 71.

12. W. Eng, *The Technical Analysis of Stocks, Options and Futures* (Chicago: Probus, 1988); Sherden, The Fortune Sellers, p. 89.

13. S. Carlson, "A Double Blind Test of Astrology," *Nature* (1985): 318. The profiles were based upon the California Personality Profile.

14. B. Forer, "The Fallacy of Personal Validation: A Classroom Demonstration of Gullibility," *Journal of Abnormal and Social Psychology* 44 (1949): 118; Schick and Vaughn, *How to Think about Weird Things*, p. 59.

15. M. Gauquelin, *Astrology and Science* (London: Peter Davies, 1969), p. 149; Schick and Vaughn, *How to Think about Weird Things*, p. 128.

16. 本章的大部分讨论基于 W. Sherden, *The Fortune Sellers*, 以及 B. Malkiel, *A Random Walk Down Wall Street* (New York: Norton, 2003)。

17. 这个例子基于 Stanovich, *How to Think Straight about Psychology*, p. 175。

18. M. Fridson, *Investment Illusions* (New York: Wiley, 1993), p. 67. 当广告有误导时，这种情况就会加剧。例如，一家基金宣称，它在 11 次总统选举中的表现排名第一。然而，广告的细则称，该基金仅在特定的 3 个月内表现优于其他基金，而且只针对特定的资产价值（Malkiel, *A Random Walk Down Wall Street*, p. 373）。如果你仔细看，你会发现一些看起来更有用的东西。

19. Investment Company Institute, *Investment Company Fact Book* (Investment Company Institute, 2005), p. 3.

20. M. Jensen, "Problems in Selection of Security Portfolios: The Performance of Mutual Funds in the Period 1945–1964," *Journal of Finance* 23, no. 2 (1968): 389; Sherden, *The Fortune Sellers*, p. 107. "买入并持有"指的是购买大量股票来代表市场，然后继续持有，而不是积极交易。

21. See Sherden, *The Fortune Sellers*, p. 108; Malkiel, *A Random Walk Down Wall Street*, pp. 187–90.

22. Malkiel, *A Random Walk Down Wall Street*, pp. 187, 189, 190.

23. 数据来自 Sherden, *The Fortune Sellers*, p. 108.

24. Malkiel, *A Random Walk Down Wall Street*, p. 373.

25. 同上。

26. 同上，P.187。

27. 同上，P.192。

28. Sherden, *The Fortune Sellers*, pp. 6, 99.

29. 同上，p. 187。

30. J. Kim, "Watch Out for Investing Newsletters Luring You with Outdated Returns," *Money Magazine* (September 1994): 12.

31. G. Belsky, T. Gilovich, *Why Smart People Make Big Money Mistakes*（New York: Simon and Schuster, 1999), p. 178.

32. 如今的典型投资者持有一只基金不到 7 年，而 1970 年的平均持有期限超过 16 年。

33. Belsky, Gilovich, *Why Smart People Make Big Money Mistakes*.

34. T. Odean, B. Barber, "Trading Is Hazardous to Your Wealth: The Common Stock Investment Performance of Individual Investors," *Journal of Finance* 55, no. 2 (2000): 773. 排名前 20% 的人每月上交他们投资组合的 10%，而其他人只上交 6.6%。

35. 关于市场效率的描述，参见 Sherden, *The Fortune Sellers*, p. 94。

36. Malkiel, *A Random Walk Down Wall Street*, p. 200.

37. Belsky, Gilovich, *Why Smart People Make Big Money Mistakes*, p. 60, based on an article by H. Seyhun, "Stock Market Extremes and Portfolio Performance".

38. Sherden, *The Fortune Sellers*, p. 116.

39. 同上，p. 118。

40. 参见 Malkiel, *A Random Walk Down Wall Street*, p. 197 中关于金融中的随机漫步理论的讨论。

41. Sherden, *The Fortune Sellers*, p. 91.

42. Malkiel, *A Random Walk Down Wall Street*, p. 196.

43. 同上，p. 198。

44. Sherden, *The Fortune Sellers*, p. 61.

45. 我们似乎认为，经济是有规律的商业周期的。然而，统计数据并不支持这个神话。例如，对 1969—1991 年美国经济转折点的分析显示，官方宣布的转折点之间的时间已缩短至 6 个月，而实际上长达 91 个月。参见 Sherden, *The Fortune Sellers*, p. 72。

46. Sherden, *The Fortune Sellers*, p. 55.

47. 同上，p. 64。

48. 同上，p. 66。

49. 同上，p. 68。我们预测经济的能力在过去的 30 年里都没有得到改善。虽然一些预测组织表示，他们的预测能力正在提高，但事实证明，朴素模型的错误率比预测组织的错误率下降得更多。

50. 同上，p. 61。

51. 同上，p. 77。

52. "Pick a Number," *Economist* (June 13, 1992): 18.

53. Sherden, *The Fortune Sellers*, p. 36.

54. 同上，p. 31。事实上，美国气象学会宣称，理论上，不可能预测未来超过 10~14 天的天气。即使这在理论上是可能的，在经济上也不可能预测那么远。

55. 同上，p. 37。

56. 同上，p. 44。

57. 同上，p. 49。

58. 同上，pp. 169, 176; S. Schnaars, *Megamistakes: Forecasting and the Myth of Rapid Technological Change* (New York: Free Press, 1989), p. 9; H. Kahn, A. Wiener, *The Year 2000: A Framework for Speculation on the Next Thirty-three Years* (New York: Macmillan, 1967).

59. Sherden, *The Fortune ellers*, p. 185.

60. 同上，pp. 190, 170, 174–75。

61. 同上，p. 18。

62. 同上，pp. 11–12。

63. 同上，pp. 69–70。复杂性是难以预测人类行为的主要原因，有许多相互作用的变量对人类的行为有影响。因此，心理学研究允许我们对一组人的一般倾向做出预测，但我们不能预测一个人会做什么。股市也是如此。我们可以观察整体市场，并预测从长远来看，它很可能会上涨，而不是下跌。但考虑到股市的复杂性，我们无法预测某只个股将会发生什么。

64. 同上，pp. 6–7.

第 8 章　寻求印证自己的想法

1. 这个例子基于 S. Sutherland, *Irrationality: Why We Don't Think Straight* (New Brunswick, NJ: Rutgers University Press, 1992), p. 131; I. Janis, L. Mann, *Decision Making: A Psychological Analysis of Con-flict, Choice and Commitment* (New York: Free Press, 1977)。

2. D. Russell, W. Jones, "When Superstition Fails: Reactions to Disconfirmation of Paranormal Beliefs," *Personality and Social Psychology Bulletin* 6, no. 1 (1980): 83.

3. 参见 R. Clarke, *Against All Enemies* (New York: Free Press, 2004); B. Woodward, *Plan of Attack* (New York: Simon and Schuster, 2004); "9·11" 委员会听证会的记录，以便对这个问题进行深入讨论。

4. T. Gilovich, *How We Know What Isn't So* (New York: Free Press, 1991)，p. 50.

5. C. Lord, L. Ross, M. R. Lepper, "Biased Assimilation and Attitude Polarization: The Effects of Prior Theories on Subsequent Considered Evidence," *Journal of Personality and Social Psychology* 37 (1979): 2098. 我们对想要相信的事物的偏好不仅会影响我们查看的数据种类，还会影响我们搜索的数据量。如果我们观察到的初始数据与我们想要相信的一致，我们通常会感到满意，并结束搜索。然而，如果我们看到的初始数据与我们想要相信的不一致，我们通常会搜索更多的数据，直到找到支持的东西。

6. M. Shermer, "Why Smart People Believe Weird Things," *Skeptic* 10, no. 2 (2003): 63.

7. T. Gilovich, "Biased Evaluation and Persistence in Gambling," *Journal of Personality and Social Psychology* 44, no. 6 (1983): 1110; R. Lau, D. Russell, "Attributions in the Sports Pages," *Journal of Personality and Social Psychology* 39 (1980): 29; M. Davis, W. Stephan, "Attributions for Exam Performance," *Journal of Applied Social Psychology* 10 (1980): 235; P. Tetlock, "Explaining Teacher Explanations for Pupil Performance: An Examination of the Self-Presentation Interpretation," *Social Psychology Quarterly* 43 (1980): 283; M. Wiley, K. Crittenden, L. Birg, "Why Rejection? Causal Attribution of a Career Achievement Event," *Social Psychology Quarterly* 42 (1979): 214.

8. M. Snyder, W. Swann, "Hypothesis Testing Processes in Social Interaction," *Journal of Personality and Social Psychology* 36 (1978): 1202.

9. 同样参见 M. Snyder, N. Cantor, "Testing Hypotheses about Other People: The Use of Historical Knowledge," *Journal of Personality and Social Psychology* 15 (1979): 330。

10. M. Snyder, "Seek and Ye Shall Find: Testing Hypotheses about Other People," in *Social Cognition: The Ontario Symposium on Personality and Social Psychology*, ed. E. Higgins, D. Herman, and M. Zanna (Hillsdale, NJ: Lawrence Erlbaum, 1981), p. 277.

11. 即使测谎是善意进行的，也可能发生这种情况，因为数据收集可能会在不知不觉中产生偏差。如果测谎者的语气更加冷酷或更有敌意，被测者可能会更觉不安，这可能导致数据不准，参见 G. Ben-Shakhar et al., "Seek and Ye Shall Find: Test Results Are What You Hypothesize They Are," *Journal of Behavioral Decision Making* 11 (1998): 235，该文解答了当临床医生使用罗夏墨迹测试和绘人投射性人格测验诊断时，确认策略功能失调的后果。

12. J. Greenberg, K. Williams, M. O'Brien, "Considering the Harshest Verdict First: Biasing Effects on Mock Juror Verdicts", *Personality and Social Psychology Bulletin* 12, no. 1 (1986): 41.

13. P. Wason, "On the Failure to Eliminate Hypotheses in a Conceptual Task," *Quarterly Journal of Experimental Psychology* 12 (1960): 129.

14. 需要注意的是，在某些情况下，阳性假设检验可以揭示假设中的错误。参见 J. Klayman, "Varieties of Confirmation Bias," in *Decision Making from a Cognitive Perspective*, ed. J. Busemeyer, R. Hastis, and D. Medin (San Diego: Academic Press, 1995), p. 385, 提供了关于这个问题的详细讨论。

15. 这个例子来自 P. Wason, P. Johnson-Laird, *Psychology of Rea-soning: Structure and Content* (Cambridge, MA: Harvard University Press, 1972)。

16. R. Dawes, "The Mind, the Model and the Task," in *Cognitive Theory*, vol. 1, ed. F. Restle et al. (Hillsdale, NJ: Erlbaum, 1975), p. 119.

17. R. Rosenthal, L. Jacobson, *Pygmalion in the Classroom: Teacher Expectations and Pupils' Intellectual Development* (New York: Holt, Rinehart, and Winston, 1968); C. Word, M. Zanna, J. Cooper, "The Nonverbal Mediation of Self-Fulfilling Prophecies in Interracial Interaction," *Journal of Experimental Social Psychology* 10 (1974): 109.

18. Gilovich, *How We Know What Isn't So*, p. 33. 当然，在处理所有相关数据时遇到的一个问题是，我们并不总是拥有所有的数据。例如，在评估一家公司的招聘实践时，我们只知道被雇用的人的情况，但我们通常不了解那些被拒绝的人究竟如何。

19. J. Holt, *How Children Fail* (New York: Delacorte Press/Seymour Lawrence, 1982).

20. C. Mynatt, M. Doherty, R. Tweney, "Confirmation Bias in a Simulated Research Environment: An Experimental Study of Scientific Inference," *Quarterly Journal of Experimental Psychology* 29 (1977): 85.

21. J. Russo, P. Schoemaker, *Decision Traps: Ten Barriers to Brilliant Decision Making and How to Overcome Them* (New York: Simon and Schuster, 1989), p. xiv. 另一种可能是，首先将一项任务视为一个事实收集任务，而不是测试一个特定假设的检验任务。参见 Snyder, "Seek and Ye Shall Find"。

第 9 章 如何化繁为简

1. 本章的大部分讨论都是基于两位心理学家——阿莫斯·特沃斯基和丹尼尔·卡内曼的开创性工作。事实上，丹尼尔·卡尼曼因在这一领域的工作而获得了诺贝尔经济学奖（不幸的是，阿莫斯·特沃斯基在颁奖之前去世了，与诺贝尔奖失之交臂）。这些优秀的学者和其他研究者对决策制定的研究的贡献不可低估，我们对此深表敬意。

2. A. Tversky, D. Kahneman, "Judgment under Uncertainty: Heuristics and Biases," *Science* 185 (1974): 1124.

3. T. Schick, L. Vaughn, *How to Think about Weird Things* (New York: McGraw-Hill, 2002), p. 145.

4. S. Sutherland, *Irrationality: Why We Don't Think Straight* (New Brunswick, NJ: Rutgers University Press, 1992), p. 183.

5. 关于类似例子的讨论可以参考 J. Paulos, *Innumeracy: Mathematical Illiteracy and Its Consequences* (New York: Vintage Books, 1988), p. 89; Sutherland, *Irrationality*, p. 208; K. Stanovich, *How to Think Straight about Psychology* (Boston: Allyn and Bacon, 2001), p. 161。

6. W. Casscells, A. Schoenberger, T. Graboys, "Interpretation by Physicians of Clinical Laboratory Results," *New England Journal of Medicine* 299 (1978): 999.

7. 在实际计算中，用这个诊断比乘以病毒感染者与未感染者的基准率。也就是说，$(1.00 / 0.05) \times (0.002 / 0.998) = 0.040\ 08$。这表明感染该病毒的概率为 $0.040\ 08$。要将概率换算为一个概率，取该数字除以 1 与该数字的和（$0.040\ 08 / 1.040\ 08 \approx 3.85\%$，约 1 / 26，如本章所示）。有关计算的更详细的方法，请参见任何入门级的统计学书籍中的贝叶斯定理。许多人在评估测试的有效性时忽略了假阳性率。例如，企业欺诈检测方面的专家仅根据正命中率开发了欺诈检测问卷。参见 M. Romney, W. Albrecht, D. Cherrington, "Auditors and the Detection of Fraud," *Journal of Accountancy* 149 (May 1980): 63.

8. 例如，在 2001 年，涉嫌从事间谍活动的罗伯特·汉森被捕后，500 名能够获得情报信息的联邦调查局雇员接受了测谎仪测试。自 1994 年以来，所有申请联邦调查局工作的外部申请人都被要求进行测谎仪测试。见 D. Eggen, D. Vise, "500 FBI Employees Will Be Given Lie Detector Tests," *Springfield* (*MA*) *Sunday Republican*, March 25, 2001, p. A5.

9. R. Libby, *Accounting and Human Information Processing: Theory and Applications* (Englewood Cliffs, NJ: Prentice-Hall, 1981), p. 56. 虽然评估测谎仪测试的最终真阳性率和假阳性率比较困难（例如，筛选普遍真实性和特定犯罪真实性可能会产生不同的结果），但研究表明，总体错误率可能高达 50%。

10. T. Kida, "The Effect of Causality and Specificity on Data Use," *Journal of Accounting Research* 22 (1984): 145. 还记得我们是究其原因的本能吗？有趣的是，如果基本利率符合一个因果图式，审计人员就会更多地关注它。例如，该研究还发现，当基本利率与具有相似现金流的公司（一个因果变量）相关时，审计师预测的平均概率（39%）更接近正确的概率。

11. 代表性可能会导致我们忽略回归均值，因为当我们预测未来的一些事情时，我们经常基于相似性度量进行。例如，如果一个学生在一门课的第一次考试中获得了非常高的分数，我们往往会认为他在第二次考试中获得的分数也非常高。

12. 而且，如果伍兹现在没有打出很多小鸟球，考虑到他的命中率通常低于标准杆，他更有可能在比赛后期打出小鸟球。

13. Tversky and Kahneman, "Judgment under Uncertainty," p. 1124.

14. 这个例子来自 D. Kahneman and A. Tversky, "Subjective Probability: A Judgment of Representativeness," *Cognitive Psychology* 3, no. 3 (1972): 430。

15. 这被称为信奉小数定律的信念，我们认为大数定律同样适用于小样本。参见 A. Tversky and D. Kahneman, "Belief in the Law of Small Numbers", *Psychological Bulletin* 76 (1971): 105。

16. Sutherland, *Irrationality*, p. 213.

17. 决策问题取自 A. Tversky, D. Kahneman, "Judgments of and by Representativeness," 在 D. Kahneman, P. Slovic, A. Tversky, *Judgment under Uncertainty: Heuristics and Biases* (Cambridge, England: Cambridge University Press, 1982)。

18. S. Plous, *The Psychology of Judgment and Decision Making* (New York: McGraw-Hill, 1993), p. 112.

19. 同样，美国和俄罗斯可以因为第三国（地区）行动以外的原因而开战，所以在这种情况下，情况①肯定比情况②更有可能发生。

20. Plous, *The Psychology of Judgment and Decision Making*, p. 112.

21. 和代表性一样，刻板印象也涉及相似性，但有了刻板印象，我们会认为一个人是一个群体的一部分，然后根据我们对这个群体的预先设想，将一些特征赋予这个人。

22. H. Tajfel et al., "Social Categorization and Intergroup Behaviors," *European Journal of Social Psychology* 1 (1971): 149.

23. "Death Odds", *Newsweek*, September 24, 1990, p. 10.

24. B. Combs, P. Slovic, "Newspaper Coverage of Causes of Death," *Journalism Quarterly* 56 (1979): 837.

25. 40 多岁的女性认为死于乳腺癌的概率是 1/10，而真正的概率大概是 1/250。参见 B. Glassner, *The Culture of Fear* (New York: Basic Books, 1999), p. xvi.

26. A. Tversky, D. Kahneman, "Availability: A Heuristic for Judging Frequency and Probability," *Cognitive Psychology* 5 (1973): 207. 在另一个案例中，受试者得到了人群名单，并被要求判断其中的男性是否多于女性。在一组中，名单上的人名是男性，而另一组中的人名是女性。在每一种情况下，被试都错误地认为，如果熟悉的个性是男性（女性），那么名单中就有更多的男性（女性）。

27. National Safety Council, *Accident Facts*, 1990 ed. (Chicago, 1990); Stanovich, *How to Think Straight about Psychology*, p. 64.

28. A. MacDonald, "Parents Fear Wrong Things, Survey Suggests," *Ann Arbor News*, October 3, 1990, Stanovich, *How to Think Straight about Psychology*, p. 64. 很多人都涌向便利店买强力球球票，认为这张票会让我们的生活变得更好。但正如心理学家戴维·迈尔斯（David Myers）指出的那样，如果你开车行驶 10 英里去买

票，你死于车祸的可能性是中彩票的 16 倍。参见 D. Myers, *Intuition: Its Powers and Perils* (New Haven, CT: Yale University Press, 2002), p. 224.

29. K. Dunn, "Fibbing: The Lies the Good Guys Tell," *Toronto Globe and Mail*, July 10, 1993; Stanovich, *How to Think Straight about Psychology*, p. 64.

30. Glassner, *The Culture of Fear*, p. 133.

31. D. Fan, "News Media Framing Sets Public Opinion That Drugs Is the Country's Most Important Problem," *Substance Use and Misuse* 31 (1996): 1413; Glassner, *The Culture of Fear*, p. 133.

32. 同上，p. 134; C. Reinarman and H. Levine, "The Crack Attack: America's Latest Drug Scare, 1986–1992," in *Images of Issues: Typifying Contemporary Social Problems* (New York: Aldine De Gruyter, 1995), p. 155.

33. Glassner, *The Culture of Fear*, p. 134.

34. 同上，p. 136。

35. 想想世贸中心悲剧发生后实施的严格规定吧。机场不允许机场内的餐馆使用塑料叉子（但你可以把它们带上飞机）。指甲钳和其他类似的个人物品也会被没收。波士顿约翰汉考克大厦的观景楼层被关闭——当局说不是暂时的，而是永久的。

36. 这个决策场景和数据基于 E. Joyce, G. Biddle, "Anchoring and Adjustment in Probabilistic Inference in Auditing," *Journal of Accounting Research* 19 (1981): 120。

37. Tversky and Kahneman, "Judgment under Uncertainty," p. 1124.

38. 同上。

39. G. Whyte, J. Sebenius, "The Effect of Multiple Anchors on Anchoring in Individual and Group Judgment," *Organizational Behavior and Human Decision Processes* 69, no. 1 (1997): 75.

40. G. Northcraft, M. Neale, "Experts, Amateurs and Real Estate: An Anchoring and Adjustment Perspective on Property Pricing Decisions," *Organizational Behavior and Human Decision Processes* 39 (1987): 84.

41. G. Belsky, T. Gilovich, *Why Smart People Make Big Money Mistakes* (New York: Simon and Schuster, 1999), p. 143.

42. J. Greenberg, K. Williams, M. O'Brien, "Considering the Harshest Verdict First: Biasing Effects on Mock Juror Verdicts," *Personality and Social Psychology Bulletin* 12, no. 1 (1986): 41.

43. J. Smith, T. Kida, "Heuristics and Biases: Expertise and Task Realism in Auditing," *Psychological Bulletin* 109, no. 3 (1991): 472.

第 10 章　框架效应与其他决策障碍

1. 这个例子来自 A. Tversky, D. Kahneman, "The Framing of Decisions and the Psychology of Choice," *Science* 211 (1981): 453.

2. K. Sullivan, "Corporate Managers' Risky Behavior: Risk Taking or Avoiding?" *Journal of Financial and Strategic Decision Making* 10, no. 3 (1977): 63. 参见 K. Sullivan, T. Kida, "The Effect of Multiple Reference Points and Prior Gains and Losses on Managers' Risky Decision Making," *Organizational Behavior and Human Decision Processes* (October 1995): 76.

3. B. McNeil et al., "On the Elicitation of Preferences for Alternative Therapies," *New England Journal of Medicine* 306 (1982): 1259.

4. T. Odean, "Are Investors Reluctant to Realize Their Losses?" *Journal of Finance* 53, no. 5 (1998): 1775; G. Belsky, T. Gilovich, *Why Smart People Make Big Money Mistakes* (New York: Simon and Schuster, 1999), p. 62. 当然，随着时间的推移，一只股票的价格可能会上涨和下跌。这里的问题是出售的时机。我们通常会更快地卖出一只价格正在上涨的股票，而不会卖出一只价格正在下跌的股票。

5. 决策是基于调查捐赠效应的类似情景。例如 , Belsky, Gilovich, *Why Smart People Make Big Money Mistakes*, p. 94; D. Kahneman, J. Knetsch, R. Thaler, "Experimental Tests of the Endowment Effect and the Coase Theorem," *Journal of Political Economy* (December 1990): 1325; D. Kahneman, J. Knetsch, R. Thaler, "Anomalies: The Endowment Effect, Loss Aversion, and Status Quo Bias," *Journal of Economic Perspectives* 5, no. 1 (1991): 193.

6. 这被称为捐赠效应，因为我们认为，当某些东西是我们个人捐赠的一部分时，它的价值会更大。

7. R. Thaler, "Toward a Positive Theory of Consumer Choice," *Journal of Economic Behavior and Organization* 1 (1980): 39.

8. Kahneman, Knetsch, and Thaler, "Anomalies: The Endowment Effect".

9. Thaler, "Toward a Positive Theory of Consumer Choice."

10. G. Quattrone, A. Tversky, "Contrasting Rational and Psychological Analyses of Political Choice," *American Political Science Review* 82 (1988): 719.

11. Tversky, Kahneman, "The Framing of Decisions and the Psychology of Choice".

12. 参见 C. Heath, J. Soll, "Mental Budgeting and Consumer Decisions," *Journal of Consumer Research* 23 (1996): 40.

13. 很多关于心理账户的讨论基于贝尔斯基和吉洛维奇的优秀著作 *Why Smart People Make Big Money Mistakes*。我会把它推荐给任何有兴趣完善自己财务决策的人。

14. 同上，第36页。可能发挥作用的一个因素是退税数额的大小。较少的退税通常会被挥霍掉，而较多的退税通常会被存在银行里。这很有趣，因为如果我们得到更多的退税，我们通常花得起更多的钱。

15. 这个决策是基于调查心理账户的类似场景的。例如，同上，p. 37; R. Thaler, "Anomalies: Saving, Fungibility, and Mental Accounts," *Journal of Economic Perspectives* 4, no. 1 (1990): 193; R. Thaler, "Mental Accounting and Consumer Choice," *Marketing Science* 4, no. 3 (1985): 199.

16. 同样，F. Leclerc, B. Schmitt, L. Dube 在 "Waiting Time and Decision Making: Is Time Like Money?"，*Journal of Consumer Research* 22 (1995) 中询问了人们会花多少钱来避免排队买票。如果票价是45美元，而不是15美元，人们会花两倍的钱来避免等待。

17. D. Prelec, D. Simester, "Always Leave Home without It: A Further Investigation of the Credit-Card Effect on Willingness to Pay," *Marketing Letters* 12, no. 1 (2001): 5; Belsky and Gilovich, *Why Smart People Make Big Money Mistakes*, p. 43.

18. 要计算预期值，将概率和结果相乘，然后将它们加在一起（50%×200万美元的收益，加上50%×100万美元的损失，等于50万美元的收益）。

19. Thaler, "Anomalies: Saving, Fungibility, and Mental Accounts".

20. Belsky, Gilovich, *Why Smart People Make Big Money Mistakes*, p. 47.

21. 同上，p. 127。

22. J. Entine, *Taboo: Why Black Athletes Dominate Sports and Why We Are Afraid to Talk about It* (New York: Public Affairs, 2000), pp. 202–203; Shermer, "Blood, Sweat and Fears," *Skeptic* 8, no. 1 (2000): 47.

23. 同上，P. 47。

24. B. Fischhoff, "Hindsight ≠ Foresight: The Effect of Outcome Knowledge on Judgment under Uncertainty," *Journal of Experimental Psychology: Human Perception and Performance* 1 (1975).

25. 这种后视偏见导致许多人质疑研究的价值，因为在研究结果被知道后，我们回顾过去时会说："我们早就知道了。"但是，在不了解研究结果的情况下，研究结果会如此明显吗？

26. P. Slovic, B. Fischhoff, "On the Psychology of Experimental Surprises," *Journal of Experimental Psychology: Human Perception and Performance* 3 (1977): 544.

27. 参见 S. Sutherland, *Irrationality: Why We Don't Think Straight* (New Brunswick, NJ: Rutgers University Press, 1992), pp. 240–244。参见 S. Lichenstein, B. Fischhoff, "Do Those Who Know More Also Know More about How Much They Know?" *Organizational Behavior and Human Decision Processes* 20, no. 2 (1977): 159; O.

Svenson, "Are We All Less Risky and More Skillful Than Our Fellow Drivers?" *Acta Psychologica* 47 (1981): 143; S. Lichenstein, B. Fischhoff, L. D. Phillips, "Calibration of Probabilities: The State of the Art," in *Decision Making and Change in Human Affairs: Proceedings of the Fifth Research Conference on Subjective Probability, Utility, and Decision Making* (Dordrecht, Holland: D. Reidel, 1975), p. 275; Belsky and Gilovich, *Why Smart People Make Big Money Mistakes*, p. 155.

28. R. Buehler, D. Griffin, M. Ross, "Exploring the 'Planning Fallacy': Why People Underestimate Their Task Completion Times," *Journal of Personality and Social Psychology* 67, no. 3 (1994): 366; Belsky, Gilovich, *Why Smart People Make Big Money Mistakes*, p. 157.

29. 当然，有时规划者会故意报低价使他们的项目获得通过。

30. S. Oskamp, "Overconfidence in Case Study Judgments," *Journal of Consulting Psychology* 29 (1965): 261.

31. E. Loftus, *Eyewitness Testimony* (Cambridge, MA: Harvard University Press, 1979), p. 101. 参见 K. Deffenbacher, "Eyewitness Accuracy and Confidence," *Law and Human Behavior* 4 (1980): 243。

32. L. Goldberg, "The Effectiveness of Clinicians' Judgments: The Diagnosis of Organic Brain Damage from the Bender Gestalt Test," *Journal of Consulting Psychology* 23 (1959): 25; R. Centor, H. Dalton, and J. Yates, "Are Physicians Probability Estimates Better or Worse Than Regression Model Estimates?" Sixth Annual Meeting of the Society for Medical Decision Making, Bethesda, MD, 1984; J. Christensen Szalanski, J. Bushyhead, "Physicians' Use of Probabilistic Information in a Real Clinical Setting," *Journal of Experimental Psychology: Human Perception and Performance* 7 (1981): 928.

33. E. Langer, J. Roth, "Heads I Win, Tails It's Chance: The Illusion of Control as a Function of the Sequence of Outcomes in a Purely Chance Task," *Journal of Personality and Social Psychology* 32 (1975): 951.

34. R. Dawes, *House of Cards, Psychology and Psychotherapy Built on Myth* (New York: Free Press, 1994), pp. 82–105.

35. 一项研究比较了位于休斯敦的得克萨斯大学医学院学生的表现。由于州立法机构要求大学增加入学人数，他们接收了招生委员会面试官认为成绩垫底的申请人。结果证明，这些人的表现和面试官所说的顶尖学生的表现并无差别。"Admission Decisions and Performance during Medical School," *Journal of Medical Education* 56 (1981): 77; N. Schmitt, "Social and Situational Determinants of Interview Decisions: Implications for the Employment Interview," *Personnel Psychology* 29 (1976): 79; and Sutherland, *Irrationality*, p. 285.

36. 其他变量，如学生的书面陈述，也可以进行数值评估，然后与其他数据一起考虑。这些变量通常应是标准化的，以便相加之后更具可比性。其他更先进的统计技术，如回归分析，也是可用的，并且可以产生比凭直觉判断更准确的判断。使用这些技术，用每项信息乘以一个相关系数，然后求和形成一个整体的预测数值。参见 P. Meehl, *Clinical versus Statistical Prediction: A Theoretical Analysis and Review of the Literature* (Minneapolis: University of Minnesota Press, 1954)。

37. Meehl, *Clinical versus Statistical Prediction*; J. Sawyer, "Measurement and Prediction, Clinical and Statistical," *Psychological Bulletin* 66 (1966): 178; Sutherland, *Irrationality*, p. 275.

38. R. Dawes, "A Case Study of Graduate Admissions: Application of Three Principles of Human Decision Making", *American Psychologist* 26, no. 2 (1971): 180; R. Dawes, B. Corrigan, "Linear Models in Decision Making," *Psycho-logical Bulletin* 81 (1974): 98. 当然，很难完全评估成员的判断是否准确，因为我们不知道被拒绝的候选人表现如何。然而，我们可以通过比较学生在课程结束时的表现与招生委员会的初步判断，来评估招生委员会成员对那些被录取学生的判断是否准确。

39. 如果人们更依赖统计数据，不仅判断会更加准确，还会节省巨大的成本。原文指出，如果美国的研究生院使用统计方法而不是直觉判断来做出录取决定，每年将节省数百万美元。

40. J. Carroll et al., "Evaluation, Diagnosis, and Prediction in Parole Decision Making," *Law and Society Review* 17 (1988): 199; Dawes, *House of Cards*, p. 89. 访谈者的相关性系数为 0.06，统计模型的相关性系数为 0.22。

41. H. Einhorn, "Expert Measurement and Mechanical Combination," *Organizational Behaviour and Human Performance* 7 (1972): 86; Sutherland, *Irrationality*, p. 286.

42. Sutherland, *Irrationality*, p. 287.

43. I. Goldberg, "Man versus Model of Man: A Rationale, Plus Some Evidence for a Method of Improving on Clinical Inferences," *Psychological Bulletin* 73 (1970): 422.

44. Sutherland, *Irrationality*, p. 288. 但这并不意味着人为因素在决策过程中不重要。许多决策过程是独特的，因此很难开发出统计模型。此外，研究表明，人类擅长选择在决策中需要考虑的重要变量。然而，在测量了这些变量之后，如果模型可用，通常最好的方法是结合使用统计模型分析信息来形成最终的决策。

45. 这是有问题的，因为临床心理学严重依赖轶事证据，并且在某些部分，包含了许多不同的伪科学，如辅助沟通技术和罗夏墨迹测试的使用。

46. 著名的临床研究员保罗·米尔指出，如果临床心理学家不在职业领域启用科学的方法，他们就有可能成为"高薪的预言者"。参见 P. Meehl, "Philosophy of Science: Help or Hindrance," *Psychological Reports* 72 (1993): 707; K. Stanovich, *How to Think Straight about Psychology* (Boston: Allyn and Bacon, 2001), p. 211。

事实上，塔娜·迪宁（Tana Dineen）甚至说："心理治疗没有有效的药物，但是人们……购买它，相信它，并坚持认为它有效，因为它能让他们在一段时间内自我感觉良好。这种改变，如果可以说是改变的话，无异于关心和关爱的表达，而不是值得花钱的治疗。"参见 T. Dineen, "Psychotherapy: The Snake Oil of the 90s?" *Skeptic* 6, no. 3 (1998): 55。虽然心理治疗的效果还存在争议，但毫无疑问，寻求各种形式的心理学家帮助的人数已经剧增。20 世纪 60 年代，只有 14% 的美国公民接受心理服务。而到 1976 年，这一数字上升到 26%，并在 1995 年达到 46%。参见 Dineen, "Psychotherapy", p. 56。美国精神医学学会出版的《精神疾病诊断与统计手册》列出了 300 多种精神综合征，而大约 20 年前，只有106 种。

47. A. Christensen, N. Jacobson, "Who (or What) Can Do Psychotherapy: The Status and Challenge of Nonprofessional Therapies," *Psychological Science* 5 (1994): 8; J. Landman, R. Dawes, "Psychotherapy Outcome," *American Psychologist* 37 (1982): 504.

48. Dawes, *House of Cards*, p. 5; Stanovich, *How to Think Straight about Psychology*, p. 210. See Dawes, *House of Cards*，了解更多关于支持这个主张的研究讨论。

49. Stanovich, *How to Think Straight about Psychology*, p. 210.

50. Dawes, *House of Cards*, p. vii.

51. 有些人抨击心理学无法预测个人的行为，这就像是在说我们不应该关注医学，因为它并没有帮助每一个人。当医学科学发现某种药物对治疗疾病有效时，这并不意味着它对每个人都有效。一般统计学的知识可能非常重要，无论我们能否据此预测一个人会发生什么情况。我们知道吸烟会导致肺癌，但这并不能让我们预测某个吸烟者是否会死于肺癌，只能说吸烟者患上这种疾病的可能性更大。吸烟者死于肺癌的可能性比非吸烟者死于肺癌的可能性大——这是非常重要的信息——但我们不知道哪些人会死于肺癌。当然，总会有人吸烟过多，但仍然健康、长寿。乔治·伯恩斯（George Burns）活到了 100 岁左右，但他成年后每天都在抽雪茄。这些人处于分布图形的尾部——他们代表了极端的情况。事实上，在 85 岁的男性中，只有 5% 的人吸烟。当我们使用轶事证据来反对基于数千个案件的统计数据时，我们的判断就是不恰当的。

第 11 章　错误记忆

1. E. Loftus, G. Loftus, "On the Permanence of Stored Information in the Human Brain," *American Psychologist* 35, no. 5 (1980): 410.

2. E. Loftus, K. Ketcham, *Witness for the Defense: The Accused, the Eyewitness, and the Expert Who Puts Memory on Trial* (New York: St. Martin's, 1991), p. 20.

3. I. Hunter, *Memory* (Middlesex, UK: Penguin Books, 1964); S. Plous, *The Psychology of Judgment and Decision Making* (New York: McGraw-Hill, 1993), p. 37.

4. U. Neisser, N. Harsch, "Phantom Flashbulbs: False Recollections about Hearing the News about the Challenger," in *Affect and Accuracy in Recall: Studies of "Flashbulb" Memories*, ed. E. Winograd and U. Neisser (New York: Cambridge University Press, 1992), p. 9.

5. 参见 E. Loftus, K. Ketcham, *The Myth of Repressed Memory: False Memories and Allegations of Sexual Abuse* (New York: St. Martin's, 1994)。

6. D. Schacter, *Searching for Memory* (New York: Basic Books, 1996), pp. 111–112. 这段话来自 "Hearings before the Select Committee on Presi-dential Campaign Activities of the United States Senate," p. 957.

7. Loftus, Ketcham, *The Myth of Repressed Memory*, pp. 1–2. 这里讨论的许多关于被压抑的记忆的报告都基于洛夫特斯和凯查姆的工作。

8. 同上，p. 7。

9. E. Bass, L. Davis, *The Courage to Heal: A Guide for Women Survivors of Child Sexual Abuse* (New York: Perennial Library, 1988). 也可参见 Loftus and Ketchum, *The Myth of Repressed Memory*, p. 140.

10. M. Orne, "The Use and Misuse of Hypnosis in Court," *International Journal of Clinical and Experimental Hypnosis* 27, no. 4 (1979): 311.

11. N. Spanos et al., "Secondary Identity Enactments during Hypnotic Past-Life Regression: A Sociocognitive Perspective," *Journal of Personality and Social Psychology* 61 (1991): 308; Loftus and Ketcham, *The Myth of Repressed Memory*, p. 79.

12. Loftus, Ketcham, *The Myth of Repressed Memory*, p. 229.

13. 同上，p. 232。也可参见 C. Sagan, *The Demon-Haunted World* (New York: Random House, 1995), p. 162.

14. Schacter, *Searching for Memory*, p. 130.

15. Associated Press, "Woman's Kin Awarded $5 Million in False Memory Syndrome Case," *Springfield (MA) Sunday Republican*, March 18, 2001.

16. E. Loftus, J. Feldman, R. Dashiell, "The Reality of Illusory Memories," in *Memory Distortion*, ed. D. Schacter (Cambridge, MA: Harvard University Press, 1995), p. 63; I. Hyman, T. Husband, F. Billings, "False Memories of Childhood Experiences," *Applied Cognitive Psychology* 9, no. 3 (1995): 181 ; I. Hyman Jr., F. Billings, "Individual Differences and the Creation of False Childhood Memories," *Memory* 6, no. 1 (1998): 1; S. Porter, J. Yuille, and D. Lehman, "The Nature of Real, Implanted, and Fabricated Memories for Emotional Childhood Events: Implications for the Recovered Memory Debate," *Law and Human Behavior* 23, no. 5 (1999): 517. 记忆也可以被植入非常年幼的孩子的脑海，这尤其令人不安，因为许多治疗师认为

年幼的孩子不会编造这样的故事。参见 Schacter, *The Seven Sins of Memory*, pp. 130–37。

17. E. Loftus, J. Palmer, "Reconstruction of Automobile Destruction: An Example of the Interaction between Language and Memory," *Journal of Verbal Learning and Verbal Behavior* 13 (1974): 111.

18. 同上。

19. E. Loftus, D. Miller, H. Burns, "Semantic Integration of Verbal Information into a Visual Memory," *Journal of Experimental Psychology: Human Learning and Memory* 4, no. 1 (1978): 19. 在另一项实验中，人们观察了一系列描述自动行人事故的幻灯片。其中一张幻灯片显示了一辆绿色汽车驶过事故现场。一半的被试被问："经过事故现场的'蓝色'车的车顶上有滑雪架吗？"对照组被问到同样的问题，但删除了"蓝色"这个词。结果显示，28% 的对照组受试者准确地识别出了汽车的颜色，而在听到'蓝色'一词的受试者中，只有 8% 的人做出了准确的回答。总的来说，听到'蓝色'的受试者倾向于将他们的颜色识别转向颜色光谱的蓝色末端。参见 E. Loftus, "Shifting Human Color Memory," *Memory and Cognition* 5, no. 6 (1977): 696。

20. H. Crombag, W. Wagenaar, P. Van Koppen, "Crashing Memories and the Problem of 'Source Monitoring,'" *Applied Cognitive Psychology* 10, no. 2 (1996): 95.

21. D. Schacter, *The Seven Sins of Memory*, p. 88.

22. E. Loftus, J. Feldman, R. Dashiell, "The Reality of Illusory Memories," in *Memory Distortion*, ed. D. Schacter (Cambridge, MA: Harvard University Press, 1995), p. 63.

23. Loftus, Ketcham, *The Myth of Repressed Memory*, p. 93.

24. 参见原文对此案的详细讨论。

25. E. Aronson, *The Social Animal* (New York: W. H. Freeman, 1995), p. 148.

26. D. Ross et al., "Unconscious Transference and Mistaken Identity: When a Witness Misidentifies a Familiar but Innocent Person," *Journal of Applied Psychology* 79 (1994): 918; Schacter, *The Seven Sins of Memory*, p. 92. 实验也记录了错误识别的情况。例如，一项研究让学生"证人"观察某个"罪犯"一段时间。由于证人通常不知道他们必须密切关注一个潜在的罪犯，所以他们认为不必记住这些罪犯。他们在看了 2~3 天照片后，又进行了 4~5 天的罪犯列队指认。队列中 18% 的"无辜"人被错误地指认，29% 是从进行照片中被指认出来的。参见 E. Brown, K. Deffenbacher, W. Sturgill, "Memory for Faces and the Circumstances of Encounter," *Journal of Applied Psychology* 62, no. 3 (1977): 311。

27. Loftus, Ketcham, *Witness for the Defense*, p. 21.

28. D. Schacter, "The Psychology of Memory," in *Mind and Brain: Dialogues in Cognitive Neuroscience*, ed. J. Ledoux and W. Hirst (Cambridge, MA: Cambridge University Press, 1986), p. 197.

29. M. Reinitz, J. Morrisey, J. Demb, "The Role of Attention in Face Encoding," *Journal of Experimental Psychology: Learning, Memory, and Cognition* 20 (1994): 161; S. Rubin et al., "Memory Conjunction Errors in Younger and Older Adults: Event Related Potential and Neuropsychological Data," *Cognitive Neuropsychology* 16 (1999): 459; and Schacter, *The Seven Sins of Memory*, p. 97. 有趣的是，一些记忆问题与大脑的某些部分直接相关。例如，神经生物学研究表明，海马体受损的人会犯更多的记忆连接错误。此外，为了获取和存储新的记忆，海马体也是必需的。如果你的海马体是 5 年前受损的，你就不会有那个时间之后的任何记忆，但会记得那个时间之前发生的事情。这支持了大脑模块化观点。记忆并不存储在海马体中，但人们需要它来建立新的记忆。参见 V. S. Ramachandran, S. Blakeslee, *Phantoms in the Brain* (New York: Quill - William Morrow, 1998), p. 17。例如，神经科学家拉马钱德兰报告，他遇到了一个可以讨论哲学和数学的病人。当拉马钱德兰离开房间几分钟后又回来时，病人却完全不记得曾经见过他或者和他说过话。

30. G. Wells et al., "Eyewitness Identification Procedures: Recommendations for Lineups and Photospreads", *Law and Human Behavior* 22 (1998): 603; G. Wells et al., "From the Lab to the Police Station: A Successful Application of Eyewitness Research," *American Psychologist* 55 (2000): 581; and Schacter, *The Seven Sins of Memory*, p. 97.

31. Schacter, *The Seven Sins of Memory*, p. 116.

32. T. Schick, L. Vaughn, *How to Think about Weird Things* (New York: McGraw - Hill, 2002), p. 47.

33. Schacter, *The Seven Sins of Memory*, p. 129.

34. 关于记忆错误的更详细的讨论参见 Schacter, *The Seven Sins of Memory*。

第 12 章　他人影响

1. S. Milgram, "Behavioral Study of Obedience," *Journal of Abnormal and Social Psychology* 67 (1963): 371; S. Milgram, "Some Conditions of Obedience and Disobedience to Authority," *Human Relations* 18, no. 1 (1965): 57; and S. Milgram, *Obedience to Authority: An Experimental View* (New York: Harper and Row, 1974).

2. 参见 E. Aronson, *The Social Animal* (New York: W. H. Freeman, 1995), p. 42, for a review of this research。我们服从的意愿也会受到其他因素的影响，比如看到我们造成他人痛苦的程度。例如，如果受试者能看到另一个房间里的人，40% 的受试者会一直电击到最后；而看不见那个人时，62% 的受试者会继续电击。前者较之后者虽然人数减少了很多，但还是有很多人一直继续。

3. C. Hofling et al., "An Experimental Study in Nurse - Physician Relationships," *Journal of Nervous and Mental Disease* 143 (1966): 171.

4. 当然，这并不意味着专家达成共识的观点总是正确的。科学不断地加深我们对世界的认识，时不时会有爱因斯坦那样的科学家提出一个新的理论，最终被证明能更好地解释宇宙的运作。由于科学要求看到支持一个主张的证据，一般科学界可能需要一定时间来接受一个新的理论。一般来说，无论如何，在我们目前的知识水平下，采纳有资质的专家的共识观点更有可能形成明智的信念。

5. S. Asch, "Effects of Group Pressure upon the Modification and Distortion of Judgment," in *Groups, Leadership and Men*, ed. H. Guetzknow (Pittsburgh: Carnegie Press, 1951), p. 177; S. Asch, "Opinions and Social Pressure," *Scientific American* (November 1955): 31; S. Asch "Studies of Independence and Conformity: A Minority of One against a Unanimous Majority," *Psychological Monographs* 70, no. 416 (1956).

6. R. Crutchfield, "Conformity and Character," *American Psychologist* 10 (1995): 191.

7. G. Belsky, T. Gilovich, *Why Smart People Make Big Money Mistakes* (New York: Simon and Schuster, 1999), p. 176.

8. N. Humphrey, *Leaps of Faith* (New York: Basic Books, 1996), p. 181.

9. S. Plous, *The Psychology of Judgment and Decision Making* (New York: McGraw - Hill, 1993), p. 194.

10. B. Latane, J. Darley, *The Unresponsive Bystander: Why Doesn't He Help?* (Englewood Cliffs, NJ: Prentice Hall, 1970); Plous, *The Psychology of Judgment and Decision Making*, p. 196.

11. B. Latane, J. Dabbs Jr., "Sex, Group Size, and Helping in Three Cities," *Sociometry* 38 (1975): 180; B. Latane and S. Nida, "Ten Years of Research on Group Size and Helping," *Psychological Bulletin* 89 (1981): 308.

12. Study conducted by Ringelmann, reported in Plous, *The Psychology of Judgment and Decision Making*, p. 193. Also see A. Ingham et al., "The Ringelmann Effect: Studies of Group Size and Group Performance," *Journal of Exper - imental Social Psychology* 10 (1974): 371.

13. R. Zajonc, "Social Facilitation," *Science* 149 (1965): 269; J. Michaels et al., "Social Facilitation and Inhibition in a Natural Setting," *Replication in Social Psychology* 2 (1982): 21; C. Bond Jr., L. Titus, "Social Facilitation: A Meta - Analysis of 241 Studies," *Psychological Bulletin* 94 (1983): 265; Plous, *The Psychology of Judgment and Decision Making*, p. 192.

14. P. Tetlock, "Accountability and Complexity of Thought," *Journal of Personality and Social Psychology* 45 (1983): 74; P. Tetlock and J. Kim, "Accountability and

Judgment Processes in a Personality Prediction Task," *Journal of Personality and Social Psychology* 52 (1987): 700; P. Tetlock, L. Skitka, R. Boettger, "Social and Cognitive Strategies for Coping with Accountability: Conformity, Complexity and Bolstering," *Journal of Personality and Social Psychology* 57 (1989): 632.

15. R. Ashton, "Effects of Justification and a Mechanical Aid on Judgment Performance," *Organizational Behavior and Human Decision Processes* 52 (1992): 292.

16. 参见 Tetlock, "Accountability and Complexity of Thought"; Tetlock, Skitka, and Boettger, "Social and Cognitive Strategies for Coping with Accountability".

17. T. Gilovich, *How We Know What Isn't So* (New York: Free Press, 1991), p. 112. 我们也倾向于夸大他人与我们信念一致的程度。我们发现了一种错误共识效应, 即我们自己的信念和价值观会使我们对估计有多少人认同一样的观点产生偏差。例 如, L. Ross, D. Greene, P. House, "The False Consensus Effect: An Egocentric Bias in Social Perception and Attribution Processes," *Journal of Experimental Social Psychology* 13 (1977): 279, 询问学生是否会戴着写着 "忏悔" 的大牌子在校园里走动。那些说会戴的学生认为 60% 的其他学生也会戴这个牌子, 而那些说不戴的学生估计只有 27% 的其他学生会戴这个牌子。

18. C. Sagan, *The Demon-Haunted World* (New York: Random House, 1995); K. Stanovich, *How to Think Straight about Psychology* (Boston: Allyn and Bacon, 2001).

19. Gilovich, *How We Know What Isn't So*, p. 99.

20. 这些引用分别来自《今日美国》的奥普拉·温弗瑞 (Oprah Winfrey) 和总统艾滋病委会的成员, 摘自 M. Fumento, *The Myth of Heterosexual AIDS* (New York: Basic Books, 1990), pp. 3, 249, 324。参见 Gilovich, *How We Know What Isn't So*, p. 107。

21. Gilovich, *How We Know What Isn't So*, p. 109.

22. I. Janis, *Groupthink: Psychological Studies of Policy Decisions and Fiascoes*, 2nd ed. (Boston: Houghton Mifflin, 1982), p. 9.

23. 同上, Plous, *The Psychology of Judgment and Decision Making*, p. 19。

24. Janis, *Groupthink*, p. 16.

25. J. Esser, J. Lindoerfer, "Groupthink and the Space Shuttle Challenger Accident: Toward a Quantitative Case Analysis," *Journal of Behavioral Decision Making* 2 (1989): 167.

26. J. Dean, *Worse Than Watergate: The Secret Presidency of George W. Bush* (New York: Little, Brown and Company, 2004).

27. B. Woodward, *Plan of Attack* (New York: Simon and Schuster, 2004).

28. Plous, *The Psychology of Judgment and Decision Making*, p. 203; J. Russo, P. Schoemaker, *Decision Traps: Ten Barriers to Brilliant Decision Making and How to Overcome Them* (New York: Simon and Schuster, 1989), p. 152.

29. 参见 N. Kogan, M. Wallach, *Risk Taking: A Study in Cognition and Personality* (New York: Holt, Reinhart, and Winston, 1964); Plous, *The Psychology of Judgment and Decision Making*, p. 208。我的朋友乔治面临着跟这个案例完全一样的决策问题。

30. J. Stoner, "A Comparison of Individual and Group Decisions Involving Risk" (master's thesis, Massachusetts Institute of Technology, 1961).

31. D. Myers, G. Bishop, "Discussion Effects on Racial Attitudes," *Science* 169 (1970): 778.

32. D. Myers, M. Kaplan, "Group Induced Polarization in Simulated Juries," *Personality and Social Psychology Bulletin* 2 (1976): 63; Plous, *The Psychology of Judgment and Decision Making*, p. 209.

33. 群体也可能加剧使用简化启发法而产生的一些偏见。例如，参见 L. Argote, M. Seabright, L. Dyer, "Individual versus Group Use of Base – Rate and Individuating Information," *Organizational Behavior and Human Decision Processes* 38 (1986): 65.

34. 这个问题和数据来自 N. Maier, A. Solem, "The Contribution of a Discussion Leader to the Quality of Group Thinking: The Effective Use of Minority Opinions," *Human Relations* 5 (1952): 277.

35. R. Hastie, "Review Essay: Experimental Evidence on Group Accuracy," in *Information Pooling and Group Decision Making: Proceedings of the Second University of California, Irvine, Conference on Political Economy*, ed. B. Grofman and G. Owens (Greenwich, CT: Jai Press, 1986); G. Hill, "Group versus Individual Performance: Are N + 1 Heads Better Than One?" *Psychological Bulletin* 91 (1982): 517.

结语　最后的思考

1. A. Mander, *Logic for the Millions* (New York: Philosophical Library, 1947), p. vii.

2. T. Schick, L. Vaughn, *How to Think about Weird Things* (New York: McGraw - Hill, 2002), p. 251.

3. T. Gilovich, *How We Know What Isn't So* (New York: Free Press, 1991), p. 109.

致谢

　　如同大多数作品一样，本书的问世非凭我一己之力——本书是我站在前辈的肩膀上，基于诸多创造型思想家的研究与著述写就的。在写作时，我采用了亲和的会话风格呈现书中的内容并以通俗易懂的话题引发广大读者的兴趣。事实上，本书的创作初衷就是要完成一本入门级的作品，简明阐述人们常用的思维方式以及如何避免落入认知陷阱。如果您对本书涉及的话题意犹未尽，我向您强烈推荐下列作者和研究者，以便您通过阅读他们的作品针对特定的问题展开更为深入的探讨。

　　卡尔·萨根和迈克尔·舍默的著作大多涉及科学和伪科学的讨论，并为怀疑主义与批判性思维的重要性奠定了基础。卡尔·萨根的杰作《魔鬼出没的世界：科学，照亮黑暗的蜡烛》（*The Demon-Haunted World: Science as a Candle in the Dark*）对于每个痴迷于批判性思维的读者来说都是必读书目。舍默不仅著有杰作《人们为什么相信一些稀奇古怪的东西》（*Why People Believe Weird Things*），同时也是杂志《怀疑论者》（*Skeptic*）的主编。如果全球每个家庭都订阅一本《怀疑论者》，以及一本由"超自然现象科学调查委员会"出版的同类刊物《持怀疑论的调查者》（*Skeptical Inquirer*），那么，这个世界会更美好。与此同时，我还借鉴了西奥多·希克和刘易斯·沃恩的大作《怪诞现象学》(*How to Think about Weird Things*)、基思·斯坦诺维奇的《这才是心理学》(*How to Think Straight about Psychology*)，以及斯图尔特·维斯的作品《相信魔法：迷信心理学》(*Believing in Magic: The Psychology of Superstition*)。

在关于人们如何进行决策的研究领域，我要推荐斯科特·普劳斯的杰作《决策与判断》(*The Psychology of Judgment and Decision Making*)、汤姆·吉洛维奇的《如何知晓事实并非如此》(*How We Know What Isn't So*) 和斯图尔特·萨瑟兰的《非理性：我们的错误思维》(*Irrationality: Why We Don't Think Straight*)。有关记忆的研究，丹尼尔·沙克特的《记忆的七宗罪》(*The Seven Sins of Memory*)，以及伊丽莎白·洛夫特斯的作品则是不可或缺的参考文献，例如后者与凯瑟琳·凯查姆合著的《被压抑的记忆之谜》(*The Myth of Repressed Memory*)。此外，威廉·谢尔登的《预测业神话》(*The Fortune Sellers*)、巴里·格拉斯纳的《恐惧文化》(*The Culture of Fear*) 和伯顿·麦基尔的《漫步华尔街》(*A Random Walk Down Wall Street*) 等优秀作品也在本书不同章节中有所借鉴。本书关于决策方式的大部分探讨则是基于阿莫斯·特沃斯基、丹尼尔·卡尼曼等众多优秀心理学家的研究。在此，谨对以上研究者以及其他研究成果被借鉴的作者表示诚挚的谢意。

此外，承蒙以下诸位的慷慨相助，本人才得以完成此书，不胜感激。他们是：我的编辑 Linda Regan，她极具洞察力，初次接触本书的观点时就笃定不疑，我也一直期盼与她合作；Jim Smith 和 Kathie

Sullivan，他们为完善稿件提供了许多宝贵意见，并且为本书的讨论不厌其烦地随时拨冗。当然，我还要感谢 Chris 和 Alicia Agoglia、Erin Moore、Ken Ryack、Tracey Riley、Ben Luippold、Steve Gill、Bill Wooldridge、Ron Karren、Lou Wigdor、Dave、Joe Goulet 和 Gene Myer 的评论和帮助。更要感谢我的朋友们，特别是因加里家族以及周四下午的"欢乐时光"团队，感谢他们激发了我创作本书的故事灵感。另外，我也要感谢 Charlie，独一无二的 Charlie。还要感谢我在马萨诸塞大学的同事们，尤其是 Dennis Hanno、Ron Mannino 和 Tom O'Brien，感谢他们营造了让我对批判性思维和决策研究始终抱有浓厚兴趣的良好氛围。

最后，要感谢我的家人——凯西、伊莱恩、吉恩、道格、罗兰、吉米、戴夫、乔，以及我的父母，并以此书献给他们。我们每周六傍晚的"家庭漫谈"为本书提供了诸多灵感，那也将是我们永远的欢乐时光。我要特别感谢 Kathie，感谢你所做的一切。有你们这样的家人相伴，实乃人生之幸。

版权声明